U0269142

建筑施工现场专业人员技能与实操丛书

试 验 员

杨 杰 主编

中 国 计 划 出 版 社

图书在版编目（CIP）数据

试验员 / 杨杰主编. -- 北京 : 中国计划出版社,
2016.5
（建筑施工现场专业人员技能与实操丛书）
ISBN 978-7-5182-0397-0

Ⅰ. ①试… Ⅱ. ①杨… Ⅲ. ①建筑材料－材料试验
Ⅳ. ①TU502

中国版本图书馆CIP数据核字(2016)第064185号

建筑施工现场专业人员技能与实操丛书
试验员
杨　杰　主编

中国计划出版社出版
网址：www. jhpress. com
地址：北京市西城区木樨地北里甲 11 号国宏大厦 C 座 3 层
邮政编码：100038　电话：（010）63906433（发行部）
新华书店北京发行所发行
北京天宇星印刷厂印刷

787mm×1092mm　1/16　15. 25 印张　365 千字
2016 年 5 月第 1 版　2016 年 5 月第 1 次印刷
印数 1—3000 册

ISBN 978-7-5182-0397-0
定价：43. 00 元

《试验员》编委会

主　编：杨　杰

参　编：牟瑛娜　周　永　沈　璐　周东旭
苏　建　隋红军　马广东　张明慧
蒋传龙　王　帅　张　进　褚丽丽
周　默　杨　柳　孙德弟　元心仪
宋立音　刘美玲　赵子仪　刘凯旋

前　　言

随着社会的发展，建筑工程得到很大的发展，对于工程质量的要求也是越来越高，因此必须要加大对工程质量的监管力度和工程的质量检测工作。随着检测技术的发展，对于检测技术更加的标准和规范，规范了检测工作，从而为建筑工程的质量提供一定的保障。但是，进行工程的实际检测的时候，会出现很多的问题，使得工程检测产生误差，因此必须要分析产生误差的原因并对其进行控制，从而大大提高检测结果的准确度。在建筑工程建设过程中试验检测是一个非常重要的环节，借助于试验检测可将建筑工程建设质量状态量化过程真实地反映出来，及时发现在工程建设中所存在的各种问题，继而减少经济损失。为了提高试验员专业技术水平，加强科学施工与工程管理，确保工程质量和安全生产，我们组织编写了这本书。

本书根据《建筑与市政工程施工现场专业人员职业标准》JGJ/T 250—2011、《水泥密度测定方法》GB/T 208—2014、《沥青软化点测定法　环球法》GB/T 4507—2014、《钢筋焊接接头试验方法标准》JGJ/T 27—2014、《混凝土砌块和砖试验方法》GB/T 4111—2013、《砌墙砖试验方法》GB/T 2542—2012、《水泥标准稠度用水量、凝结时间、安定性检验方法》GB/T 1346—2011 等标准编写，主要包括试验员基本理论知识、建筑材料的基本性质及试验类型、土工试验、水泥试验、砌体材料试验、砌筑砂浆试验、混凝土试验、混凝土外加剂试验、建筑用钢材试验、防水材料试验。本书内容丰富、通俗易懂，针对性、实用性强，既可供试验人员及相关工程技术和管理人员参考使用，也可作为建筑施工企业试验员岗位培训教材。

由于作者的学识和经验所限，虽经编者尽心尽力但书中仍难免存在疏漏或未尽之处，敬请有关专家和读者予以批评指正。

编　者

2015 年 10 月

目　录

1 试验员基本理论知识

1.1 施工现场试验员的职责

1.1.1 施工现场试验员工作守则

（1）热爱试验工作，不断进行业务学习，提高业务水平。必须严格按照规范、规定、标准认真执行。

（2）工作认真，不辞辛苦，认真做好施工试验记录，定期做整理总结。

（3）试验、取样工作中不弄虚作假，不敷衍应付，遵守职业道德，对工程的全部试验数据敢于做出保证。

（4）搞好和材料供应、施工班组的协作关系，当好技术主管的得力助手，把好工程质量这一关。

1.1.2 施工现场试验员职责范围

（1）结合工程实际情况，及时委托各种原材料试验，提出各种配合比申请，根据现场实际情况调整配合比。各种原材料的取样方法、数量必须按现行标准规范及有关规定执行。委托各种原材料试验，必须填写委托试验单。委托试验单的填写必须项目齐全，字迹清楚，不得涂改。项目内容包括：材料名称、产品牌号、产地、品种、规格、到达数量、使用单位、出厂日期、进场日期、试件编号、要求试验项目。

钢材试验，除按上述要求填写外，凡送焊接试件者，必须注明钢的原材试验编号。原材与焊接试件不在同一试验室试验，尚需将原材试验结果抄在附件上。

（2）随机抽取施工过程中的混凝土、砂浆拌合物，制作施工强度检验试块。试块制作时必须有试块制作记录。试块必须按单位工程连续统一编号。试块应在成型24h后用墨笔注明委托单位、制模日期、工程名称及部位、强度等级及试件编号，然后拆模。凡需在标养室养护的试块，拆模后立即进行标准养护。

（3）及时索取试验报告单，转交给工地有关技术人员。

（4）统计分析现场施工的混凝土、砂浆强度及原材料的情况。

（5）在砂浆和混凝土施工时，要预先试验测定砂石含水率，在技术主管指导下，计算和发布分盘配合比并填写混凝土开盘鉴定，记录施工现场环境温度和试块养护温湿度。

（6）委托试验结果不合格，应按规定送样进行复试。复试仍不合格，应将试验结论报告技术主管，及时研究处理办法。

1.2 施工现场试验管理

1.2.1 常用原材料试验管理

（1）凡进场原材料必须附有质量证明书和进料单。

（2）原材料试验应按同一产地、同一品种、同一规格分批验收。

（3）原材料试验取样应执行相关规范和规程的规定。

（4）有合格证又必须复验的原材料，复验合格后方可使用。

（5）钢筋原材料和钢筋焊接试验由工号技术负责人填写试验通知单，其他试验（如水泥、砂浆、沥青、油毡、黏土砖、轻骨料、掺和料、外加剂等）由项目部材料或技术有关负责人填写试验通知单，并应办理交接手续。

（6）试验通知单上填写工程部位、材料名称、代表批量、试验项目，并按材料不同种类分别编号。工地试验工接到通知单后，以通知单为依据填写试验委托单，各项试验按工号统一编号。

（7）工地试验工负责将试验样品送交中心试验室并及时取回试验报告单，将取回的试验报告单交技术负责人，并办理资料交接手续。技术负责人接到试验报告单后，按工程技术要求提出使用意见。

1.2.2 配合比申请与检验

1. 配合比申请

（1）工地所用的各种试配单、配合比申请单和混凝土砂浆开盘申请单，由技术负责人填写。工地试验工负责索取配合比通知单，根据开盘申请单的要求，以中心试验室签发的配合比通知单为依据签发施工配合比。

（2）新工号、新材料、重要结构及有特殊要求的应提供试配试验用的原材料。在施工过程中发现原材料变化较大时，应重新申请试配。

2. 配合比检验

（1）工地试验员要随时检查计量准确程度、拌和时间和原材料质量情况，发现问题及时解决，并向技术负责人及时汇报。

（2）工地试验员在每个工作班内至少测定3次砂、石的含水率，干风热天和雨后应随时测定，并及时调整施工配合比。

（3）工地试验员在每个工作班内至少测定3次混凝土拌合物的坍落度，根据运输时间的长短及拌合物的水分蒸发量，适当增加水用量，保证施工坍落度不受损失，并记录测定结果。

1.2.3 试样制作与养护

（1）工地应建立标准养护室，保证试块的养护温度和湿度，暂时不能建立标准养护室的工地，应详细记录试块的养护温度，严防试块受冻或干热失水。

（2）冬期施工的混凝土同条件试块，一般情况下到春天再标准养护 28d 后试压。如需了解混凝土结构的自然养护强度，可不再进行标准养护。

（3）试块成型后，工地试验工通知中心试验室，试验室将试块运回标准养护室继续养护，运送过程中要防止试块被冻坏或碰坏，拉运时应办理交接手续。

（4）采用商品混凝土浇筑结构时，工地试验工必须制作试件，按申请要求检验拌合物的各种性能。

1.2.4 基础回填土试验管理

（1）基础回填土试验由技术员填写试验通知单，提前 3d 通知工地试验工。通知单上应填写工程部位、土的类别、技术要求、层次标高，并附取样布点平面图。

（2）现场试验工接到试验通知后应做好一切试验准备，严格遵守操作规程，按要求填写试验记录和试验报告。对于不合格的点位应及时报告技术负责人处理，记录处理结果，直至合格为止。

1.2.5 新材料的检验与应用

（1）新的原材料、掺和剂、外加剂在进场前，应由材料管理部门协助中心试验室取样试验，试验合格后，方可进料。允许进场的新材料，在进场后重新取样复验，送样单位应持产品证明书，并按要求填写试验委托单。

（2）证明资料不全，工地又急需使用的原材料，须经中心试验室检验认可，方可使用。

（3）根据中心试验室试验研究成果和工程试点经验，在全公司范围内优先应用粉煤灰、沸石粉、减水剂及各种外加剂技术。推广应用粉煤灰、沸石粉、减水剂及各种外加剂技术由工地试验站站长负责，中心试验室指定专人进行技术指导和督促检查。

（4）试验站必须制定应用新材料的技术措施，做好年度工作计划，将执行结果按月报中心试验室。

1.3 见证取样送样制度

根据住房城乡建设部文件规定，见证取样和送样是指在建设单位或工程监理单位人员的见证下，由施工单位的现场试验人员对工程中的材料及构件进行现场取样，并送至经过省级以上建设行政主管部门对其资质认可和质量技术监督部门对其计量认证的质量检测单位进行检测。

1.3.1 见证取样送样范围

涉及结构安全的试块、试件和材料见证取样和送检的比例不得低于有关技术标准中规定应取样数量的 30% 。实施见证取样和送检的范围如下：

（1）用于承重结构的混凝土试块。

（2）用于承重墙体的砌筑砂浆试块。

(3) 用于承重结构的钢筋及连接接头试件。

(4) 用于承重墙的砖和混凝土小型砌块。

(5) 用于拌制混凝土和砌筑砂浆的水泥。

(6) 用于承重结构的混凝土中使用的掺加剂。

(7) 地下、屋面、厕浴间使用的防水材料。

(8) 国家规定必须实行见证取样和送检的其他试块、试件和材料。

1.3.2 见证取样管理规定

(1) 建设单位应向工程质量安全监督机构和第三方建设工程质量检测单位递交“见证单位和见证人员授权书”，授权书上应写明本工程现场委托的见证人员姓名。

(2) 施工单位取样人员在现场取样和制作试块时，见证人员须在旁见证。

(3) 见证人员应对所取试样进行监护，并和施工单位取样人员一起将试样送至检测单位。

(4) 检测单位在接受委托检测任务时，须由送检单位填写委托试验单，见证人员应在委托单上签名。各检测单位对无见证人签名的委托单以及无见证人伴送的试样，一律拒收。

(5) 凡未注明见证单位和见证人的试验报告，不得作为质量保证资料和竣工验收资料。并由质量安全监督站重新指定法定检测单位重新检测。

1.3.3 见证人员的主要职责

(1) 取样时，见证人员必须旁站见证。

(2) 见证人员必须对试样进行监护。

(3) 见证人员必须和施工单位人员一起将试样送至检测单位，并在委托试验单上签名，出示“见证人员证书”。

(4) 见证人员必须对试样的代表性和真实性负责。

1.3.4 见证取样和送检的程序

1. 见证工作管理流程图（如图 1－1 所示）

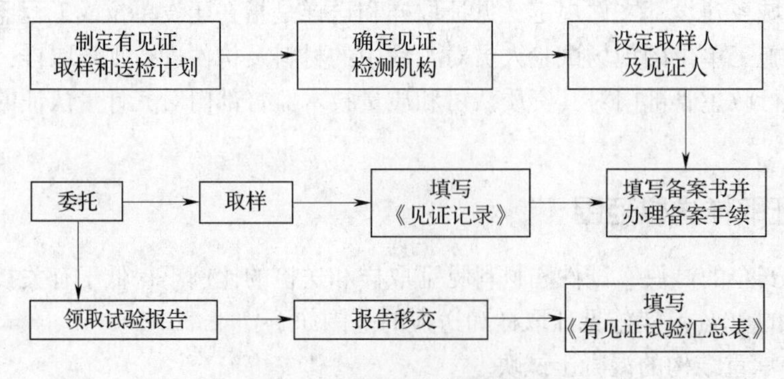

图 1－1 见证工作管理流程图

2．见证工作管理流程

(1) 制定有见证取样和送检计划、确定见证试验检测机构。单位工程施工前，项目技术负责人应按照有关规定，与建设（监理）单位共同制定《见证取样和送检计划》，考察后确定承担见证试验的检测机构。

(2) 设定见证人及备案。项目技术负责人应与建设（监理）单位共同设定见证试验取样人和见证人，并向承监该工程的质量监督机构递交《有见证取样和送检见证人备案书》进行备案，备案后，将其中一份交与承担见证试验的检测机构。

(3) 有见证取样。试验员接到取样通知后，依据既定的见证取样和送检计划，安排现场取样工在见证人的旁站见证下，按相关标准规定进行原材料或施工试验项目的取样和制样。

见证人对见证试验项目的取样和送检的过程进行见证，并在试样或其包装上作出标识和封志。标识和封志应标明样品名称、样品数量、工程名称、取样部位、取样日期，并有取样人和见证人签字。

(4) 填写《见证记录》。见证人依据见证取样和送检计划表及对应的取样通知单填写《见证记录》。

(5) 委托。试验员登记试验委托台账并填写试验委托合同单后，持《见证记录》、试验委托合同单及有见证标识和封志的试样，与见证人一起去承担见证试验的检测机构办理委托手续。

(6) 领取试验报告。在达到试验周期后，现场取样工去检测机构领取见证试验报告，试验报告的右上角加盖“有见证试验”的红色专用章；右下角加压承担见证试验检测机构的特有钢印；左上角加盖检测机构的计量认证或国家级实验室认可的红色专用章。

(7) 试验报告移交。试验员接到试验报告后，应进行核验及解读，并及时将见证试验报告移交项目技术负责人和资料员。见证取样和送检的试验结果达不到标准要求时，应及时通报见证人。

(8) 填写《有见证试验汇总表》。试验员将有见证试验结果进行汇总，填写《有见证试验汇总表》，与其他施工资料一起纳入建筑工程资料管理，作为评定工程质量的依据。

2 建筑材料的基本性质及试验类型

2.1 建筑材料的分类

2.1.1 建筑材料的种类

建筑材料的种类有很多，通常按材料的成分、来源和使用功能进行分类，如表 2－1 所示。

表 2－1 建筑材料的分类

<table>
<tr><td rowspan="9">按化学组成分类</td><td rowspan="3">无机材料</td><td rowspan="2">金属材料</td><td>黑色金属材料：钢、铁等</td></tr>
<tr><td>有色金属材料：铝、铜、黄铜等</td></tr>
<tr><td>非金属材料</td><td>水泥、石灰、石膏、砂浆、混凝土、石材、水玻璃、玻璃及其制品、烧土制品等</td></tr>
<tr><td rowspan="3">有机材料</td><td>植物材料</td><td>木材、竹材、植物纤维及其制品等</td></tr>
<tr><td>合成高分子材料</td><td>涂料、塑料、胶粘剂等</td></tr>
<tr><td>沥青材料</td><td>煤沥青、石油沥青、沥青制品等</td></tr>
<tr><td rowspan="3">复合材料</td><td colspan="2">无机非金属材料与有机材料复合：沥青混凝土、聚合物混凝土、水泥刨花板等</td></tr>
<tr><td colspan="2">金属材料与非金属材料复合：钢筋混凝土、钢丝网混凝土、塑铝复合板及铝箔面油毡等</td></tr>
<tr><td colspan="2">其他复合材料：水泥石棉制品、不锈钢包覆钢板、人造花岗石、人造大理石等</td></tr>
<tr><td rowspan="2">按材料来源分类</td><td>天然材料</td><td colspan="2">石子、砂、木材、竹材</td></tr>
<tr><td>人造材料</td><td colspan="2">又可按冶金、窑业（水泥、陶瓷、玻璃）、石油化工等材料制造部门分类</td></tr>
<tr><td>按施工阶段分类</td><td colspan="3">根据钢筋混凝土工程、砌筑工程、涂装工程等不同施工阶段所使用的有关材料进行分类</td></tr>
<tr><td>按使用部位分类</td><td colspan="3">根据使用材料的建筑部位（如结构体、屋顶、地面、墙壁等）的条件和要求性能进行分类</td></tr>
<tr><td>按功能要求分类</td><td colspan="3">根据对结构材料、装饰材料、防水材料等各种材料所要求的功能进行分类</td></tr>
</table>

2.1.2 材料的元素及矿物组成

材料是由原子、分子或分子团以不同结合形式构成的物质。材料的组成或构成方式不同，其性质可能有很大的差别。组成或构成方式相近的材料，其性质多具有相近之处。有机材料、金属材料、无机非金属材料等，由于其组成的不同，使其具有不同的特性。此外，即使属于相同类别的材料，由于其中原子或分子之间的结合方式及缺陷状态不同，其性质也可能有显著的差别。

化学组成的不同是造成材料性能各异的主要原因。化学组成通常从材料的元素组成和矿物组成两方面分析研究。

1．材料的元素组成

材料的元素组成主要是指其化学元素的组成特点，例如不同种类合金钢的性质不同，主要是其所含合金元素如 C、Si、Mn、V、Ti 的不同所致。硅酸盐水泥之所以不能用于海洋工程，主要是因为硅酸盐水泥石中所含的 $Ca(OH)_2$，与海水中的盐类（Na_2SO_4、$MgSO_4$等）会发生反应，生成体积膨胀或疏松无强度的产物。

2．材料的矿物组成

材料的矿物组成主要是指元素组成相同，但分子团组成形式各异的现象。如黏土和由其烧结而成的陶瓷中都含 SiO_2和 Al_2O_3两种矿物，其所含化学元素相同，但黏土在烧结中 SiO_2和 Al_2O_3分子团结合生成 $3SiO_2 \cdot Al_2O_3$矿物，即莫来石晶体，使陶瓷具有高强度、高硬度等特性。

2.1.3 材料的结构

1．材料的宏观结构

宏观结构是指用放大镜或直接用肉眼即可分辨的结构层次，其分类层次如下：

（1）按构成形态进行分类。

1）颗粒状构造。颗粒状构造为固体颗粒的聚集体，如石子、砂和蛭石等。该种构造的材料性质除了与颗粒本身的性质有关外，还与颗粒间的接触程度、黏结性质等有关。建筑工程中常用的颗粒状构造材料有水泥混凝土、沥青混凝土、膨胀珍珠岩制品、炉渣砌块、陶粒砌块及其他颗粒黏结材料等。

2）纤维状构造。纤维状构造材料某一断面方向上表现为平行纤维间的相互黏结所构成的结构，木材、矿棉、玻璃纤维都是纤维状构造材料的代表。该种构造通常呈力学各向异性，其性质与纤维走向有关，一般具有较好的保温和吸声性能。

3）层状构造。层状构造材料是以不同薄层间的相互黏结而构成的结构：在层状结构材料中，同一层中的质点之间连接紧密，其连接强度及传导性较强；而相邻层间的连接疏松，其连接强度及传导性较弱，性能往往呈各向异性。该种构造形式最适合于制造复合材料，因为此构造可以综合各层材料的性能优势。如胶合板、复合木地板、铝塑复合板、纸面石膏板、夹层玻璃都是层状构造。

4）聚积结构。如水泥混凝土、沥青混凝土、砂浆、塑料等这类材料是由填充性的集料被胶结材料胶结聚集在一起而形成。其性质主要取决于集料及胶结材料的性质以及结合程度。

（2）按其孔隙尺寸进行分类。

1）致密状构造。致密状构造没有或基本没有孔隙。具有该种构造的材料一般密度较大，导热性较高。工程中常用的致密状构造材料主要有钢材、铝合金、沥青、玻璃、密实塑料、花岗岩和瓷器等。

2）微孔状构造。微孔状构造具有众多直径微小的孔隙，通常密度和热导率较小，隔声吸声性能和吸水性良好，抗渗性差。如烧结砖、石膏制品等。

3）多孔状构造。多孔状构造具有较多的孔隙，孔隙直径较大。这种材料内孔隙的多少、孔尺寸大小及分布均匀程度等结构状态，对其性质具有重要的影响。具有该种构造的材料一般都为轻质材料，保温隔热性和隔声吸声性能较好，吸水性较高。如加气混凝土、刨花板、泡沫塑料、天然浮石、各种烧结膨胀材料等。

2. 材料的微观结构

微观结构是指从原子、离子、分子层次上的结构，常用电子显微镜及X射线衍射分析手段来研究。根据质点在空间中分布状态不同，分为晶体和非晶体。

（1）晶体。晶体是指质点在空间中作周期性排列的固体。如纯铝为面心立方体晶格结构，而液态纯铁在温度降至1535℃时，可形成体心立方体晶格。晶体具有固定的几何外形、各向异性及最小内能。然而，晶体材料是由众多晶粒不规则排列而成，因此晶体材料失去了一定几何外形和各向异性的特点，表现出各向同性。又由于晶体具有最小内能，使晶体材料表现出良好的化学稳定性。一般来说，晶体结构的物质具有强度高、硬度较大、有确定熔点的特征。有的材料因晶体结构形式不同，而形成了性质上的巨大反差。如强度极高的金刚石和强度极低的石墨。

（2）非晶体。非晶体是一种不具有明显晶体结构的结构状态。又称为玻璃体。熔融状态的物质经急冷后即可得到质点无序排列的玻璃体。具有玻璃体结构的材料具有各向同性、无一定的熔点，加热时只能逐渐软化等特点。由于玻璃体物质的质点未能处于最小内能状态，因此它有向晶体转变的趋势，是一种化学不稳定结构，具有良好的化学活性。粉煤灰、普通玻璃都是典型的玻璃体结构。

亚微观结构是指用光学显微镜观察研究的结构层次，它包括晶体粒子的粗细、形态、分布状态；金属的晶体组织；玻璃体、胶体及材料内孔隙的形态、大小、分布等结构状态。由于所有晶体都是由众多不规则排列的晶粒组成，因此晶体材料的性质往往取决于晶粒的组成、形状、大小以及各种晶粒间的比例关系。

3. 材料的孔隙

材料的孔隙一般由自然形成或生产过程中各种内、外界因素所致。其中形成原因有水的占据作用（如混凝土、石膏制品等）、火山作用（如浮石、火山渣等）、外加剂作用（如泡沫塑料、加气混凝土等）和焙烧作用（如陶粒、烧结砖等）等。

孔隙状况对建筑材料的各种基本性质具有重要的影响。材料的孔隙状况可由孔隙率、孔隙连通性和孔隙直径三个指标来表达。

（1）孔隙率是指孔隙在材料体积中所占的比例。一般孔隙率越大，密度越小，强度越低，保温隔热性越好、吸声隔声能力越高。

（2）孔隙按其连通性可分为连通孔和封闭孔。连通孔是指孔隙之间、孔隙和外界之间都连通的孔隙（如木材、矿渣）；封闭孔是指孔隙之间、孔隙和外界之间都不连通的孔隙（如陶粒、发泡聚苯乙烯）；介于两者之间的称为半连通孔或半封闭孔。一般情况下，连通孔对材料的吸水性、吸声性影响较大，封闭孔对材料的保温隔热性能影响较大。

（3）孔隙按其直径的大小可分为粗大孔、毛细孔、极细微孔三类。粗大孔指直径大于 mm 级的孔隙，这类孔隙对材料的密度、强度等性能影响较大。毛细孔指直径在 μm ~ mm 级的孔隙，对水具有强烈的毛细作用，主要影响材料的吸水性、抗冻性等性能。极细微孔的直径在 μm 以下，其直径微小，对材料的性能反而影响不大。矿渣、石膏制品、陶瓷锦砖分别以粗大孔、毛细孔、极细微孔为主。

2.2 建筑材料的基本性质

各种建筑工程对材料的要求，实际上就是对其性质的要求。例如结构材料必须具有良好的力学性能；墙体材料应具有绝热、隔声性能；屋面材料应具有抗渗、防水性能；地面材料应具有耐磨损性能等。另外，由于建筑物长期暴露在大气中，经常要受到风吹、雨淋、日晒、冰冻等自然条件的影响，还要求建筑材料应具有良好的耐久性能。因此，在工程建设中选择、应用、分析和评价材料，通常以其性质为依据。

建筑材料的基本性质可归纳为以下几类：

（1）物理性质。包括材料的密度、孔隙状态、与水有关的性质、热工性能等。

（2）化学性质。包括材料的抗腐蚀性、化学稳定性等，因材料的化学性质差异较大该部分内容在以后各章中分别叙述。

（3）力学性质。材料的力学性质应包括在物理性质中，但因其对建筑物的安全使用有重要意义，故对其单独研究，包括材料的强度、变形、韧性、脆性、硬度和耐磨性等。

（4）耐久性。材料的耐久性是一项综合性质，虽很难对其量化描述。但对建筑物的使用至关重要。

2.2.1 密度

广义密度是指材料在绝对密实状态下，单位体积的质量，用下式表达：

$$\rho = \frac{m}{V} \tag{2-1}$$

式中：ρ——材料的密度（g/cm^3 或 kg/m^3）；

m——材料的质量（g 或 kg）；

V——材料在绝对密实状态下的体积（cm^3 或 m^3）。

材料在绝对密实状态下的体积是指不包括材料内部孔隙的固体物质本身的体积，也称实体积。建筑材料中除钢材、沥青、玻璃等外，绝大多数材料均含有一定的孔隙。测定含孔材料的密度时，须将材料磨成细粉（粒径小于 0.2mm），经干燥后用密度瓶测得其实际体积，材料磨得越细，测得的密度值越准确。

在研究建筑材料的密度时，由于对体积的测试方法不同和实际应用的需要，根据不同的体积的内涵，密度有不同的概念。

1．材料的表观密度

表观密度（原称容重）是指材料在自然状态下，单位体积的质量，用下式表达：

$$\rho' = \frac{m}{V'} \tag{2-2}$$

式中：ρ'——材料的表观密度（g/cm^3或kg/m^3）；

m——材料的质量（g或kg）；

V'——材料的表观体积（cm^3或m^3）。

（1）材料在自然状态下的体积是指材料的实体积与材料内所含全部孔隙体积之和。对于外形规则的材料，其表观密度测定很简便，只要测得材料的质量和体积（用尺量测），即可算得。不规则材料的体积可采用排水法求得，但材料表面应预先涂上蜡，以免水分渗入材料内部而使测值不准。

（2）工程上常用的砂、石材料，其颗粒内部孔隙极少，用排水法测出颗粒体积与其实体积基本相同，因此，砂、石的表观密度可近似地视作其密度，常称视密度。

（3）材料表观密度的大小与其含水情况有关。当材料含水时，其质量增大，体积也会发生不同程度的变化。因此测定材料表观密度时，须同时测定其含水率，并予以注明。通常材料的表观密度是指气干状态下的表观密度。材料有烘干状态下的表观密度称干表观密度。

（4）表观密度是反映整体材料在自然状态下的物理参数，由于表观体积中包含了材料内部孔隙的体积，故一般材料的表观密度总是小于其密度。

2．材料的体积密度

材料的体积密度是材料在自然状态下，单位体积的质量，用下式表达：

$$\rho_0 = \frac{m}{V_0} \tag{2-3}$$

式中：ρ_0——体积密度（g/cm^3或kg/m^3）；

m——材料的质量（g或kg）；

V_0——材料的自然体积（cm^3或m^3）。

材料自然体积的测量，对于外形规则的材料，如砌块、烧结砖，可采用测量计算方法求得。对于外形不规则的散粒材料，也可采用排水法，但材料需经涂蜡处理。根据材料在自然状态下含水情况的不同，体积密度又可分为干燥体积密度、气干体积密度（在空气中自然干燥）等几种。

3．材料的堆积密度

材料的堆积密度（或称容装密度）是指粉状、颗粒状或纤维状材料在堆积状态下单位体积的质量，用下式表达：

$$\rho_0' = \frac{m}{V_0'} \tag{2-4}$$

式中：ρ_0'——堆积密度（g/cm^3或kg/m^3）；

m——材料的质量（g或kg）；

V_0'——材料的堆积体积（m^3）。

散粒材料在自然堆积状态下的体积，是指其既含颗粒内部的孔隙，又含颗粒之间空隙在内的总体积。材料的堆积体积可采用容积筒来量测，如果以捣实体积计算时，则称紧密堆积密度。

4. 材料密度相关概念及计算

（1）密实度。

1）材料体积内固体物质所占的比例（即材料的密实体积与总体积之比）称为密实度，用 D 表示，即

$$D = \frac{V}{V_0} \times 100\% = \frac{\rho_0}{\rho} \times 100\% \tag{2-5}$$

2）含孔隙的固体材料的密实度均小于1。材料的 ρ_0 与 ρ 愈接近，即 ρ_0/ρ 愈接近于1，材料就愈密实。材料的很多性质，如强度、吸水性、导热性、耐久性等均与其密实度有关。

（2）孔隙率。

1）材料体积内孔隙体积在总体积中所占的比例称为孔隙率，用 P 表示，即

$$P = \frac{V_0 - V}{V_0} = 1 - \frac{V}{V_0} = 1 - \frac{\rho'}{\rho} = \left(1 - \frac{\rho_0}{\rho}\right) \times 100\% \tag{2-6}$$

2）材料的密实度与孔隙率是从两个不同方面反映材料的同一性质。通常采用孔隙率表示材料内部孔隙的多少或材料疏松程度，同时也从另一方面说明了材料的密实程度。

3）材料的许多性质，如强度、透水性、抗冻性、抗渗性、耐蚀性、导热性等，除与孔隙率大小有关外，还与孔隙构造特征有关。孔隙构造特征主要是指孔隙的形状和大小。根据孔隙形状分连通孔隙与封闭孔隙两类。连通孔隙与外界相连通，封闭孔隙与外界相隔绝。根据孔隙的大小，分为粗孔和微孔两类。从对材料性质的影响来说，一般均匀分布的封闭小孔，要比开口或互相连通的孔隙好。不均匀分布的孔隙，对材料性质的影响较大。

5. 常用建筑材料的密度指标

常用建筑材料的密度、体积密度、堆积密度和孔隙率见表2－2。

表2－2　常用建筑材料的密度、体积密度、堆积密度和孔隙率

材料	密度 ρ（g/cm^3）	体积密度 ρ_0（kg/m^3）	堆积密度 ρ'_0（kg/m^3）	孔隙率 P（%）
水泥	3.10	—	1000～1100（疏松）	—
木材	1.55	400～800	—	55～75
钢材	7.85	7850	—	0
铝合金	2.7	2750	—	0
泡沫塑料	1.04～1.07	20～50	—	—
石灰岩	2.60	1800～2600	—	0.2～4
花岗岩	2.60～2.80	2500～2800	—	<1
普通混凝土	2.60	2200～2500	—	5～20
砂	2.60～2.70	—	1350～1650	—
碎石	2.60～2.70	—	1400～1700	—
黏土空心砖	2.50	1000～1400	—	20～40

注：习惯上 ρ 的单位采用 g/cm^3，ρ_0 和 ρ'_0 的单位采用 kg/m^3。

2.2.2 材料的填充率及空隙率

1. 填充率

填充率是指散粒状材料在其堆积体积中，被颗粒实体体积填充的程度，用 D'表示：

$$D'=\frac{V}{V'_0}=\frac{\rho'_0}{\rho}\times100\% \tag{2-7}$$

2. 空隙率

空隙率是指散粒材料（如砂、石子）堆积体积内，颗粒间空隙体积所占的百分率，用 P'表示：

$$P'=1-\frac{V}{V'_0}=\left(\frac{1-\rho'_0}{\rho}\right)\times100\% \tag{2-8}$$

由填充率及空隙率的计算公式可直接导出：

$$D'+P'=1 \tag{2-9}$$

空隙率反映了散粒材料的颗粒之间的相互填充的致密程度，对于混凝土的粗、细骨料，空隙率越小，说明其颗粒大小搭配得越合理，用其配制的混凝土越密实，水泥也越节约。在配制混凝土时，砂、石子的空隙率是作为控制混凝土中骨料级配与计算混凝土含砂率时的重要依据。

2.2.3 材料的亲水性和憎水性

1. 亲水性

材料与水接触时能被水润湿的性质称为亲水性，具备这种性质的材料称为亲水性材料，如砖、木材、混凝土等。

2. 憎水性

（1）材料与水接触时不能被水润湿的性质称为憎水性，具备这种性质的材料称为憎水性材料，如沥青、石蜡等。

（2）材料的亲水性和憎水性可用润湿角 θ 来说明。润湿角是在材料、水和空气三相的交点处，沿水滴表面切线与水和固体接触面之间的夹角。θ 愈小，表明材料愈易被水润湿。润湿角 $\theta\leqslant90°$的材料为亲水性材料，如图 2-1（a）所示；润湿角 $\theta\geqslant90°$的材料为憎水性材料，如图 2-1（b）所示。

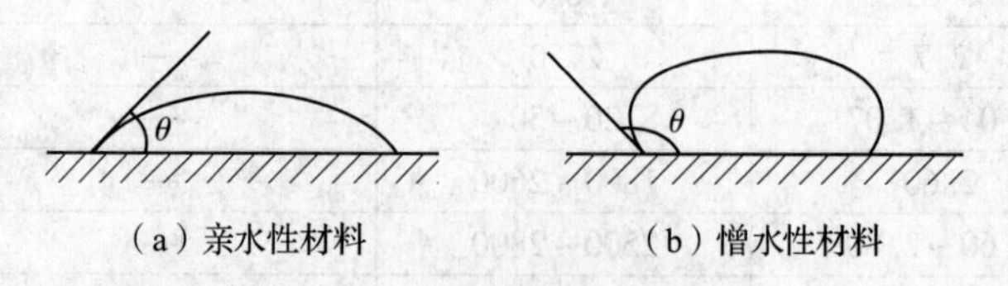

图 2-1 材料的润湿角

（3）其他液体对固体材料的浸润情况，相应地称为亲液性材料。

（4）大多数建筑工程材料，如砂、石、砖、瓦、木材、钢材、玻璃等都属亲水性材料。沥青、石蜡、某些油漆等都属憎水性材料。

3．吸水性

材料的吸水性是指材料在水中吸收水分达饱和的能力，吸水性有质量吸水率和体积吸水率两种表达方式，分别以 W_w 和 W_v 表示：

$$W_w = \frac{m_2 - m_1}{m_1} \times 100\% \tag{2-10}$$

$$W_v = \frac{V_w}{V_0} = \frac{m_2 - m_1}{V_0} = \frac{1}{\rho_w} \times 100\% \tag{2-11}$$

式中：W_w——质量吸水率（%）；

W_v——体积吸水率（%）；

m_2——材料在吸水饱和状态下的质量（g）；

m_1——材料在绝对干燥状态下的质量（g）；

V_w——材料所吸收水分的体积（cm^3）；

ρ_w——水的密度，常温下可取 $1g/cm^3$。

（1）质量吸水率是指材料在吸水饱和时，内部所吸水分的质量占材料干质量的百分率；体积吸水率是指材料在吸水饱和时，内都所吸水分的体积占干燥材料自然体积的百分率。对于质量吸水率大于 100% 的材料，如木材等通常采用体积吸水率，而对大多数材料，经常采用质量吸水率。两种吸水率存在着以下关系：

$$W_v = W_w \rho_0 / \rho_w \tag{2-12}$$

（2）上式中的 ρ_0 应是材料的干燥体积密度，单位采用 g/cm^3。影响材料的吸水性的主要因素有材料本身的化学组成、结构和构造状况，尤其是孔隙状况。一般来说，材料的亲水性越强，孔隙率越大，连通的毛细孔隙越多，其吸水率越大。不同的材料吸水率变化范围很大，花岗岩为0.5% ~0.7%，普通混凝土为2% ~4%，外墙面砖为6% ~10%，内墙釉面砖为 12% ~20%。材料的吸水率越大，其吸水后强度下降越大，导热性增大，抗冻性随之下降。

2.2.4 材料的耐水性

耐水性是指材料在水作用下不破坏、强度也不显著降低的性质。耐水性用软化系数 K_p 表示：

$$K_p = \frac{f_w}{f} \tag{2-13}$$

式中：K_p——软化系数，其取值在 0 ~1 之间；

f_w——材料在吸水饱和状态下的抗压强度（MPa）；

f——材料在绝对干燥状态下的抗压强度（MPa）。

K_p 的大小表明材料在浸水饱和后强度降低的程度。一般来说，材料被水浸湿后，强度均会有所降低。这是由于材料浸水后，水分被组成材料的微粒表面吸附，形成水膜，降低了微粒间的结合力，引起强度的下降。K_p 值越小，表示材料吸水饱和后强度下降越大，即耐水性越差。

材料的软化系数 K_p 在 0 ~1 之间。不同材料的 K_p 值相差颇大，如黏土 K_p =0，而金属

$K_p=1$。通常 K_p 大于0.85的材料可认为是耐水材料。长期受水浸泡或处于潮湿环境的重要结构物 K_p 应大于0.85，次要建筑物或受潮较轻的情况下，K_p 也不宜小于0.75。

2.2.5 材料的吸湿性

材料的吸湿性是指材料在潮湿空气中吸收水分的能力。潮湿材料在干燥的空气中也会放出水分，称为还湿性。材料的吸湿性用含水率表示，含水率系指材料内部所含水的质量占材料干质量的百分率，用 W 表示：

$$W=\frac{m_k-m_1}{m_1} \tag{2-14}$$

式中：W——材料的含水率（%）；

m_k——材料吸湿后的质量（g）；

m_1——材料在绝对干燥状态下的质量（g）。

影响材料吸湿性的因素，除材料本身的性质（化学组成、结构、构造、孔隙）外，还有环境的温度、湿度。材料的吸湿性随空气的湿度和环境温度的变化而改变，当空气湿度较大且温度较低时，材料的含水率就大，反之则小。材料中所含水分与空气的湿度相平衡时的含水率，称为平衡含水率。具有微小开口孔隙的材料，吸湿性特别强。如木材及某些绝热材料，在潮湿空气中能吸收很多水分，这是由于这类材料的内表面积大，吸附水的能力强所致。

材料的吸水性和吸湿性均会对材料的性能产生不利影响。材料吸水后会导致其自重增大、绝热性降低、强度和耐久性将产生不同程度的下降。材料吸湿和还湿还会引起其体积变化，影响使用。在混凝土的施工配合比设计中要考虑砂、石料含水率的影响。

2.2.6 材料的抗渗性

抗渗性是指材料抵抗压力水或其他液体渗透的性质。地下建筑物、水工建筑物、屋面材料都需要具有足够的抗渗性，以防止渗水、漏水现象。

抗渗性可用渗透系数表示。根据水力学的渗透定律，在一定的时间 t 内，通过材料的水量 Q 与试件截面面积 A 及材料两侧的水头差 H 成正比。与试件厚度 d 成反比，其比例数 k 即定义为渗透系数，可表示为下式：

$$Q=k\frac{HAt}{d} \tag{2-15}$$

$$k=\frac{Qd}{HAt} \tag{2-16}$$

式中：Q——透过材料试件的水量（cm^3）；

H——水头差（cm）；

A——渗水面积（cm^2）；

D——试件厚度（cm）；

t——渗水时间（h）；

k——渗透系数（cm/h）。

材料的抗渗性也可用抗渗等级表示。抗渗等级是以规定的试件在标准试验条件下所承受的最大渗水压力（MPa）来确定，以符号“Pn”表示，其中 n 为该材料所能承受的最大水压力数的 10 倍值，如 P4、P6、P8 等分别表示材料最大能承受 0.4MPa、0.6MPa、0.8MPa 的水压而不渗水。

材料的抗渗性与其孔隙率和孔隙特征有关。材料的孔隙率越大，连通孔隙越多，其抗渗性越差。细微连通的孔隙水易渗入，故这种孔隙越多，材料的抗渗性越差。闭口孔水不能渗入，因此闭口孔隙率大的材料，其抗渗性仍然良好。开口大孔水最易渗入，故其抗渗性最差。

2.2.7 材料的抗冻性

抗冻性是指材料在吸水饱和状态下，抵抗多次冻融循环作用而不破坏，也不严重降低强度的性质。

建筑物或构筑物在自然环境中，温暖季节被水浸湿，寒冷季节又受冰冻，如此多次反复交替作用，会在材料孔隙内壁由于水的结冰体积膨胀（约 9%）产生高达 100MPa 的应力，而使材料产生严重破坏。同时冰冻也会使墙体材料由于内外温度不均匀而产生温度应力，进一步加剧破坏作用。

抗冻性用抗冻等级 F 表示。抗冻等级是以规定的试件、在规定试验条件下，测得其强度降低不超过规定值，并无明显损坏和剥落时所能经受的冻融循环次数来确定，用符号“Fn”表示，其中 n 即为最大冻融循环次数。例如，抗冻等级 F10 表示在标准试验条件下，材料强度下降不大于 25%，质量损失不大于 5%，所能经受的冻融循环的次数最多为 10 次。

材料抗冻等级的选择，是根据建筑物的种类、材料的使用条件和部位、当地的气候条件等因素决定的。例如轻混凝土、烧结普通砖、陶瓷面砖等墙体材料，一般要求抗冻等级为 F15 或 F25，用于桥梁和道路的混凝土应为 F50、F100 或 F200，而水工混凝土的抗冻等级要求可高达 F500。

从外界条件来看，材料受冻融破坏的程度，与冻融温度、结冰速度、冻融频繁程度等因素有关。环境温度越低、降温越快、冻融越频繁，则材料受冻融破坏越严重。材料受冻融破坏作用后，将由表及里产生剥落现象。

抗冻性良好的材料，对于抵抗大气温度变化、干湿交替等风化作用的能力较强，所以抗冻性常作为评定材料耐久性的一项重要指标。在设计寒冷地区及寒冷环境（如冷库）的建筑物时，必须要考虑材料的抗冻性。处于温暖地区的建筑物，虽无冻融作用，但为抵抗大气的风化作用，确保建筑物的耐久性，也常对材料提出一定的抗冻性要求。

2.2.8 材料的软火点、闪光点及着火点

1. 软火点

沥青等类材料加热时，会由固态逐渐软化而趋于液态，这一变态过程中从塑性态转到溯流态的起点温度称为软化点，它是反映材料温度敏感性的重要指标。

2. 闪火点

沥青等类材料到达软化点后再继续加热则会由于热分解而产生挥发性的气体与空气混

合，在一定条件下与火焰接触，初次发出蓝色闪光时的温度称为闪火点，也称闪点、闪燃点。

3. 着火点

在材料达到闪火点后温度如果再上升与火接触而产生的火焰能持续燃烧5s以上时的这个开始燃烧的温度称为着火点，又称燃点。

闪火点、着火点是安全运输、贮存和使用沥青等材料的温度控制指标。材料的温度达到或超过闪火点和着火点，表明有发生爆炸和火灾的可能性。

2.2.9 材料的耐燃性与耐火性

1. 耐燃性

耐燃性是指材料在火焰或高温作用下可否燃烧的性质。我国相关规范将材料按耐燃性分为非燃烧材料（如砖、石、钢铁等）、难燃材料（如水泥刨花板、纸面石膏板等）和可燃材料（如木材、竹材等）。在建筑物的不同部位，根据其使用特点和重要性可选择不同耐燃性的材料。

2. 耐火性

耐火性是材料在火焰或高温作用下，保持其不被破坏、性能不明显下降的能力。用其耐受时间（h）来表示，称为耐火极限。要注意耐燃性和耐火性概念的区别，耐燃的材料不一定耐火，耐火的一般都耐燃。如钢材是非燃烧材料，但其耐火极限只有0.25h，因此钢材虽为重要的建筑结构材料，但其耐火性却较差，使用时须进行特殊的耐火处理。

2.2.10 材料的强度

1. 材料强度的种类

材料在外力作用下抵抗破坏的能力称为材料的强度：当材料受外力作用时，其内部就产生应力，外力增加，应力相应增大，直至材料内部质点间结合力不足以抵抗作用的外力时，材料即发生破坏。材料破坏时应力达到极限值，这个极限应力值就是材料的强度，也称极限强度，常用“f”表示。材料强度的单位为兆帕（MPa）。

根据材料所受外力的不同，材料的常用强度有抗压强度、抗拉强度、抗剪强度和抗弯（或抗折）强度等，如图2－2所示。

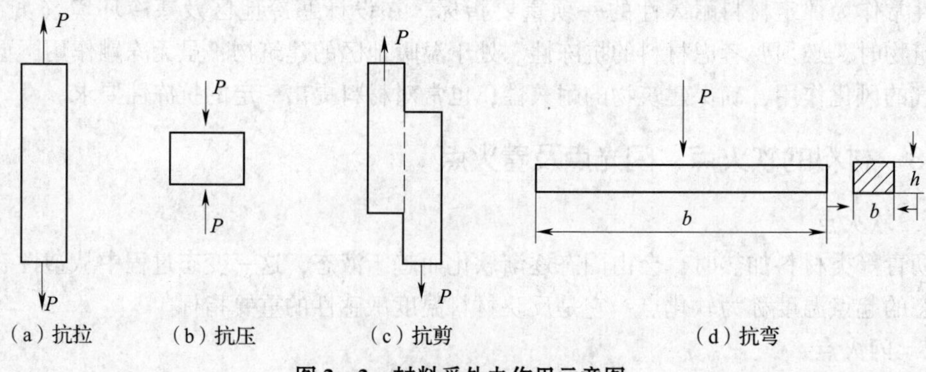

图2－2 材料受外力作用示意图

材料的强度是通过静力试验来测定的，因此称为静力强度。材料的静力强度是通过标准试件的破坏试验而测得。材料的抗压、抗拉和抗剪强度均按下式计算：

$$f=\frac{P_{max}}{A} \tag{2-17}$$

式中：f——材料抗压、抗拉、抗剪强度（MPa）；

P_{max}——材料受压、受拉、受剪破坏时的极限荷载值（N）；

A——材料受力的截面面积（mm^2）。

材料的抗弯强度与试件的几何外形及荷载施加情况有关，对于矩形截面的条形试件，当其两支点间的跨中作用一集中荷载时，其抗弯（抗折）强度可按下式计算：

$$f_t=\frac{3P_{max}L}{2bh^2} \tag{2-18}$$

式中：f_t——材料的抗弯（抗折）强度（MPa）；

P_{max}——试件破坏时的极限荷载值（N）；

L——试件两支点的间距（mm）；

b、h——试件矩形截面的宽和高（mm）。

常见建筑材料的各种强度见表2-3。由表可见，不同材料的各种强度间相差是不同的。花岗岩、普通混凝土等的抗拉强度比抗压强度小几十至几百倍，因此，这类材料只适于做受压构件（基础、墙体、桩等）。钢材的抗压强度和抗拉强度相等，因此作为结构材料性能最为优良。

表2-3 常用建筑材料的强度值（MPa）

材　料	抗　压	抗　拉	抗　折
花岗岩	100~250	5~8	10~14
普通混凝土	5~60	1~9	—
轻骨料混凝土	5~50	0.4~2	—
松木（顺纹）	30~50	80~120	60~100
钢材	240~1500	240~1500	—

2. 材料的比强度

比强度是按单位体积质量计算的材料强度指标，其值等于材料强度与其表观密度之比。比强度是衡量材料轻质高强性能的重要指标，优质结构材料的比强度应高。几种主要材料的比强度见表2-4。

表2-4 几种主要材料的比强度

材料	表观密度（kg/m^3）	强度（MPa）	比强度
烧结普通砖（抗压）	1700	10	0.005
普通混凝土（抗压）	1400	40	0.017
低碳钢	7850	420	0.054
松木（顺纹抗拉）	500	100	0.200
玻璃钢	2000	450	0.225

由表2-4可知，玻璃钢和木材是轻质高强的高效能材料，而普通混凝土为质量大而强度较低的材料。所以努力促进结构材料向轻质、高强方向发展，是一项十分重要的工作。

强度等级是材料按强度的分级，建筑材料常按其强度值的大小划分为若干个等级或牌号，如烧结普通砖按抗压强度分为5个强度等级；硅酸盐水泥按抗压和抗折强度分为6个强度等级；普通混凝土按其抗压强度分为12个强度等级；碳素结构钢按其抗拉强度分为5个牌号等。根据强度划分强度等级时，规定的各项指标都合格才能定为某强度等级，否则就要降低级别。

建筑材料按强度划分等级或牌号，对生产者和使用者均有重要的意义，它可使生产者在生产中控制质量时有据可依，从而达到保证产品质量的目的。对使用者则有利于掌握材料的性能指标，以便于合理选用材料、正确进行设计和控制工程施工质量。

材料在外力作用下会产生变形，但当外力除去后，仍能完全恢复原来的形状，这种性质称为材料的弹性，这种可以完全恢复的变形称为弹性变形（瞬时变形成）。

当外力除去后，不能完全恢复原来的形状而仍保持变形后的形状和尺寸，但并不产生裂缝的性质称为材料的塑性，这种不能恢复的变形称为塑性变形（永久变形）。

实际上，单纯的弹性变形是没有的。有的材料在受力不大的情况下表现为弹性变形，但受力超过一定限度后则表现为塑性变形，如建筑钢材。有的材料在受力后，弹性变形及塑性变形同时产生，如图2-3所示如果取消外力，则弹性变形 *ba* 段可以恢复，而其他塑性变形 *ob* 段则不能恢复，如混凝土受力后的变形就属于这种性质。

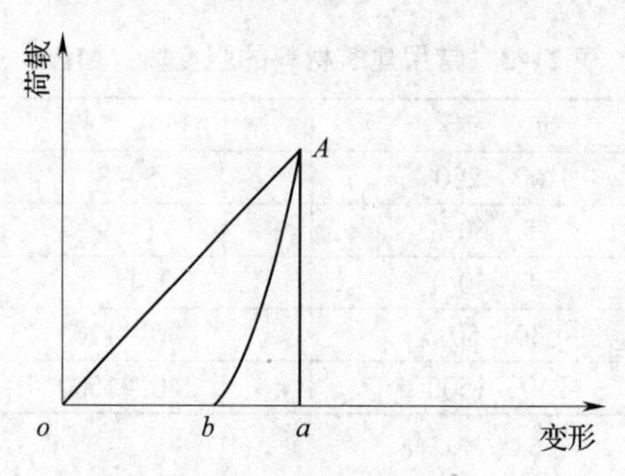

图2-3 弹-塑性材料变形曲线

2.2.11 材料的韧性与脆性

材料在冲击或振动荷载作用下，能吸收较大的能量，同时产生较大的变形而不破坏的性质称为韧性或冲击韧性。建筑钢材、木材、塑料等是较典型的韧性材料。

脆性是指当外力达到一定限度时，材料发生无先兆的突然破坏，且破坏时无明显塑性变形的性质。具有这种性质的变形曲线的材料称为脆性材料。脆性材料的力学性能特点是抗压强度远大于抗拉强度，可高达数倍甚至数十倍，破坏时的极限应变值极小。与韧性材料相比，脆性材料不能承受振动和冲击荷载，也不宜用于受拉构件，只适用于作承压构件材料中大部分无机非金属材料均为脆性材料，如砖、石材、铸铁、玻璃、陶瓷、混凝土等都是脆性材料。

材料的韧性用冲击韧性指标 α_k 表示。冲击韧性指标指用带缺口的试件作冲击破坏试验时，断口处单位面积所吸收的功，可按下式计算：

$$\alpha_k = \frac{A_k}{A} \tag{2-19}$$

式中：α_k——材料的冲击韧性指标（J/mm^2）；

A_k——试件破坏时所消耗的功（J）；

A——试件受力净截面积（mm^2）。

在建筑工程中，对于要求承受冲击荷载和有抗震要求的结构，如吊车梁、桥梁、路面等所用的材料，均应具有较高的韧性。

硬度是指材料表面抵抗硬物体刻划或压入而产生塑性变形的能力。材料的硬度越大，则其强度越高，耐磨性越好。测定材料硬度的方法有多种，通常采用的有刻划法、压入法和回弹法，不同材料其硬度的测定方法不同。刻划法常用于测定天然矿物的硬度，按硬度递增顺序分为10级，即滑石、石膏、方解石、萤石、磷灰石、正长石、石英、黄玉、刚玉、金刚石。钢材、木材及混凝土等韧性材料的硬度常用压入法测定，压入法硬度的指标有布氏硬度和洛氏硬度，它等于压入荷载值除以压痕的面积或密度。回弹法常用于测定混凝土构件表面的硬度，并以此估算混凝土的抗压强度。

耐磨性是指材料表面抵抗磨损的能力，用磨损率表示，它等于试件在标准试验条件下磨损前后的质量差与试件受磨表面积之商。磨损率越大，材料的耐磨性越差。

建筑工程中采用的无机非金属材料及其制品的耐磨性可用滚珠轴承法进行测定。滚珠轴承式耐磨试验机示意图如图2－4所示。其原理是：以滚珠轴承为磨头，通过滚珠在预定负荷下回转滚动时，摩擦湿试件表面，在受磨面上磨成环形磨槽。通过测量磨槽的深度和磨头的研磨转数，计算耐磨度。此法操作简便，数据可靠，适用面广。材料耐磨性用磨损率表示，即：

$$N = \frac{G_1 - G_2}{F} \tag{2-20}$$

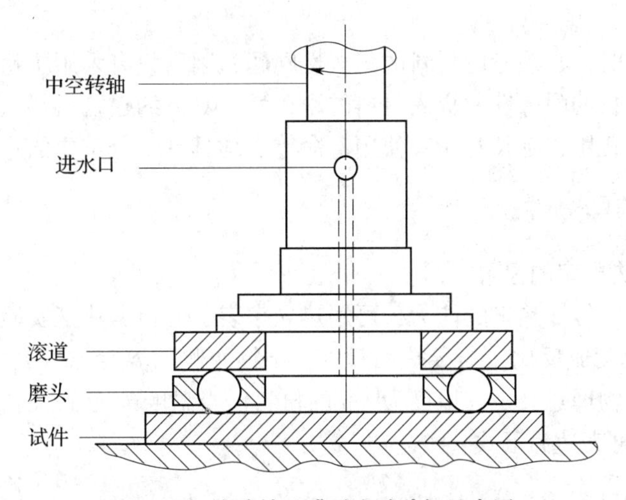

图2－4　滚珠轴承式耐磨试验机示意图

式中：N——材料的磨损率（g/cm^2）；

G_1——试件磨损前的质量（g）；

G_2——试件磨损后的质量（g）；

F——试件磨损面积（cm^2）。

材料的耐磨性与硬度、强度及内部构造等均有关系。建筑工程中用于地面、楼梯踏步、人行道路等处的材料，必须考虑其硬度与耐磨性。

2.2.12 材料的耐久性

耐久性是指用于建筑物的材料，在内部和外部多种因素作用下，经久不破坏、不变质，长久保持其使用性能的性质。

影响材料耐久性的因素是多种多样的，除材料内在原因使其组成、构造、性能发生变化以外，还要长期受到使用条件及各种自然因素的作用，这些作用可概括为以下几方面：

（1）物理作用包括环境温度、湿度的交替变化，即冷热、干湿、冻融等循环作用。材料在经受这些作用后，将发生膨胀、收缩、或产生内应力，长期的反复作用，将使材料变形、开裂甚至破坏。

（2）化学作用包括大气和环境水中的酸、碱、盐或其他有害物质对材料的侵蚀作用，以及日光、紫外线等对材料的作用，使材料发生腐蚀、碳化、老化等而逐渐丧失使用功能。

（3）机械作用包括荷载的持续作用，交变荷载对材料引起的疲劳、冲击、磨损等。

（4）生物作用包括菌类、昆虫等的侵害作用，导致材料发生腐朽、虫蛀等而破坏。

影响材料耐久性的外部因素，往往又是通过其内部因素而发生作用的。与材料耐久性有关的内部因素，主要是材料的化学组成、结构和构造的特点。当材料含有易与其他外部介质发生化学反应的成分时，就会造成因其抗渗性和耐腐蚀能力差而引起的破坏。如玻璃因其玻璃体结构所呈现出的导热性较小，而弹性模又很大的原因，使其极不耐温度剧变作用。材料含有较多的开口孔隙，会加快外部侵蚀性介质对材料的有害作用，而使其耐久性急剧下降。

选用建筑材料时，必须考虑材料的耐久性问题，因为只有采用了耐久性良好的建筑材料，才能保证建筑物的耐久性。提高材料的耐久性，对节约建筑材料、保证建筑物长期正常使用、减少维修费用、延长建筑物使用寿命等，均具有十分重要的意义。

2.2.13 材料的导热性

1. 影响材料热导率的因素

导热性是指材料传导热量的能力，可用热导率表示。根据热工实验可知，材料传导的热量 Q 与材料的厚度成反比，与导热面积 A、材料两侧的温度差（$T_1 > T_2$）、导热时间 t 成正比。热导率的物理意义是：厚度为 1m 的材料。当温度改变 1K 时，在 1s 时间内通过 $1m^2$ 面积的热量，可表达为下式：

$$\lambda = \frac{Qd}{(T_1 - T_2)At} \tag{2-21}$$

式中：λ——热导率［W/（m·K）］；

T_1-T_2——材料两侧温差（K）；

d——材料厚度（m）；

A——材料导热面积（m^2）；

t——导热时间（s）。

建筑材料热导率的范围在0.023～400W/（m·K）之间，数值变化幅度很大，见表2－5。热导率越小，材料的保温隔热性越强，一般将λ小于0.25W/（m·K）的材料称为绝热材料。

表2－5　常用建筑材料的热工性能指标

材料	热导率λ［W/（m·K）］	比热容C［J/（g·K）］
空气	0.024	1.00
泡沫塑料	0.03	1.30
松木	0.15	1.63
烧结砖	0.55	0.84
水	0.60	4.18
混凝土	1.8	0.86
冰	2.20	2.093
钢	55	0.48
铝合金	370	—

影响材料热导率的因素主要有：

（1）环境的温湿度。因空气、水、冰的热导率依次加大（见表2－5），故保温材料在受潮、受凉后，热导率可加大近100倍。因此，保温材料使用过程中一定要注意防潮防冻。

（2）材料的化学组成和物理结构。一般金属材料的热导率要大于非金属材料，无机材料的热导率大于有机材料，晶体结构材料的热导率大于玻璃体或胶体结构的材料。

（3）孔隙状况。因空气的λ仅为0.024W/（m·K），且材料的热传导方式主要是对流，故材料的孔隙率越高、闭口孔隙越多、孔隙直径越小，则热导率越小。

2．比热容的计算公式

比热容是指单位质量的材料温度升高1K（或降低1K）时所吸收（或放出）的热量，表达式为：

$$C=\frac{Q}{m(T_2-T_1)} \tag{2-22}$$

式中：Q——材料吸收（或放出）的热量（J）；

m——材料的质量（g）；

T_2-T_1——材料受热（或冷却）前后的温度差（K）；

C——材料的比热容［J/（g·K）］。

不同材料的比热容不同，即使是同一种材料，由于所处物态不同，比热容也不同（见表2-5）。例如，从表2-5可以看出，水的比热容为4.18J/（g·K），而结冰后比热容则是2.09J/（g·K）。

材料加热时吸收热量，冷却时放出热量的能力，称为热容量Q。

材料的比热容与材料的质量之积称为材料的热容量值。材料的热容量值对于稳定建筑物内部温度的恒定和冬季施工有很重要的意义。热容量大的材料可缓和室内温度的波动，使其保持恒定。

材料的热导率和热容量是设计建筑物围护结构（墙体、屋盖）进行热工计算时的重要参数，设计时应采用热导率较小、热容量较大的建筑材料，使建筑物保持室内温度的稳定性。同时，热导率也是工业窑炉热工计算和确定冷藏库绝热层厚度时的重要数据。

2.2.14 材料的装饰功能

1. 表面质感

表面质感是指材料本身具有的材质特性，或材料表面由人为加工至一定程度而造成的表面视感和触感，如表面粗细、软硬程度、手感冷暖、凹凸不平、纹理构造、图案花纹、明暗色差等，这些表面质感均会对人们的心理产生影响。设计时根据建筑功能要求，恰当地选用不同质感的材料，充分发挥材料本身的质感特性。

2. 形状尺寸

材料的形状与尺寸是建筑构造的细部之一，将建筑材料加工成各种形状和不同尺寸的型材，以配合建筑形体和线条，可构筑成风格各异的建筑造型，既满足使用功能要求，又创造出建筑的艺术美。测定材料的密度，了解密度的测定方法，进一步加深对密度概念的理解。

3. 光泽

光泽是材料的表面特性之一，也是材料的重要装饰性能。高光泽的材料具有很高的观赏性，同时在灯光的配合下，能对空间环境的装饰效果起到强化、点缀和烘托的作用。

光泽是光线在材料表面有方向性的反射，如果反射光线分散在各个方向，称为漫反射，如与入射光线成对称的集中反射，则称镜面反射。镜面反射是材料产生光泽的主要原因；材料表面的光洁度越高，光线的反射越强，则光泽度越高。所以许多装饰材料的面层均加工成光滑的表面，如天然大理石和花岗石板材、不锈钢钢板、釉面砖、镜面玻璃等，光泽度可采用光电光泽度计进行测定。

4. 透明性

材料的透明性是由于光线透射材料的结果，能透光又能透视的材料称为透明体（如普通平板玻璃），只能透光而不能透视者称半透明体（如压花玻璃）。由于透明材料具有良好的透光性，因此被广泛用作建筑采光和装饰。采用大量透明材料建造的玻璃幕墙建筑，给人以通透明亮、具有强烈的时代气息之感。

5. 色彩

色彩最能突出表现建筑物的美，古今中外的建筑物，无一不是利用材料的色彩来塑造其美，同时，不同色彩能使人产生不同感觉。如建筑外部的浅色块给人以庞大、肥胖感，深色块使人感觉瘦小和苗条。在室内看到红、橙、黄等色使人联想到太阳、火焰而感到温暖，因此称为暖色。见到绿、蓝、紫罗兰等色会让人联想到大海、蓝天、森林而感到凉爽，因此称为冷色。暖色调使人感到热烈、兴奋、温暖，冷色调使人感到宁静、幽雅、清凉。因此，建筑装饰材料均布成具有各种不同色彩的制品，且要求其颜色能经久不褪，耐久性高。

颜色是材料对光的反射效果，构成材料颜色的本质比较复杂，它受其微量组成物质（如金属氧化物）的影响很大，同时它与光线的光谱组成和人眼对光谱的敏感性有关，不同的人对同一种颜色可能产生不同的色彩效果。因此，生产中装饰材料的颜色，通常采用标准色板进行比较，或者用光谱分光色度仪进行测定。

2.2.15 材料的密度试验

1. 材料的密度试验

（1）试验目的。测定材料的密度，了解密度的测定方法，进一步加深对密度概念的理解。

（2）密度试验所用仪器。密度瓶（如图 2－5 所示，又名李氏瓶）、量筒、烘箱、干燥器、温度计、天平（500g，感量 0.01g）、漏斗和小勺等。

（3）试料准备。将试样研碎，通过 900 孔/cm^2 筛，除去筛余物，放在 105～110℃烘箱中，烘至恒重，再放入干燥器中冷却至室温。

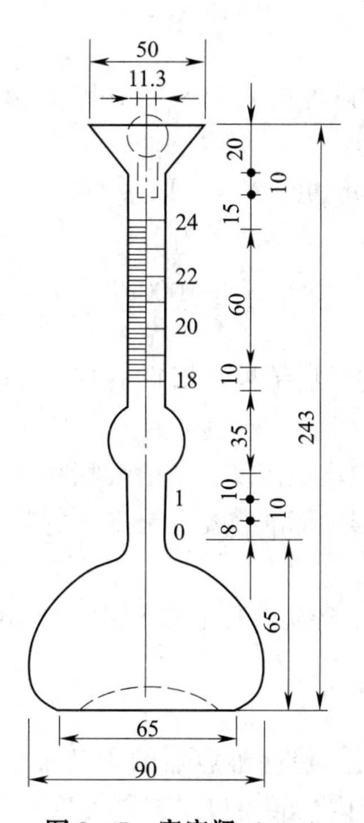

图 2－5 密度瓶（mm）

（4）操作步骤。

1）在密度瓶中注入与试样不起反应的液体至凸颈下部刻度线零处，记下刻度数，将李氏瓶放在盛水的容器中，在试验过程中保持水温为20℃。

2）用天平称取60～90g试样，用小勺和漏斗小心地将试样徐徐送入密度瓶中，要防止在密度瓶后部发生堵塞，直至液面上升到20mL刻度左右为止，再称剩余的试样质量，计算出装入瓶内的试样质量m（g）。

3）轻轻振动密度瓶，使液体中的气泡排出，记下液面刻度，根据前后两次液面读数，算出液面上升的体积，记为瓶内试样所占的绝对体积V（cm^3）。

（5）试验结果计算。按下式计算出密度ρ精确至0.01g/cm^3。

$$\rho = \frac{m}{V} \tag{2-23}$$

式中：m——装入瓶中试样的质量（g）；

V——装入瓶中试样的绝对体积（cm^3）；

ρ——材料的密度（g/cm^3）。

密度试验用两个试样平行进行，以其结果的算术平均值作为最后结果，但两结果之差应不超过0.02g/cm^3。

2. 材料的体积密度试验

（1）试验目的。测定材料的体积密度，了解体积密度的测定方法。

（2）体积试验所用仪器。游标卡尺（精度为0.1mm）、天平（感量为0.1g）、烘箱、干燥器、漏斗、直尺和搪瓷盘等。

（3）操作步骤。

1）将欲测材料形状规则的试件放入105～110℃烘箱中烘至恒重，取出置入干燥器中，冷却至室温。

2）用卡尺量出试件尺寸（每边测3次，取平均值），并计算出体积V_0（cm^3），称试样质量为m（g），则表观密度ρ_0（kg/m^3）为：

$$\rho_0 = \frac{1000m}{V_0} \tag{2-24}$$

以5次试验结果的平均值为最后结果，精确至10kg/m^3。

3. 材料堆积密度试验

（1）试验目的。测定材料的堆积密度，了解堆积密度的测定方法。

（2）堆积密度试验所用仪器。标准容器、天平（感量为0.1g）、烘箱、干燥器、漏斗和钢尺等。

（3）试料准备。将试样放在105～110℃烘箱中烘至恒重，再放入干燥器中冷却至室温。

（4）操作步骤。

1）材料松散堆积密度的测定。称标准容器的质量m_1，将散粒材料（试样）经过漏斗（或标准斜面），徐徐地装入容器内，漏斗口（或斜面底）距容器口为5cm，待容器顶上形成锥形，将多余的材料用钢尺沿容器口中心线向两个相反方向刮平，称容器和材料总量m_2。

2）紧堆积密度的测定。称标准容器的质量 m_1。取另一份试样，分两层装入标准容器内。装完一层后，在筒底垫放一根 ϕ10mm 钢筋，将筒按住，左右交替颠击地面各 25 下，再装第二层，把垫放的钢筋转 90°，再按同法颠击。加料至试样超出容器口，用钢尺沿容器中心线向两个相反方向刮平，称其质量 m_2。

3）结果计算。堆积密度 ρ'（kg/m^3）按下式计算：

$$\rho' = \frac{m_2 - m_1}{V_0'} \tag{2-25}$$

式中：m_2——容器和试样总质量（kg）；

m_1——容器质量（kg）；

V_0'——容器的容积（m^3）。

以两次试验结果的算术平均值作为堆积密度测定的结果。

4）容器容积的校正。以（20±5）℃的饮用水装满容器，用玻璃板沿容器口滑移，使其紧贴容器。擦干容器外壁上的水分，称其质量 m_1'。事先称得玻璃板与容器的总质量 m_2'，单位以 kg 计。容器的容积 V 按下式计算：

$$V = \frac{m_1' - m_2'}{1000} \tag{2-26}$$

4．材料的吸水率试验

（1）试验目的。测定材料的吸水率，了解材料吸水率的测定方法。

（2）吸水率试验所用仪器。天平（称量为1000g，感量为0.1g）、水槽和烘箱等。

（3）操作步骤。

1）将试件置于烘箱中，以不超过 110℃的温度烘至恒重，称其质量 m（g）。

2）将试件放入水槽中，试件之间应留 1～2cm 的间隔，试件底部应用玻璃棒垫起，避免与槽底直接接触。

3）将水注入水槽中，使水面至试件高度的 1/4 处，2h 后加水至试件高度的 1/2，隔 2h 再加入水至试件高度的 3/4 处，又隔 2h 加水至高出试件 1～2cm，再经一天后取出试件。这样逐次加水能使试件中的空气逐渐逸出。

4）取出试件后，用拧干的湿毛巾轻轻抹去试件表面的水分（不得来回擦拭）。称其质量，称量后仍放回槽中浸水。

以后每隔一昼夜用同样方法称取试样质量，直至试件浸水至恒定质量为止（质量相差不超过 0.05g 时），此时称得的试件质量为 m_1（g）。

（4）试验结果计算。按下式计算质量吸水率 $W_{质}$ 及体积吸水率 $W_{体}$：

$$W_{质} = \frac{m_1 - m}{m} \times 100\% \tag{2-27}$$

$$W_{体} = \frac{V_1}{V_0} \times 100\% = \frac{m_1 - m}{m} \cdot \frac{\rho_0}{\rho_{H_2O}} \times 100\% = W_{质}\,\rho_0 \tag{2-28}$$

式中：V_1——材料吸水饱和时水的体积（cm^3）；

V_0——干燥材料自然状态下时的体积（cm^3）；

ρ_0——试样的表观密度（g/cm^3）；

ρ_{H_2O}——水的密度，常温时 $\rho_{H_2O}=1g/cm^3$。

最后取三个试件的吸水率计算其平均值。

2.3 试验数据处理

2.3.1 平均值的计算方法及计算公式

1. 算术平均值

算术平均值是常用的一种用来了解一批数据的平均水平，度量这些数据的中间位置的方法。其计算公式为：

$$x=\frac{x_1+x_2+\cdots+x_n}{n}=\frac{\sum x}{n} \tag{2-29}$$

式中：x——算术平均值；

x_1，x_2，…，x_n——各个试验数据值；

$\sum x$——各试验数据值的总和；

n——试验数据个数。

2. 均方根平均值

均方根平均值是反映数据灵敏度的计算方法。计算公式为：

$$S=\sqrt{\frac{x_1^2+x_2^2+\cdots+x_n^2}{n}}=\sqrt{\frac{\sum x^2}{n}} \tag{2-30}$$

式中：S——各试验数据的均方根平均值；

x_1，x_2，…，x_n——各个试验数据值；

$\sum x^2$——各试验数据值平方的总和；

n——试验数据个数。

3. 加权平均值

加权平均值是在计算若干个数据的平均值时，考虑到每个数据在总量中所具有的重要性不同，可以对各个数值分别给以不同权数，按不同权数计算所得的各个数据的平均值的计算方法。计算公式为：

$$m=\frac{x_1f_1+x_2f_2+\cdots+x_nf_n}{f_1+f_2+\cdots+f_n}=\frac{\sum_{i=1}^{n}x_if_i}{\sum_{i=1}^{n}f_i} \tag{2-31}$$

式中：m——加权平均值；

x_1，x_2，…，x_n——各试验数据值；

f_1，f_2，…，f_n——各数据的权数。

2.3.2 试验数据误差的处理方法

1. 算术平均值误差计算法

其计算公式为：

$$S=\frac{|x_1-\bar{x}|+|x_2-\bar{x}|+\cdots+|x_n-\bar{x}|}{n}=\frac{\sum_{i=1}^{n}(x_i-\bar{x})}{n} \tag{2-32}$$

式中：S——算术平均误差值；

x_1，x_2，…，x_n——各试验数据值；

$\bar{x}$——试验数据值的算术平均数。

2. 均方根误差（标准离差、均方差）计算法

只知试件的平均水平是不够的。要了解数据的波动情况及其带来的危险性，均方根误差是衡量波动性（离散性大小）的指标，计算公式为：

$$S=\sqrt{\frac{(x_1-\bar{x})+(x_2-\bar{x})+\cdots+(x_n-\bar{x})}{n}}=\sqrt{\frac{\sum_{i=1}^{n}(x_i-\bar{x})}{n-1}} \tag{2-33}$$

式中：S——均方根误差；

x_1，x_2，…，x_n——各试验数据值；

$\bar{x}$——试验数据的算术平均值；

n——试验数据个数。

3. 极差估计法

极差是表示数据离散的范围，也可用来度量数据的离散性。极差是数据中最大值与最小值之差，即，

$$W=x_{\max}-x_{\min} \tag{2-34}$$

当一批数据不多时（$n\leqslant 10$），可用极差法估计总体标准离差，计算公式为：

$$\delta=\frac{1}{d_n}W \tag{2-35}$$

当一批数据很多时（$n>10$），要将数据随机分成若干个数量相等的组，对每组求极差，并计算平均值，计算公式为：

$$\bar{W}=\frac{1}{m}\sum_{i=1}^{m}W_i \tag{2-36}$$

则标准极差的估计值近似地用下式计算：

$$\delta=\frac{1}{d_n}W \tag{2-37}$$

式中：d_n——与 n 有关的系数（见表 2-6）；

m——数据分组的组数；

n——每一组内数据拥有的个数；

δ——标准极差的估计值；

W，$\bar{W}$——极差、各组极差的平均值。

表 2-6 极差估计法系数表

n	d_n
2	1.128
3	1.693
4	2.059
5	2.326
6	2.534
7	2.704
8	2.847
9	2.970
10	3.078

极差估计法计算方便，但反映实际情况的精确度较差。

2.3.3 变异系数的计算

变异系数是表示数据相对波动大小的值，可反映标准偏差所不能反映的数据波动情况，计算公式如下：

$$C_v = \frac{S}{\bar{x}} \times 100\% \tag{2-38}$$

式中：C_v——变异系数（%）；

S——标准差；

$\bar{x}$——试验数据的算术平均值。

2.3.4 连续型随机变量的正态分布

如果随机变量 x 的概率密度为

$$f(x) = \frac{1}{\sqrt{2\pi}\sigma} e^{-\frac{(x-\mu)^2}{2\sigma^2}} \quad (-\infty < x < +\infty) \tag{2-39}$$

则称 x 为服从参数 μ、σ^2，$\sigma > 0$，$-\infty < \mu < +\infty$ = 的正态分布，记为 $x \sim N(\mu, \sigma^2)$。

$f(x)$ 的图形如图 2-6 所示。

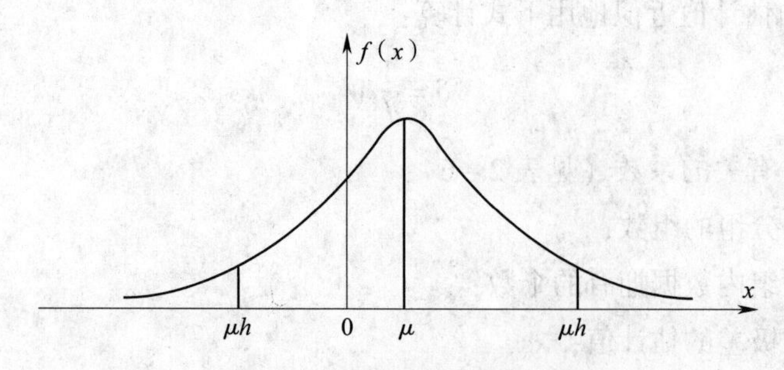

图 2-6 正态分布 $f(x)$ 图形

正态分布是概率与数理统计中最重要的分布，也是质量管理与材料试验研究中经常遇到的最重要的分布。实践证明，材料的强度值、混凝土预制件的自重及几何尺寸、楼板所承受的活荷载等都服从正态分布。

2.3.5 连续型随机变量的负指数分布

如果随机变量 x 的概率密度为

$$f(x)=\begin{cases}\lambda\cdot e^{-\lambda x} & (x\geqslant 0)\\ 0 & (x<0)\end{cases} \tag{2-40}$$

其中 $\lambda>0$，则称 x 服从参数为 λ 的负指数分布。

$f(x)$ 的分布图形如图 2-7 所示。

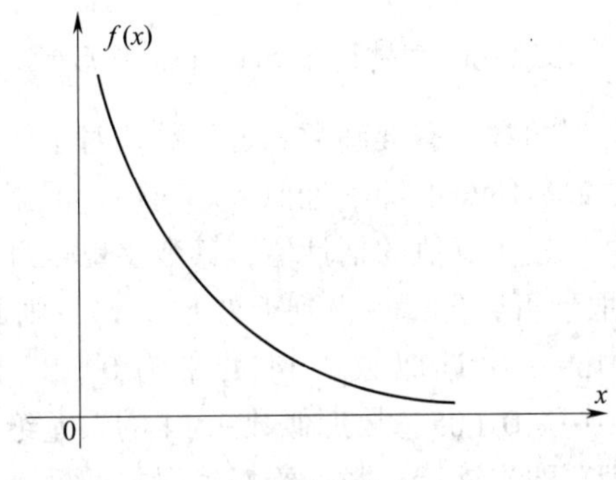

图 2-7 负指数分布 $f(x)$

负指数分布在设备安全质量管理中有重要的应用，常用它作为设备使用寿命的近似分布。

2.3.6 连续型随机变量的对数正态分布

设随机变量的对数服从正态分布，则称这个随机变量服从对数正态分布，其概率密度为：

$$f(x)=\begin{cases}\dfrac{1}{\sqrt{2\pi}\sigma x}e^{-\frac{(\lg x-\mu)^2}{2\sigma^2}} & (x>0)\\ 0 & (x\leqslant 0)\end{cases} \tag{2-41}$$

其中 μ、σ 为参数。

$f(x)$ 的分布图形如图 2-8 所示。

一般情况下，当分析的对象不服从正态分布时，对数正态分布是一种可供选择的近似分布。

2.3.7 数据中的有效数字

有效数字指的是任何一个数最末一位数字所对应的单位量值。例如，用分度值为 1mm 的钢卷尺测量某物体的长度，测量结果为 19.8mm，最末一位的量值为 0.8mm，即为最末一位数字 8 与其所对应的单位量值 0.1mm 的乘积，故 19.8m 的末为 0.8mm。

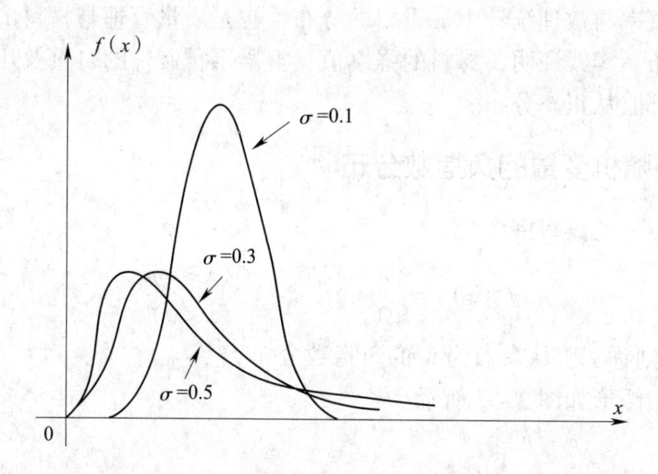

图 2-8 对数正态分布 $f(x)$ 图形

人们在日常生活中接触到的数，有准确数和近似数。对于任何数，包括无限不循环小数和循环小数，截取一定位数后所得的即是近似数。同样，根据误差公理，测量总是存在误差，测量结果只能是一个接近于真值的估计值，其数字也是近似数。例如，将无限不循环小数 $\pi=3.14159\cdots\cdots$ 截取到百分位，可得到近似数 3.14，则此时引起的误差绝对值为 $3.14-3.14159\cdots\cdots=0.00159\cdots\cdots$ 近似数 3.14 的末为 0.01，因此 0.5（末）$=0.5\times0.01-0.005$，而 $0.00159\cdots\cdots<0.005$，故近似数 3.14 的误差绝对值小于 0.5（末）。

近似数有效数字的概念，即当该近似数的绝对值误差的模小于 0.5（末）时，从左边的第一个非零数字算起，直到最末一位数字为止的所有数字。根据这个概念，3.14 有 3 位有效数字。

测量结果的数字，其有效位数代表结果的不确定度。例如，某长度测量值为 19.8mm，有效位数为 3 位；若是 19.80mm，则有效位数为 4 位。它们的绝对误差的末分别小于 0.5（末），即分别小于 0.05mm 和 0.005mm。

显而易见，有效位数不同，它们的测量不确定度也不同，测量结果 19.80mm 比 19.8mm 的不确定度要小。同时，数字右边的“0”不能随意取舍，因为这些“0”都是有效数字。

2.3.8 试验结果的可疑数据的取舍

在一组条件完全相同的重复试验中，当发现有某个过大或过小的单数据时，应按数理统计方法加以鉴别并决定取舍。常用方法有以下 3 种。

1. 三倍标准离差法

这是美国混凝土协会 ACI 有关标准中的方法。它的准则是 $|x_i-\bar{x}|3\delta$。另外还规定 $|x_i-\bar{x}|>2\delta$ 时则应保留，但需存疑，如果发现制作、养护、试验过程中有可疑的变异时，该试件强度值应予舍弃。

2. 格拉布斯方法

（1）把试验所得数据从小到大排列：x_1，x_2，x_3，…，x_n。

（2）定显著性水平 α（一般 $\alpha=0.05$），根据 n 及 α 从 T（n，α）表中求得 T 值。

（3）计算统计量 T 值。

$$T=\frac{\overline{x}-x_1}{S} \tag{2-42}$$

设 x_1 为可疑时，则当最大值 x_n 为可疑时，则，

$$T=\frac{x_n-\overline{x}}{S} \tag{2-43}$$

式中：$\overline{x}$——试件平均值，$\overline{x}=\frac{1}{n}\sqrt{\frac{\sum_{i=1}^{n}(x_i-x)^2}{n-1}}$；

x_i——测定值；

n——试件个数；

S——试件方差，$S=\sqrt{\frac{\sum_{i=1}^{n}(x_i-x)^2}{n-1}}$。

（4）查表 2-7 相应于 n 与 α 的 T（n，α）值。

表 2-7 α 和 T 值关系表

α	当 n 为下列数值时的 T 值							
	3	4	5	6	7	8	9	10
1.0%	1.15	1.49	1.75	1.94	2.10	2.22	2.32	2.41
2.5%	1.15	1.48	1.71	1.89	2.02	2.13	2.21	2.29
5.0%	1.15	1.46	1.67	1.82	1.94	2.03	2.11	2.18

（5）当计算统计量 $T \geqslant T$（n，α）时，则假设的可疑数据是对的，应予舍弃。当 $T<T$（n，α）时，则不能舍弃。

这样判决犯的错误概率为 $\alpha=0.05$。

3. 肖维纳法

肖维纳法是：若干个试验值，规定其离差（任意试验值与平均值之差）不可能出现的概率为 $1/n$，即出现的概率小于 $1/n$，意味着出现了可疑数据。按正态分布：

$$\frac{1}{2n}=1-\int_{n-W_n}^{W}\frac{1}{\sqrt{2\pi}}\cdot e-\frac{t^2}{2}\mathrm{d}t \tag{2-44}$$

W_n 由标准正态数查出。

当 $|x_i-x|>W_n\delta$ 时，则认为是可疑数值，应当舍弃。

2.3.9 数字修约

1. 数字修约的概念

对某一拟修约数，根据保留位数的要求，将其多余位数的数字进行取舍，按照一定的

规则，选取一个其值为修约间隔整数倍的数（称为修约数）来代替拟修约数，这一过程称为数据修约，也称为数的化整或数的凑整。为了简化计算，准确表达测量结果，必须对有关数据进行修约。

修约间隔又称为修约区间或化整间隔，它是确定修约保留位数的一种方式。修约间隔一般以 $k\times10^n$（$k=1$，2，5；n 为正、负整数）的形式表示。人们经常将同一 k 值的修约间隔简称为"k"间隔。

修约间隔一经确定，修约数只能是修约间隔的整数倍。例如，指定修约间隔为 0.1，修约数应在 0.1 的整数倍中选取；若修约间隔为 2×10^n，修约数的末位只能是 0，2，4，6，8 等数字；若修约间隔为 5×10^n，则修约数的末位数字必然不是"0"就是"5"。

当对某一拟修约数进行修约时，需确定修约位数，其表达形式有以下几种：

（1）指明具体的修约间隔。

（2）将拟修约数修约至某数位的 0.1 或 0.2 或 0.5 个单位。

（3）指明按"k"间隔将拟修约数为几位有效数字，或者修约至某数位，有时"1"间隔不必指明，但"2"间隔或"5"间隔必须指明。

2. 数字修约有哪些规则

（1）如果为修约间隔整数倍的一系列数中只有一个数最接近拟修约数，则该数就是修约数。例如，将 1.150001 按 0.1 修约间隔进行修约。此时，与拟修约数 1.150001 邻近的为修约间隔整数倍的数有 1.1 和 1.2（分别为修约间隔 0.1 的 11 倍和 12 倍），然而只有 1.2 最接近拟修约数，因此 1.2 就是修约数。

（2）如果为修约间隔整数的一系列数中有连续的两个数同等地接近拟修约数，则这两个数中只有为修约间隔偶数倍的那个数才是修约数。例如，要求将 1150 按 100 修约间隔修约。此时，有两个连续的为修约间隔整数倍的数 1.1×10^3 和 1.2×10^3 同等地接近 1150，因为 1.1×10^3 是修约间隔 100 的奇数倍（11 倍），只有 1.2×10^3 是修约间隔 100 的偶数倍（12 倍），因而 1.2×10^3 是修约数。

2.3.10 试验数据处理时关系的建立

在处理数据时，经常遇到两个变量因素的试验值，如抗压强度和抗折强度、快速试验和标准试验强度、混凝土强度与水泥强度等，可利用试验数据，找出它们之间的关系，建立两个变量因果经验相关公式。

通常见到的两个变量间的经验相关公式，大多数是简单的直线关系公式。建立直线关系式的方法有作图法、选点法、平均法、最小二乘法等。直线关系的普遍式为：

$$y=b+ax \tag{2-45}$$

式中：y——因变量；

x——自变量；

a——系数或斜率；

b——常数或截距。

3 土 工 试 验

3.1 土工试验基础

3.1.1 土的工程分类

（1）巨粒类土的分类应符合表3－1的规定。

表3－1 巨粒类土的分类

土类	粒组含量		土类代号	土类名称
巨粒土	巨粒含量>75%	漂石含量大于卵石含量	B	漂石（块石）
		漂石含量不大于卵石含量	Cb	卵石（碎石）
混合巨粒土	50%<巨粒含量≤75%	漂石含量大于卵石含量	BS1	混合土漂石（块石）
		漂石含量不大于卵石含量	CbS1	混合土卵石（块石）
巨粒混合土	15%<巨粒含量≤50%	漂石含量大于卵石含量	S1B	漂石（块石）混合土
		漂石含量不大于卵石含量	S1Cb	卵石（碎石）混合土

注：巨粒混合土可根据所含粗粒或细粒的含量进行细分。

（2）试样中巨粒组含量不大于15%时，可扣除巨粒，按粗粒类土或细粒类土的相应规定分类；当巨粒对土的总体性状有影响时，可将巨粒计入砾粒组进行分类。

（3）试样中粗粒组含量大于50%的土称粗粒类，其分类应符合下列规定：

1）砾粒组含量大于砂粒组含量的土称砾类土。

2）砾粒组含量不大于砂粒组含量的土称砂类土。

（4）砾类土的分类应符合表3－2的规定。

表3－2 砾类土的分类

土类	粒组含量		土类代表	土类名称
砾	细粒含量<5%	级配 $C_u \geq 5$ $1 \leq C_u \leq 3$	GW	级配良好砾
		级配：不同时满足上述要求	GP	级配不良砾
含细粒土砾	5%≤细粒含量<15%		GF	含细粒土砾
细粒土质砾	15%≤细粒含量<50%	细粒组中粉粒含量不大于50%	GC	黏土质砾
		细粒组中粉粒含量大于50%	GM	粉土质砾

(5) 砂类土的分类应符合表3-3的规定。

表3-3 砂类土的分类

土类	粒组含量		土类代表	土类名称
砂	细粒含量<5%	级配 $C_u \geqslant 5$ $1 \leqslant C_u \leqslant 3$	SW	级配良好砂
		级配：不同时满足上述要求	SP	级配不良砂
含细粒土砂	5% ≤细粒含量<15%		SF	含细粒土砂
细粒土质砂	15% ≤细粒含量<50%	细粒组中粉粒含量不大于50%	SC	黏土质砂
		细粒组中粉粒含量大于50%	SM	粉土质砂

(6) 试样中细粒组含量不小于50%的土为细粒类土。

(7) 细粒类土应按下列规定划分：

1) 粗粒组含量不大于25%的土称细粒土。

2) 粗粒组含量大于25%且不大于50%的土称含粗粒的细粒土。

3) 有机质含量小于10%且不小于5%的土称有机质土。

(8) 细粒土的分类应符合表3-4的规定。

表3-4 细粒土的分类

土的烁性指标在塑性图3-1中的位置		土类代号	土类名称
$I_P \geqslant 0.73(\omega_L - 20)$ 和 $I_P \geqslant 7$	$\omega_L \geqslant 50\%$	CH	高液限黏土
	$\omega_L < 50\%$	CL	低液限黏土
$I_P < 0.73(\omega_L - 20)$ 和 $I_P < 4$	$\omega_L \geqslant 50\%$	MH	高液限粉土
	$\omega_L < 50\%$	ML	低液限粉土

注：黏土~粉土过渡区(CL-ML)的土可按相邻土层的类别细分。

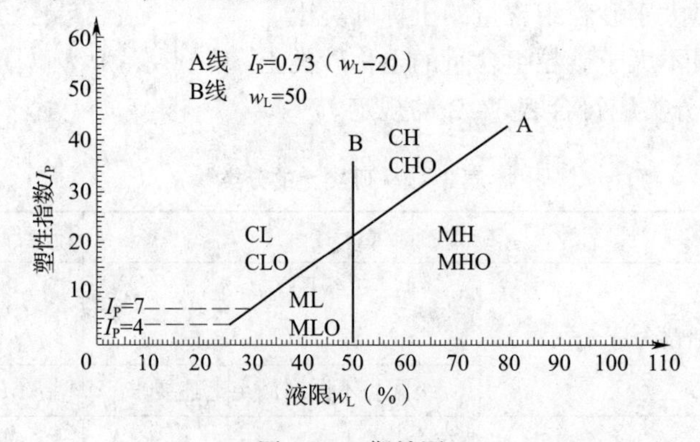

图3-1 塑性图

注：1. 图中横坐标为土的液限 ω_L，纵坐标为塑性指数 I_P。

2. 图中的液限 ω_L 为用碟式仪测定的液限含水率或用质量76g、锥角为30°的液限仪锥尖入土深度17mm对应的含水率。

3. 图中虚线之间区域为黏土-粉土过渡区。

(9) 含粗粒的细粒土应根据所含细粒土的塑性指标在塑性图中的位置及所含粗粒类别，按下列规定划分：

1) 粗粒中砾粒含量大于砂粒含量，称含砾细粒土，应在细粒土代号后加代号 G。

2) 粗粒中砾粒含量不大于砂粒含量，称含砂细粒土，应在细粒土代号后加代号 S。

(10) 有机质土应按表 3－4 划分，在各相应土类代号之后应加代号 O。

(11) 土的含量或指标等于界限值时，可根据使用目的按偏于安全的原则分类。

3.1.2 土的三相组成

通常，土是由三相组成，矿物颗粒叫固相；水溶液叫液相；空气叫气相。矿物颗粒构成土的骨架，空气与水则填充骨架间的孔隙。矿物颗粒有大有小，且性质和矿物成分不同。土中的水也不完全是一种形态，可以处于液态，也可呈固态的冰，气态的水蒸气；土中的空气，有的是与外面连通，容易排出，有的是在封闭孔中，受压时可压缩。在淤泥与泥炭地还有可燃气体。土的三相组成示意图，如图 3－2 所示。不同土类三相的体积与质量是不相同的，并随着条件的变化，三相组成的体积与质量也会变化。表示三相组成比例关系的指标称为土的三相比例指标，即土的基本物理性质指标。

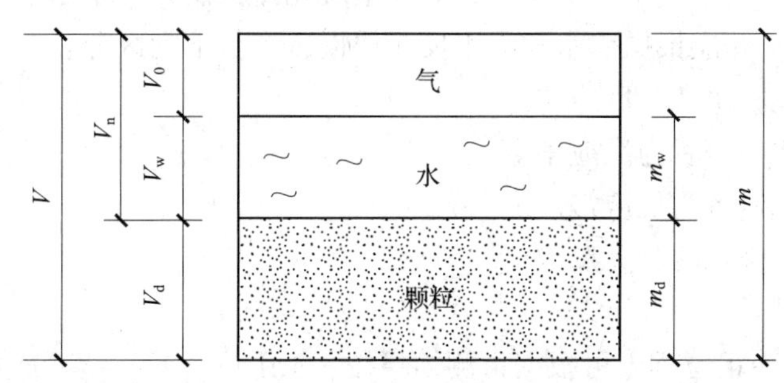

图 3－2 土的三相组成示意图

V—土的总体积；m—土的总质量；V_n—土中空隙体积；m_w—土中水的质量；
V_0—土中气的体积；m_d—土颗粒质量；V_w—土中水的体积；V_d—土中颗粒体积

3.1.3 土的简易鉴别、分类和描述

1. 简易鉴别方法

(1) 目测法鉴别。将研散的风干试样摊成一薄层，估计土中巨、粗、细粒组所占的比例确定土的分类。

(2) 干强度试验。将一小块土捏成土团，风干后用手指捏碎、掰断及捻碎，并应根据用力的大小进行下列区分：

1) 很难或用力才能捏碎或掰断为干强度高。

2) 稍用力即可捏碎或掰断为干强度中等。

3) 易于捏碎或捻成粉末者为干强度低。

注：当土中含碳酸盐、氧化铁等成分时会使土的干强度增大，其干强度宜再将湿土作手捻试验，予以校核。

(3) 手捻试验。将稍湿或硬塑的小土块在手中捻捏，然后用拇指和食指将土捏成片状，并应根据手感和土片光滑度进行下列区分：

1）手滑腻，无砂，捻面光滑为塑性高。

2）稍有滑腻，有砂粒，捻面稍有光滑者为塑性中等。

3）稍有黏性，砂感强，捻面粗糙为塑性低。

（4）搓条试验。将含水率略大于塑限的湿土块在手中揉捏均匀，再在手掌上搓成土条，并应根据土条不断裂而能达到的最小直径进行下列区分：

1）能搓成直径小于1mm土条为塑性高。

2）能搓成直径为1～3mm土条为塑性中等。

3）能搓成直径大于3mm土条为塑性低。

（5）韧性试验。将含水率略大于塑限的土块在手中揉捏均匀，并在手掌中搓成直径为3mm的土条，并应根据再揉成土团和搓条的可能性进行下列区分：

1）能揉成土团，再搓成条，揉而不碎者为韧性高。

2）可再揉成团，捏而不易碎者为韧性中等。

3）勉强或不能再揉成团，稍捏或不捏即碎者为韧性低。

（6）摇震反应试验。将软塑或流动的小土块捏成土球，放在手掌上反复摇晃，并以另一手掌击此手掌。土中自由水将渗出，球面呈现光泽；用二个手指捏土球，放松后水又被吸入，光泽消失。并应根据渗水和吸水反应快慢，进行下列区分：

1）立即渗水及吸水者为反应快。

2）渗水及吸水中等者为反应中等。

3）渗水、吸水慢者为反应慢。

4）不渗水、不吸水者为无反应。

2. 鉴别分类

（1）巨粒类土和粗粒类土可根据目测结果按3.1.1中（1）～（6）的分类定名。

（2）细粒类土可根据干强度、手捻、搓条、韧性和摇震反应等试验结果按表3－5分类定名。

表3－5 细粒土的简易分类

干强度	手捻试验	搓条试验		摇震反应	土类代号
		可搓成土条最小直径（mm）	韧性		
低—中	粉粒为主，有砂感，稍有黏性，捻面较粗糙，无光泽	3～2	低—中	快—中	ML
中—高	含砂粒，有黏性，稍有滑腻感，捻面较光滑，稍有光泽	2～1	中	慢—无	CL
中—高	粉粒较多，有黏性，稍有滑腻感，捻面较光滑，稍有光泽	2～1	中—高	慢—无	MH
高—很高	无砂感，黏性大，滑腻感强，捻面光滑，有光泽	<1	高	无	CH

注：表中所列各类土凡呈灰色或暗色且有特殊气味的，应在相应土类代号后加代号O，如MLO，CLO、MHO、CHO。

（3）土中有机质系未完全分解的动、植物残骸和无定形物质，可采用目测、手摸或嗅感判别，有机质一般呈灰色或暗色，有特殊气味，有弹性和海绵感。

3．土的描述

土的描述宜包含下列内容：

（1）巨粒类土、粗粒类土。通俗名称及当地名称；土颗粒的最大粒径；土颗粒风化程度；巨粒、砾粒、砂粒组的含量百分数；巨粒或粗粒形状（圆、次圆、棱角或次棱角）；土颗粒的矿物成分；土颜色和有机质；天然密实度；所含细粒土类别（黏土或粉土）；土或土层的代号和名称。

（2）细粒类土。通俗名称及当地名称；土颗粒的最大粒径；巨粒、砾粒、砂粒组的含量百分数；天然密实度；潮湿时土的颜色及有机质；土的湿度（干、湿、很湿或饱和）；土的稠度（流塑、软塑、可塑、硬塑、坚硬）；土的塑性（高、中或低）；土的代号和名称。

3.2　土样与试样的制备

3.2.1　土样的要求

（1）原状土样应蜡封严密，保管和运输过程中不得受震、受热、受冻。土样取样过程不得受压、受挤、受扭。土样应充满取样筒。

（2）扰动土在试验前必须经过风干、碾散、过筛、匀土、分样、储存及试样制备等程序。

（3）原状土样和需要保持天然湿度的扰动土样在试验前应妥善保管，并采取防止水分蒸发的措施一般是放在温度（20±3）℃、相对湿度大于85%的养护室内。

（4）试验后的余土，应妥善保存，并做标记，如无特殊要求时，余土的储存期为3个月。

（5）根据力学性质试验项目要求，原状土样同一组试样间密度的允许差值为0.03g/cm³；扰动土样同一组试样的密度与要求的密度之差不得大于±0.01g/cm³，一组试样的含水率与要求的含水率之差不得大于±1%。

3.2.2　试验仪器要求

（1）细筛：孔径为0.5mm、2mm。

（2）洗筛：孔径为0.075mm。

（3）台秤和天平：称量为10kg，最小分度值为5g；称量为5000g，最小分度值为1g；称量为1000g，最小分度值为0.5g；称量为500g，最小分度值为0.1g；称量为200g，最小分度值为0.01g。

（4）环刀：不锈钢材料制成，内径为61.8mm和79.8mm，高为20mm；内径为61.8mm，高为40mm。

（5）击样器：如图3-3所示。

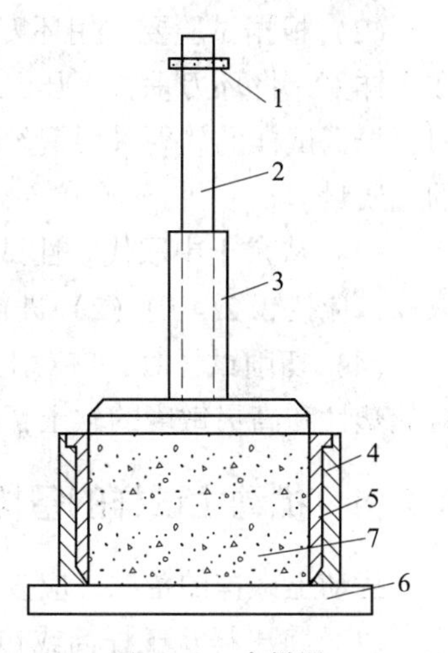

图3-3　击样器

1—定位环；2—导杆；3—击锤；4—击样筒；5—环刀；6—底座；7—试样

（6）压样器：如图3－4所示。

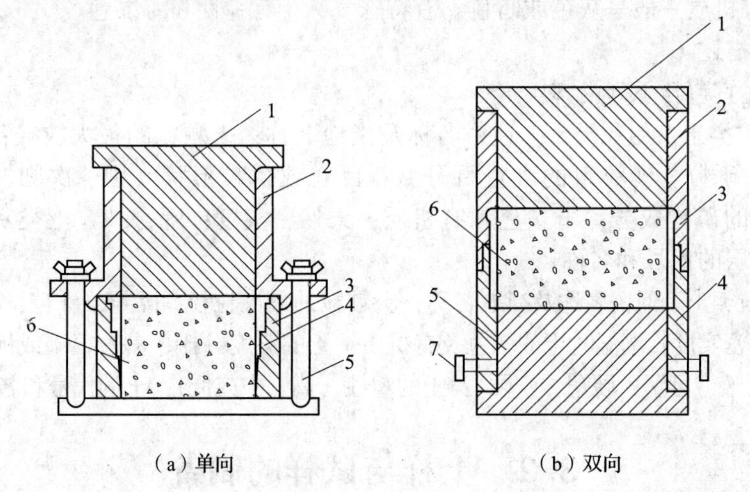

（a）单向　　（b）双向

图3－4 压样器

（a）1—活塞；2—导筒；3—护环；4—环刀；5—拉杆；6—试样

（b）1—上活塞；2—上导筒；3—环刀；4—下导筒；5—下活塞；6—试样；7—销钉

（7）抽气设备：应附真空表和真空缸。

（8）其他：包括切土刀、钢丝锯、碎土工具、烘箱、保湿缸、喷水设备等。

3.2.3 原样土试样制备

原状土试样制备，应按下列步骤进行：

（1）将土样筒按标明的上下方向放置，剥去蜡封和胶带，开启土样筒取出土样。检查土样结构，当确定土样已受扰动或取土质量不符合规定时，不应制备力学性质试验的试样。

（2）根据试验要求用环刀切取试样时，应在环刀内壁涂一薄层凡士林，刃口向下放在土样上，将环刀垂直下压，并用切土刀沿环刀外侧切削土样，边压边削至土样高出环刀，根据试样的软硬采用钢丝锯或切土刀整平环刀两端土样，擦净环刀外壁，称环刀和土的总质量。

（3）从余土中取代表性试样测定含水率。比重、颗粒分析、界限含水率等项试验的取样，应按3.2.4中（2）进行。

（4）切削试样时，应对土样的层次、气味、颜色、夹杂物、裂缝和均匀性进行描述，对低塑性和高灵敏度的软土，制样时不得扰动。

3.2.4 扰动土试样的备样

扰动土试样的备样，应按下列步骤进行：

（1）将土样从土样筒或包装袋中取出，对土样的颜色、气味、夹杂物和土类及均匀程度进行描述，并将土样切成碎块，拌和均匀，取代表性土样测定含水率。

（2）对均质和含有机质的土样，宜采用天然含水率状态下代表性土样，供颗粒分析、界限含水率试验。对非均质土应根据试验项目取足够数量的土样，置于通风处晾干至可碾散为止。对砂土和进行比重试验的土样宜在105~110℃温度下烘干，对有机质含量超过5%的土、含石膏和硫酸盐的土，应在65~70℃温度下烘干。

（3）将风干或烘干的土样放在橡皮板上用木碾碾散；对不含砂和砾的土样，可用碎土器碾散（碎土器不得将土粒破碎）。

（4）对分散后的粗粒土和细粒土，应按表3-6的要求过筛。对含细粒土的砾质土，应先用水浸泡并充分搅拌，使粗细颗粒分离后按不同试验项目的要求进行过筛。

表3-6 试验取样数量和过土筛标准

土类 / 土样数量 / 试验项目	黏土		砂土		过筛标准（mm）
	原状土（筒）ϕ10cm×20cm	扰动土（g）	原状土（筒）ϕ10cm×20cm	扰动土（g）	
含水率	—	800	—	500	—
比重	—	800	—	500	—
颗粒分析	—	800	—	500	—
界限含水率	—	500	—	—	0.5
密度	1	—	1	—	—
固结	1	2000	—	—	2.0
黄土湿陷	1	—	—	—	—
三轴压缩	2	5000	—	5000	2.0
膨胀、收缩	2	2000	—	8000	2.0
直接剪切	1	2000	—	—	2.0
击实承载比	—	轻型>15000 重型>30000	—	—	5.0
无侧限抗压强度	1	—	—	—	—
反复直剪	1	2000	—	—	2.0
相对密度	—	—	—	2000	—
渗透	1	1000	—	2000	2.0
化学分析	—	300	—	—	2.0
离心含水当量	—	300	—	—	0.5

3.2.5 扰动土试样的制样

扰动土试样的制样，应按下列步骤进行：

（1）试样的数量视试验项目而定，应有备用试样1~2个。

（2）将碾散的风干土样通过孔径2mm或5mm的筛，取筛下足够试验用的土样，充分拌匀，测定风干含水率，装入保湿缸或塑料袋内备用。

（3）根据试验所需的土量与含水率，制备试样所需的加水量应按下式计算：

$$m_w=\frac{m_0}{1+0.01w_0}\times 0.01\ (w_1-w_0) \quad (3-1)$$

式中：m_w——制备试样所需要的加水量（g）；

m_0——湿土（或风干土）质量（g）；

w_0——湿土（或风干土）含水率（%）；

w_1——制样要求的含水率（%）。

（4）称取过筛的风干土样平铺于搪瓷盘内，将水均匀喷洒于土样上，充分拌匀后装入盛土容器内盖紧，润湿一昼夜，砂土的润湿时间可酌减。

（5）测定润湿土样不同位置处的含水率，不应少于两点，含水率差值应符合3.2.1中（5）的规定。

（6）根据环刀容积及所需的干密度，制样所需的湿土量 m_0 应按下式计算：

$$m_0=(1+0.01w_0)\ \rho_d V \quad (3-2)$$

式中：ρ_d——试样的干密度（g/cm^3）；

V——试样体积（环刀容积）（cm^3）。

（7）扰动土制样可采用击样法和压样法。

1）击样法：将根据环刀容积和要求干密度所需质量的湿土倒入装有环刀的击样器内，击实到所需密度。

2）压样法：将根据环刀容积和要求干密度所需质量的湿土倒入装有环刀的压样器内，以静压力通过活塞将土样压紧到所需密度。

（8）取出带有试样的环刀，称环刀和试样总质量，对不需要饱和，且不立即进行试验的试样，应存放在保湿器内备用。

3.2.6 试样饱和

（1）试样饱和宜根据土样的透水性能，分别采用下列方法：

1）粗粒土采用浸水饱和法。

2）渗透系数大于 10^{-4} cm/s 的细粒土，采用毛细管饱和法；渗透系数小于或等于 10^{-4} cm/s 的细粒土，采用抽气饱和法。

（2）毛细管饱和法，应按下列步骤进行：

1）选用框式饱和器，试样上、下面放滤纸和透水板，装入饱和器内，并旋紧螺母。

2）将装好的饱和器放入水箱内，注入清水，水面不宜将试样淹没，关箱盖，浸水时间不得少于两昼夜，使试样充分饱和。

3）取出饱和器，松开螺母，取出环刀，擦干外壁，称环刀和试样的总质量，并计算试样的饱和度。当饱和度低于95%时，应继续饱和。

（3）试样的饱和度应按下式计算：

$$S_r=\frac{(\rho_{sr}-\rho_d)\ G_s}{\rho_d\cdot e} \quad (3-3)$$

或

$$S_r=\frac{w_{sr}G_s}{e} \quad (3-4)$$

式中：S_r——试样的饱和度（%）；

w_{sr}——试样饱和后的含水率（%）；

ρ_{sr}——试样饱和后的密度（g/cm^3）；

ρ_d——试样的干密度（g/cm^3）；

G_s——土粒比重；

e——试样的孔隙比。

（4）抽气饱和法，应按下列步骤进行：

1）选用叠式或框式饱和器（图3-5）和真空饱和装置（图3-6）。在叠式饱和器下夹板的正中，依次放置透水板、滤纸、带试样的环刀、滤纸、透水板，如此顺序重复，由下向上重叠到拉杆高度，将饱和器上夹板盖好后，拧紧拉杆上端的螺母，将各个环刀在上、下夹板间夹紧。

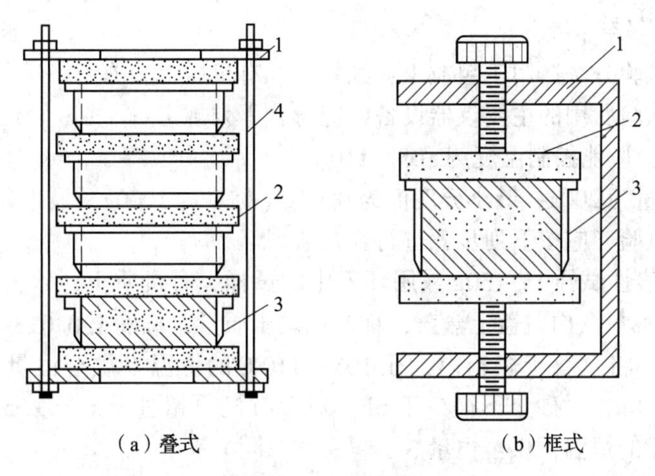

图3-5　饱和器

1—夹板；2—透水板；3—环刀；4—拉杆

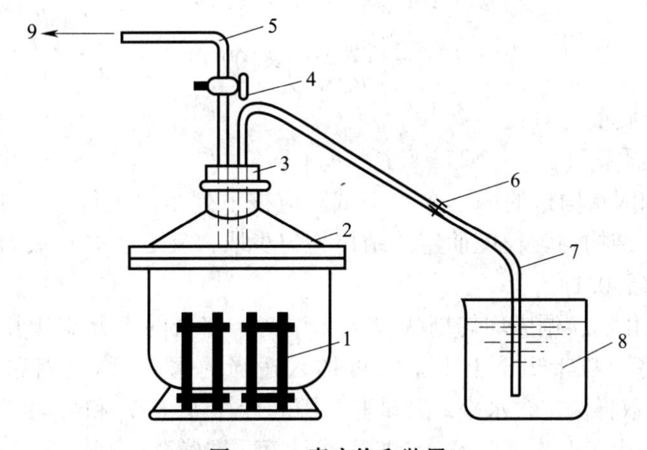

图3-6　真空饱和装置

1—饱和器；2—真空缸；3—橡皮塞；4—二通阀；5—排气管；6—管夹；7—引水管；8—盛水器；9—接抽气机

2）将装有试样的饱和器放入真空缸内，真空缸和盖之间涂一薄层凡士林，盖紧。将真空缸与抽气机接通，启动抽气机，当真空压力表读数接近当地一个大气压力值时（抽气时间不少于1h），微开管夹，使清水徐徐注入真空缸，在注水过程中，真空压力表读数宜保持不变。

3）待水淹没饱和器后停止抽气。开管夹使空气进入真空缸，静止一段时间，细粒土宜为10h，使试样充分饱和。

4）打开真空缸，从饱和器内取出带环刀的试样，称环刀和试样总质量，并按式（3-3）和式（3-4）计算饱和度。当饱和度低于95%时，应继续抽气饱和。

3.3 土样与试样的试验

3.3.1 含水率试验

（1）含水率试验方法适用于粗粒土、细粒土、有机质土和冻土。

（2）含水率试验所用的主要仪器设备，应符合下列规定：

1）电热烘箱：应能控制温度为105~110℃。

2）天平：称量为200g，最小分度值为0.01g；称量为1000g，最小分度值为0.1g。

（3）含水率试验，应按下列步骤进行：

1）取具有代表性试样15~30g或用环刀中的试样，有机质土、砂类土和整体状构造冻土为50g，放入称量盒内，盖上盒盖，称盒加湿土质量，准确至0.01g。

2）打开盒盖，将盒置于烘箱内，在105~110℃的恒温下烘至恒量。烘干时间对黏土、粉土不得少于8h，对砂土不得少于6h，对含有机质超过干土质量5%的土，应将温度控制在65~70℃的恒温下烘至恒量。

3）将称量盒从烘箱中取出，盖上盒盖，放入干燥容器内冷却至室温，称量盒加干土质量，准确至0.01g。

（4）试样的含水率 w_0，应按下式计算，准确至0.1%。

$$w_0=\left(\frac{m_0}{m_d}-1\right)\times 100 \tag{3-5}$$

式中：m_d——干土质量（g）；

m_0——湿土质量（g）。

（5）对层状和网状构造的冻土含水率试验应按下列步骤进行：用四分法切取200~500g试样（视冻土结构均匀程度而定。结构均匀少取，反之多取）放入搪瓷盘中，称盘和试样质量，准确至0.1g。

待冻土试样融化后，调成均匀糊状（土太湿时，多余的水分应让其自然蒸发或用吸球吸出，但不得将土粒带出；土太干时可加入适当的水），称土糊和盘质量，准确至0.1g。从糊状土中取样测定含水率。其试验步骤和计算按（3）和（4）进行。

（6）层状和网状冻土的含水率，应按下式计算，准确至0.1%。

$$w=\left[\frac{m_1}{m_2}(1+0.01w_h)-1\right]\times 100 \tag{3-6}$$

式中：w——含水率（%）；

m_1——冻土试样质量（g）；

m_2——糊状试样质量（g）；

w_h——糊状试样的含水率（%）。

（7）含水率试验必须对两个试样进行平行测定，测定的差值：当含水率小于40%时为1%；当含水率等于或大于40%时为2%，对层状和网状构造的冻土不大于3%。取两个测值的平均值，以百分数表示。

（8）含水率试验记录格式见表3-7。

表3-7 含水率试验记录

工程名称＿＿＿＿＿＿ 试验者＿＿＿＿＿＿

工程编号＿＿＿＿＿＿ 计算者＿＿＿＿＿＿

试验日期＿＿＿＿＿＿ 校核者＿＿＿＿＿＿

试样编号	盒号	盒质量（g）	盒加湿土质量（g）	盒加干土质量（g）	湿土质量（g）	干土质量（g）	含水率（%）	平均含水率（%）

3.3.2 密度试验

1. 环刀法

（1）环刀法试验方法适用于细粒土。

（2）环刀法试验所用的主要仪器设备，应符合下列规定：

1）环刀：内径为61.8mm和79.8mm，高度为20mm。

2）天平：称量为500g，最小分度值为0.1g；称量为200g，最小分度值为0.01g。

（3）环刀法测定密度，应按3.2.3中（2）的步骤进行。

（4）试样的湿密度应按下式计算：

$$\rho_0 = \frac{m_0}{V} \tag{3-7}$$

式中：ρ_0——试样的湿密度（g/cm^3），准确到0.01g/cm^3。

m_0——湿土质量（g）；

V——试样体积（cm^3）。

（5）试样的干密度应按下式计算：

$$\rho_d = \frac{\rho_0}{1+0.01w_0} \tag{3-8}$$

（6）环刀法试验应进行两次平行测定，两次测定的差值不得大于0.03g/cm^3，取两次测值的平均值。

（7）环刀法试验的记录格式见表3-8。

表 3-8 密度试验记录（环刀法）

工程名称______ 试验者______
工程编号______ 计算者______
试验日期______ 校核者______

试样编号	环刀号	混凝土质量（g）	试样体积（cm^3）	湿密度（g/cm^3）	试样含水率（%）	干密度（g/cm^3）	平均干密度（g/cm^3）

2. 蜡封法

（1）蜡封法试验适用于易破裂土和形状不规则的坚硬土。

（2）蜡封法试验所用的主要仪器设备应符合下列规定：

1）蜡封设备：应附熔蜡加热器。

2）天平：应符合环刀法天平的规定。

（3）蜡封法试验应按下列步骤进行：

1）从原状土样中切取体积不小于 $30cm^3$ 的代表性试样，清除表面浮土及尖锐棱角，系上细线，称试样质量，准确至 0.01g。

2）持线将试样缓缓浸入刚过熔点的蜡液中，浸没后立即提出，检查试样周围的蜡膜，当有气泡时应用针刺破，再用蜡液补平，冷却后称蜡封试样质量。

3）将蜡封试样挂在天平的一端，浸没于盛有纯水的烧杯中，称蜡封试样在纯水中的质量，并测定纯水温度。

4）取出试样，擦干蜡面上的水分，再称蜡封试样质量。当浸水后试样质量增加时，应另取试样重做试验。

（4）试样的密度 ρ_0 应按下式计算：

$$\rho_0 = \frac{m_0}{\dfrac{m_n - m_{nw}}{\rho_{wT}} - \dfrac{m_n - m_0}{\rho_n}} \tag{3-9}$$

式中：m_n——蜡封试样质量（g）；

m_{nw}——蜡封试样在纯水中的质量（g）；

m_0——湿土质量（g）；

ρ_{wT}——纯水在 T℃时的密度（g/cm^3）；

ρ_n——蜡的密度（g/cm^3）。

（5）试样的干密度应按式（3-8）计算。

（6）蜡封法试验应进行两次平行测定，两次测定的差值不得大于 $0.03g/cm^3$，取两次测值的平均值。

（7）蜡封法试验的记录格式见表 3-9。

表 3－9　密度试验记录（蜡封法）

工程名称________　　试验者________

工程编号________　　计算者________

试验日期________　　校核者________

试样编号	试样质量（g）	蜡封试样质量（g）	蜡封试样水中质量（g）	温度（℃）	纯水在T℃时的密度（g/cm³）	蜡封试样体积（cm³）	蜡体积（cm³）	试样体积（cm³）	湿密度（g/cm³）	含水率（%）	干密度（g/cm³）	平均干密度（g/cm³）
	(1)	(2)	(3)		(4)	$(5)=\frac{(2)-(3)}{(4)}$	$(6)=\frac{(2)-(1)}{\rho_n}$	$(7)=(5)-(6)$	$(8)=\frac{(1)}{(7)}$	(9)	$(10)=\frac{(8)}{1+0.01(9)}$	

3. 灌水法

（1）灌水法试验方法适用于现场测定粗粒土的密度。

（2）灌水法试验所用的主要仪器设备应符合下列规定：

1）储水筒：直径应均匀，并附有刻度及出水管。

2）台秤：称量为50kg，最小分度值为10g。

（3）灌水法试验应按下列步骤进行：

1）根据试样最大粒径确定试坑尺寸，见表3－10。

表3－10 试坑尺寸（mm）

试样最大粒径	试坑尺寸	
	直径	深度
5（20）	150	200
40	200	250
60	250	300

2）将选定试验处的试坑地面整平，除去表面松散的土层。

3）按确定的试坑直径划出坑口轮廓线，在轮廓线内下挖至要求深度，边挖边将坑内的试样装入盛土容器内，称试样质量，精确到10g，并应测定试样的含水率。

4）试坑挖好后，放上相应尺寸的套环，用水准尺找平，将大于试坑容积的塑料薄膜袋平铺于坑内，翻过套环压住薄膜四周。

5）记录储水筒内初始水位高度，拧开储水筒出水管开关，将水缓慢注入塑料薄膜袋中。当袋内水面接近套环边缘时，将水流调小，直至袋内水面与套环边缘齐平时关闭出水管，持续3～5min，记录储水筒内水位高度。当袋内出现水面下降时，应另取塑料薄膜袋重做试验。

（4）试坑的体积应按下式计算：

$$V_p = (H_1 - H_2) \times A_w - V_0 \tag{3-10}$$

式中：V_p——试坑体积（cm^3）；

H_1——储水筒内初始水位高度（cm）；

H_2——储水筒内注水终了时水位高度（cm）；

A_w——储水筒断面积（cm^2）；

V_0——套环体积（cm^3）。

（5）试样的密度ρ_0应按下式计算：

$$\rho_0 = \frac{m_p}{V_p} \tag{3-11}$$

式中：m_p——取自试坑内的试样质量（g）。

（6）灌水法试验的记录格式见表3－11。

表 3－11 密度试验记录（灌水法）

工程名称______________ 试验者______________

工程编号______________ 计算者______________

试验日期______________ 校核者______________

试坑编号	储水筒水位（cm）		储水筒断面积（cm^2）	试坑体积（cm^3）	试样质量（g）	湿密度（g/cm^3）	含水率（%）	干密度（g/cm^3）	试样重度（kN/cm^3）
	初始	终了							
	（1）	（2）	（3）	（4）＝［（2）－（1）］×（3）	（5）	（6）$=\frac{(5)}{(4)}$	（7）	（8）$=\frac{(6)}{1+0.01(7)}$	（9）＝9.81×（8）

4．灌砂法

（1）灌砂法试验方法适用于现场测定粗粒土的密度。

（2）灌砂法试验所用的主要仪器设备应符合下列规定：

1）密度测定器：由容砂瓶、灌沙漏斗和底盘组成，如图 3－7 所示。灌沙漏斗高为 135mm、直径为 165mm，尾部有孔径为 13mm 的圆柱形阀门；容砂瓶容积为 4L，容砂瓶和灌砂漏斗之间用螺纹接头连接。底盘承托灌砂漏斗和容砂瓶。

2）天平：称量为 10kg，最小分度值为 5g；称量为 500g，最小分度值为 0.1g。

（3）标准砂密度的测定应按下列步骤进行：

1）标准砂应清洗洁净，粒径宜选用 0.25～0.50mm，密度宜选用 1.47～1.61g/cm^3。

2）组装容砂瓶与灌砂漏斗，螺纹连接处应旋紧，称其质量。

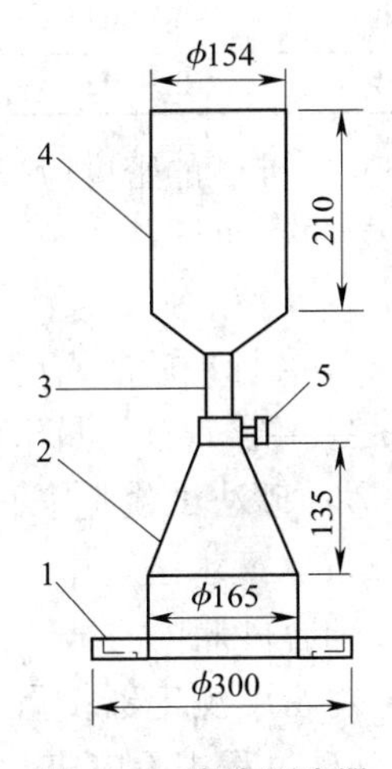

图 3－7 密度测定器

1—底盘；2—灌砂漏斗；3—螺纹接头；4—容砂瓶；5—阀门

3）将密度测定器竖立，灌砂漏斗口向上，关阀门，向灌砂漏斗中注满标准砂，打开阀门使灌砂漏斗内的标准砂漏入容砂瓶内，继续向漏斗内注砂漏入瓶内，当砂停止流动时迅速关闭阀门，倒掉漏斗内多余的砂，称容砂瓶、灌砂漏斗和标准砂的总质量，准确至 5g。试验中应避免振动。

4）倒出容砂瓶内的标准砂，通过漏斗向容砂瓶内注水至水面高出阀门，关阀门，倒掉漏斗中多余的水，称容砂瓶、漏斗和水的总质量，准确到 5g，并测定水温，准确到 0.5℃。重复测定 3 次，3 次测值之间的差值不得大于 3mL，取 3 次测值的平均值。

（4）容砂瓶的容积应按下式计算：

$$V_r = (m_{r2} - m_{r1}) / \rho_{wr} \tag{3-12}$$

式中：V_r——容砂瓶容积（mL）；

M_{r2}——容砂瓶、漏斗和水的总质量（g）；

m_{r1}——容砂瓶和漏斗的质量（g）；

ρ_{wr}——不同水温时水的密度（g/cm³），查表 3－12。

表 3－12　水的密度

温度（℃）	水的密度（g/cm³）	温度（℃）	水的密度（g/cm³）	温度（℃）	水的密度（g/cm³）
4.0	1.0000	15.0	0.9991	26.0	0.9968
5.0	1.0000	16.0	0.9989	27.0	0.9965
6.0	0.9999	17.0	0.9988	28.0	0.9962
7.0	0.9999	18.0	0.9986	29.0	0.9959
8.0	0.9999	19.0	0.9984	30.0	0.9957
9.0	0.9998	20.0	0.9982	31.0	0.9953
10.0	0.9997	21.0	0.9980	32.0	0.9950
11.0	0.9996	22.0	0.9978	33.0	0.9947
12.0	0.9995	23.0	0.9975	34.0	0.9944
13.0	0.9994	24.0	0.9973	35.0	0.9940
14.0	0.9992	25.0	0.9970	36.0	0.9937

（5）标准砂的密度应按下式计算：

$$\rho_s = \frac{m_{rs} - m_{r1}}{V_r} \tag{3-13}$$

式中：ρ_s——标准砂的密度（g/cm³）；

m_{rs}——容砂瓶、漏斗和标准砂的总质量（g）。

（6）灌砂法试验应按下列步骤进行：

1）按“灌水法”中（3）1）～3）的步骤挖好规定的试坑尺寸，并称试样质量。

2）向容砂瓶内注满砂，关阀门，称容砂瓶、漏斗和砂的总质量准确至 10g。

3）将密度测定器倒置（容砂瓶底向上）于挖好的坑口上，打开阀门，使砂注入试坑。在注砂过程中不应震动。当砂注满试坑时关闭阀门，称容砂瓶、漏斗和余砂的总质量，准确至 10g，并计算注满试坑所用的标准砂质量。

（7）试样的密度应按下式计算：

$$\rho_0 = \frac{m_p}{\dfrac{m_s}{\rho_s}} \tag{3-14}$$

式中：m_s——注满试坑所用标准砂的质量（g）。

（8）试样的干密度应按下式计算，准确至 0.01g/cm³：

$$\rho_d = \frac{\dfrac{m_p}{1 + 0.01w_1}}{\dfrac{m_s}{\rho_s}} \tag{3-15}$$

（9）灌砂法试验的记录格式见表 3－13。

表 3－13　密度试验记录（灌砂法）

工程名称＿＿＿＿＿＿＿＿　　试验者＿＿＿＿＿＿＿＿

工程编号＿＿＿＿＿＿＿＿　　计算者＿＿＿＿＿＿＿＿

试验日期＿＿＿＿＿＿＿＿　　校核者＿＿＿＿＿＿＿＿

试坑编号	量砂容器质量加原有量砂质量（g）	量砂容器质量加剩余量砂质量（g）	试坑用砂质量（g）	量砂密度（g/cm^3）	试坑体积（cm^3）	试样加容器质量（g）	容器质量（g）	试样质量（g）	试样密度（g/cm^3）	试样含水率（%）	试样干密度（g/cm^3）	试样重度（kN/cm^3）
	（1）	（2）	（3）＝（1）－（2）	（4）	$(5)=\frac{(3)}{(4)}$	（6）	（7）	（8）＝（6）－（7）	$(9)=\frac{(8)}{(5)}$	（10）	$(11)=\frac{(9)}{1+0.01(10)}$	（12）＝9.81×（9）

3.3.3 界限含水率试验

1. 液、塑限联合测定法

(1) 液、塑限联合测定法试验适用于粒径小于0.5mm以及有机质含量不大于试样总质量5%的土。

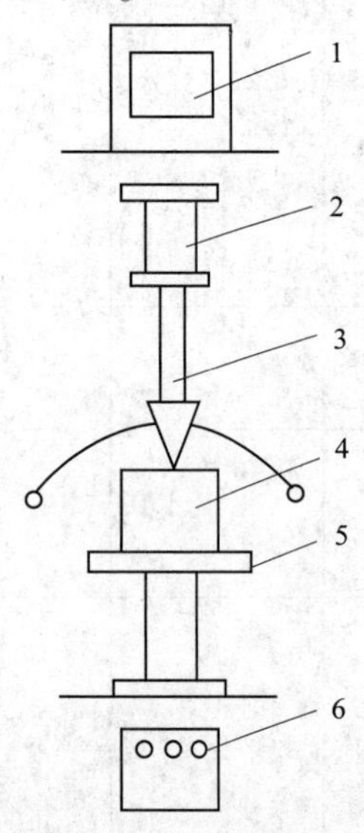

图3-8 液、塑限联合测定仪示意图

1—显示屏；2—电磁铁；
3—带标尺的圆锥仪；4—试样杯；
5—升降座；6—控制开关

(2) 液、塑限联合测定法试验所用的主要仪器设备应符合下列规定：

1) 液、塑限联合测定仪（图3-8）：包括带标尺的圆锥仪、电磁铁、显示屏、控制开关和试样杯。圆锥质量为76g，锥角为30°；读数显示宜采用光电式、游标式和百分表式；试样杯内径为40mm，高度为30mm。

2) 天平：称量为200g，最小分度值为0.01g。

(3) 液、塑限联合测定法试验，应按下列步骤进行：

1) 本试验宜采用天然含水率试样，当土样不均匀时，采用风干试样，当试样中含有粒径大于0.5mm的土粒和杂物时，应过0.5mm筛。

2) 当采用天然含水率土样时，取代表性土样250g；采用风干试样时，取0.5mm筛下的代表性土样200g，将试样放在橡皮板上用纯水将土样调成均匀膏状，放入调土皿，浸润过夜。

3) 将制备的试样充分调拌均匀，填入试样杯中，填样时不应留有空隙，对较干的试样应充分搓揉，密实地填入试样杯中，填满后刮平表面。

4) 将试样杯放在联合测定仪的升降座上，在圆锥上抹一薄层凡士林，接通电源，使电磁铁吸住圆锥。

5) 调节零点，将屏幕上的标尺调在零位，调整升降座、使圆锥尖接触试样表面，指示灯亮时圆锥在自重下沉入试样，经5s后测读圆锥下沉深度（显示在屏幕上），取出试样杯，挖去锥尖入土处的凡士林，取锥体附近的试样不少于10g，放入称量盒内，测定含水率。

6) 将全部试样再加水或吹干并调匀，重复3)~5)的步骤分别测定第二点、第三点试样的圆锥下沉深度及相应的含水率。液塑限联合测定应不少于三点。

注：圆锥入土深度宜为3~4mm、7~9mm、15~17mm。

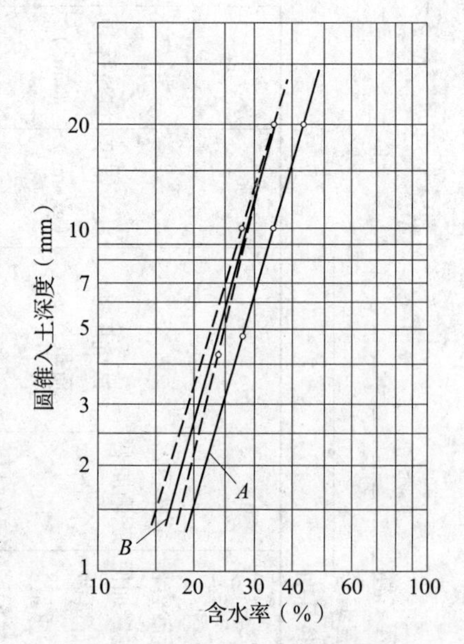

图3-9 圆锥下沉深度与含水率关系曲线

(4) 试样的含水率应按式（3-5）计算。

(5) 以含水率为横坐标，圆锥入土深度为纵坐标在双对数坐标纸上绘制关系曲线（图3－9），三点应在一直线上如图中A线。当三点不在一直线上时，通过高含水率的点和其余两点连成二条直线，在下沉为2mm处查得相应的2个含水率，当两个含水率的差值小于2%时，应以两点含水率的平均值与高含水率的点连一直线如图中B线，当两个含水率的差值大于或等于2%时，应重做试验。

（6）在含水率与圆锥下沉深度的关系图（如图3－9所示）上查得下沉深度为17mm所对应的含水率为液限，查得下沉深度为10mm所对应的含水率为10mm液限，查得下沉深度为2mm所对应的含水率为塑限，取值以百分数表示，准确至0.1%。

（7）塑性指数I_P应按下式计算：

$$I_P = w_L - w_P \tag{3-16}$$

式中：I_P——塑性指数；

w_L——液限（%）；

w_P——塑限（%）。

（8）液性指数应按下式计算：

$$I_L = \frac{w_0 - w_P}{I_P} \tag{3-17}$$

式中：I_L——液性指数，计算至0.01。

（9）液、塑限联合测定法试验的记录格式见表3－14。

表3－14 界限含水率试验记录（液、塑限联合测定法）

工程名称＿＿＿＿＿＿　　试验者＿＿＿＿＿＿

工程编号＿＿＿＿＿＿　　计算者＿＿＿＿＿＿

试验日期＿＿＿＿＿＿　　校核者＿＿＿＿＿＿

试样编号	圆锥下沉深度（mm）	盒号	湿土质量（g）	干土质量（g）	含水率（%）	液限（%）	塑限（%）	塑性指数
			（1）	（2）	（3）$=\left[\frac{(1)}{(2)}-1\right]\times 100$	（4）	（5）	（6）=（4）－（5）

2. 碟式仪液限试验

（1）碟式仪液限试验适用于粒径小于0.5mm的土。

（2）碟式仪液限试验所用的主要仪器设备应符合下列规定：

1）碟式液限仪：由铜碟、支架及底座组成（图3－10），底座应为硬橡胶制成。

2）开槽器：带量规，具有一定形状和尺寸，如图3－10所示。

（3）碟式仪的校准应按下列步骤进行：

1）松开调整板的定位螺钉，将开槽器上的量规垫在铜碟与底座之间，用调整螺钉将铜碟提升高度调整到10mm。

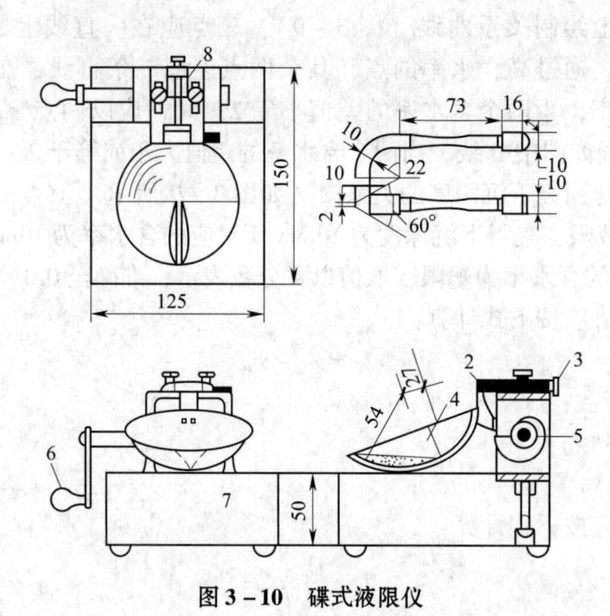

图 3-10 碟式液限仪

1—开槽器；2—销子；3—支架；4—土碟；5—涡轮；6—摇柄；7—底座；8—调整板

2）保持量规位置不变，迅速转动摇柄以检验调整是否正确。当蜗形轮碰击从动器时，铜碟不动，并能听到轻微的声音，表明调整正确。

3）拧紧定位螺钉，固定调整板。

（4）试样制备应按“液、塑限联合测定法”中（3）中1)、2）的步骤制备不同含水率的试样。

（5）碟式仪法试验应按下列步骤进行：

1）将制备好的试样充分调拌均匀，铺于铜碟前半部，用调土刀将铜碟前沿试样刮成水平，使试样中心厚度为10mm，用开槽器经蜗形轮的中心沿铜碟直径将试样划开，形成V形槽。

2）以每秒两转的速度转动摇柄，使铜碟反复起落，坠击于底座上，数记击次数，直至槽底两边试样的合拢长度为13mm时，记录击数，并在槽的两边取试样不应少于10g，放入称量盒内，测定含水率。

3）将加不同水量的试样，重复1)、2）的步骤测定槽底两边试样合拢长度为13mm所需要的击数及相应的含水率。试样宜为4~5个，槽底试样合拢所需要的击数宜控制在15~35击之间。含水率按式（3-5）计算。

（6）以击次为横坐标，含水率为纵坐标，在单对数坐标纸上绘制击次与含水率关系曲线，如图3-11所示，取曲线上击次为25所对应的整数含水率为试样的液限。

（7）碟式仪法液限试验的记录格式见表3-15。

3. 滚搓法塑限试验

（1）滚搓法塑限试验适用于粒径小于0.5mm的土。

（2）滚搓法塑限试验所用的主要仪器设备应符合下列规定：

1）毛玻璃板：尺寸宜为200mm×300mm。

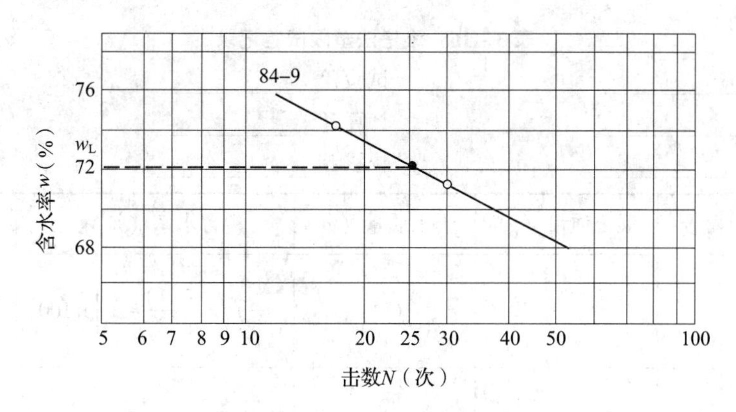

图 3－11 液限曲线

表 3－15 碟式仪法液限试验记录

工程名称＿＿＿＿＿＿ 试验者＿＿＿＿＿＿

工程编号＿＿＿＿＿＿ 计算者＿＿＿＿＿＿

试验日期＿＿＿＿＿＿ 校核者＿＿＿＿＿＿

试样编号	击数	盒号	湿土质量（g）	干土质量（g）	含水率（%）	液限（%）
			（1）	（2）	（3）$=\left[\frac{(1)}{(2)}-1\right]\times 100$	（4）

2）卡尺：分度值为 0. 02mm。

（3）滚搓法试验应按下列步骤进行：

1）取 0. 5mm 筛下的代表性试样 100g，放在盛土皿中加纯水拌匀，湿润过夜。

2）将制备好的试样在手中揉捏至不黏手，捏扁，当出现裂缝时，表示其含水率接近塑限。

3）取接近塑限含水率的试样 8～10g，用手搓成椭圆形，放在毛玻璃板上用手掌滚搓，滚搓时手掌的压力要均匀地施加在土条上，不得使土条在毛玻璃板上无力滚动，土条不得有空心现象，土条长度不宜大于手掌宽度。

4）当土条直径搓成 3mm 时产生裂缝，并开始断裂，表示试样的含水率达到塑限含水率。当土条直径搓成 3mm 时不产生裂缝或土条直径大于 3mm 时开始断裂，表示试样的含水率高于塑限或低于塑限，都应重新取样进行试验。

5）取直径 3mm 有裂缝的土条 3～5g，测定土条的含水率。

（4）滚搓法塑限试验应进行两次平行测定，两次测定的差值应符合 3. 3. 1 中（7）的规定，取两次测值的平均值。

（5）滚搓法试验的记录格式见表 3－16。

表 3-16 滚搓法塑限试验记录

工程名称______ 试验者______

工程编号______ 计算者______

试验日期______ 校核者______

试样编号	盒号	湿土质量（g）	干土质量（g）	含水率（%）	液限（%）
		（1）	（2）	（3） $=\left[\frac{(1)}{(2)}-1\right]\times 100$	（4）

4. 收缩皿法缩限试验

（1）收缩皿法缩限试验适用于粒径小于0.5mm的土。

（2）收缩皿法缩限试验所用的主要仪器设备应符合下列规定：

1）收缩皿：金属制成，直径为45~50mm，高度为20~30mm。

2）卡尺：分度值为0.02mm。

（3）收缩皿法试验应按下列步骤进行：

1）取代表性试样200g，搅拌均匀，加纯水制备成含水率等于或略大于10mm液限的试样。

2）在收缩皿内涂一薄层凡士林，将试样分层填入收缩皿中，每次填入后，将收缩皿底拍击试验桌，直至驱尽气泡，收缩皿内填满试样后刮平表面。

3）擦净收缩皿外部，称收缩皿和试样的总质量，准确至0.01g。

4）将填满试样的收缩皿放在通风处晾干，当试样颜色变淡时，放入烘箱内烘至恒量，取出置于干燥器内冷却至室温，称量收缩皿和干试样的总质量，准确至0.01g。

5）用蜡封法测定干试样的体积。

（4）收缩皿法缩限试验应进行两次平行测定，两次测定的差值应符合3.3.1中（7）的规定，取两次测值的平均值。

（5）土的缩限应按下式计算，准确至0.1%。

$$w_n = w - \frac{V_0 - V_d}{m_d}\rho_w \times 100 \tag{3-18}$$

式中：w_n——土的缩限（%）；

w——制备时的含水率（%）；

V_0——湿试样的体积（cm^3）；

V_d——干试样的体积（cm^3）。

（6）收缩皿法试验的记录格式见表3-17。

表 3-17　收缩皿法缩限记录

工程名称______________　　　　　　试验者______________
工程编号______________　　　　　　计算者______________
试验日期______________　　　　　　校核者______________

试样编号	收缩皿号	湿土质量（g）	干土质量（g）	含水率（%）	湿土体积（cm^3）	干土体积（cm^3）	缩限指数（%）	平均值
		（1）	（2）	（3） $=\left[\frac{(1)}{(2)}-1\right]\times 100$	（4）	（5）	$(6)=(3)-\left[\frac{(4)-(5)}{(2)}\rho_w\right]\times 100$	（7）

3.3.4　击实试验

（1）击实试验分轻型击实和重型击实。轻型击实试验适用于粒径小于 5mm 的黏性土，重型击实试验适用于粒径不大于 20mm 的土。采用三层击实时，最大粒径不大于 40mm。

（2）轻型击实试验的单位体积击实功约为 592.2kJ/m^3，重型击实试验的单位体积击实功约为 2684.9kJ/m^3。

（3）击实试验所用的主要仪器设备（图 3-12、图 3-13）应符合下列规定：

1）击实仪的击实筒和击锤尺寸应符合表 3-18 规定。

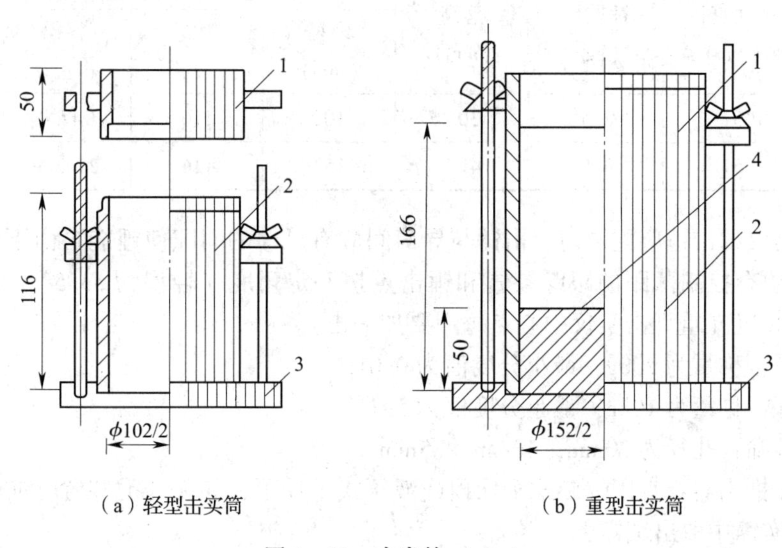

（a）轻型击实筒　　　　（b）重型击实筒

图 3-12　击实筒（mm）

1—套筒；2—击实筒；3—底板；4—垫块

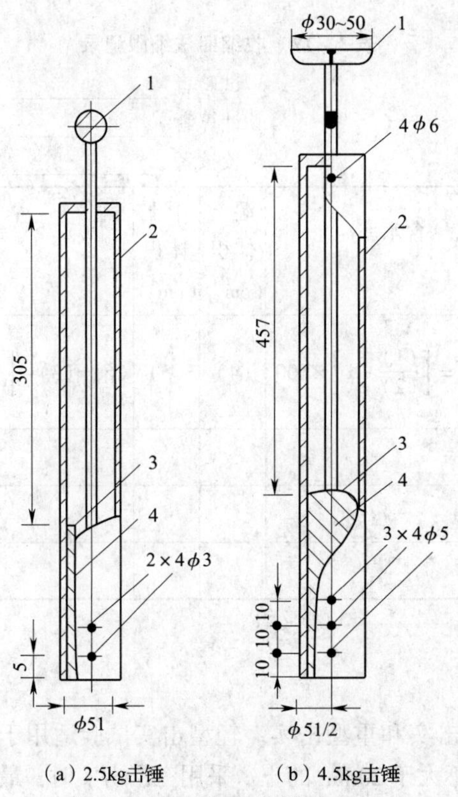

（a）2.5kg击锤　　（b）4.5kg击锤

图3-13　击锤与导筒（mm）

1—提手；2—导筒；3—硬橡胶垫；4—击锤

表3-18　击实仪主要部件规格表

试验方法	锤底直径（mm）	锤质量（kg）	落高（mm）	击实筒			护筒高度（mm）
				内径（mm）	筒高（mm）	容积（cm^3）	
轻型	51	2.5	305	102	116	947.4	50
重型	51	4.5	457	152	116	2103.9	50

2）击实仪的击锤应配导筒，击锤与导筒间应有足够的间隙使锤能自由下落；电动操作的击锤必须有控制落距的跟踪装置和锤击点按一定角度（轻型为53.5°，重型为45°）均匀分布的装置（重型击实仪中心点每圈要加一击）。

3）天平：称量为200g，最小分度值为0.01g。

4）台秤：称量为10kg，最小分度值为5g。

5）标准筛：孔径为20mm、40mm和5mm。

6）试样推出器：宜用螺旋式千斤顶或液压式千斤顶，如无此类装置，亦可用刮刀和修土刀从击实筒中取出试样。

（4）试样制备分为干法和湿法两种。

1）干法制备试样应按下列步骤进行：用四分法取代表性土样20kg（重型为50kg），

风干碾碎，过5mm（重型过20mm或40mm）筛，将筛下土样拌匀，并测定土样的风干含水率。根据土的塑限预估最优含水率，并按3.2.5中（4）、（5）的步骤制备5个不同含水率的一组试样，相邻2个含水率的差值宜为2%。

注：轻型击实中5个含水率中应有2个大于塑限，2个小于塑限，1个接近塑限。

2）湿法制备试样应按下列步骤进行：取天然含水率的代表性土样20kg（重型为50kg），碾碎，过5mm筛（重型过20mm或40mm），将筛下土样拌匀，并测定土样的天然含水率。根据土样的塑限预估最优含水率，按1）注的原则选择至少5个含水率的土样，分别将天然含水率的土样风干或加水进行制备，应使制备好的土样水分均匀分布。

（5）击实试验应按下列步骤进行：

1）将击实仪平稳置于刚性基础上，击实筒与底座联接好，安装好护筒，在击实筒内壁均匀涂一薄层润滑油。称取一定量试样，倒入击实筒内，分层击实。轻型击实试样为2~5kg,分3层，每层25击；重型击实试样为4~10kg，分5层，每层56击；若分3层，每层94击。每层试样高度宜相等，两层交界处的土面应刨毛。击实完成时，超出击实筒顶的试样高度应小于6mm。

2）卸下护筒，用直刮刀修平击实筒顶部的试样，拆除底板，试样底部若超出筒外，也应修平，擦净筒外壁，称量筒与试样的总质量，准确至1g，并计算试样的湿密度。

3）用推土器将试样从击实筒中推出，取2个代表性试样测定含水率，2个含水率的差值应不大于1%。

4）对不同含水率的试样依次击实。

（6）试样的干密度ρ_d应按下式计算：

$$\rho_d = \frac{\rho_0}{1 + 0.01\omega_i} \tag{3-19}$$

式中：ω_i——某点试样的含水率（%）。

（7）干密度和含水率的关系曲线，应在直角坐标纸上绘制，如图3-14所示。并应取曲线峰值点相应的纵坐标为击实试样的最大干密度，相应的横坐标为击实试样的最优含水率。当关系曲线不能绘出峰值点时，应进行补点，土样不宜重复使用。

（8）气体体积等于零（即饱和度为100%）的等值线应按下式计算，并应将计算值绘于图3-14的关系曲线上。

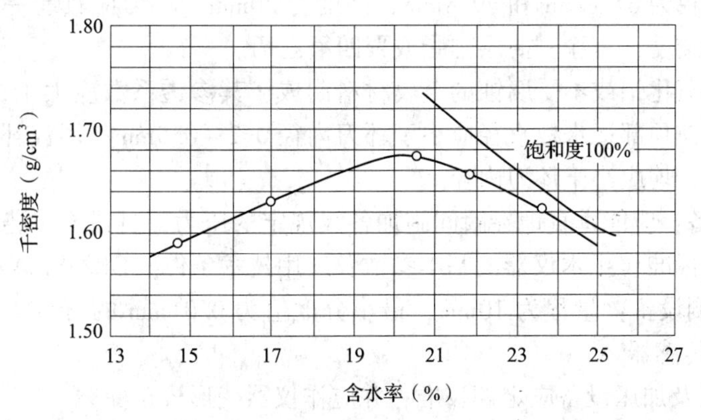

图3-14 ρ_d-w关系曲线

$$w_{set}=\left(\frac{\rho_w}{\rho_d}-\frac{1}{G_s}\right)\times 100 \tag{3-20}$$

式中：w_{set}——试样的饱和含水率（%）；

ρ_w——温度4℃时水的密度（g/cm^3）；

ρ_d——试样的干密度（g/cm^3）；

G_s——土颗粒比重。

（9）轻型击实试验中，当试样中粒径大于5mm的土质量小于或等于试样总质量的30%时，应对最大干密度和最优含水率进行校正。

1）最大干密度应按下式校正：

$$\rho'_{dmax}=\frac{1}{\frac{1-P_5}{\rho_{dmax}}+\frac{P_5}{\rho_w\cdot G_{s2}}} \tag{3-21}$$

式中：ρ'_{dmax}——校正后试样的最大干密度（g/cm^3）；

P_5——粒径大于5mm土的质量百分数（%）；

G_{s2}——粒径大于5mm土粒的饱和面干比重。

注：饱和面干比重指当土粒呈饱和面干状态时的土粒总质量与相当于土粒总体积的纯水4℃时质量的比值。

2）最优含水率应按下式进行校正，计算至0.1%。

$$w'_{opt}=w_{opt}(1-P_5)+P_5\cdot w_{ab} \tag{3-22}$$

式中：w'_{opt}——校正后试样的最优含水率（%）；

w_{opt}——击实试样的最优含水率（%）；

w_{ab}——粒径大于5mm土粒的吸着含水率（%）。

（10）击实试验的记录格式见表3-19。

3.3.5 固结试验

1. 标准固结试验

（1）标准固结试验适用于饱和的黏土。当只进行压缩时，允许用于非饱和土。

（2）标准固结试验所用的主要仪器设备应符合下列规定：

1）固结容器：由环刀、护环、透水板、水槽、加压上盖组成（图3-15）。

①环刀：内径为61.8mm和79.8mm，高度为20mm。环刀应具有一定的刚度，内壁应保持较高的光洁度，宜涂一薄层硅脂或聚四氟乙烯。

②透水板：氧化铝或不受腐蚀的金属材料制成，其渗透系数应大于试样的渗透系数。用固定式容器时，顶部透水板直径应小于环刀内径0.2~0.5mm；用浮环式容器时上下端透水板直径相等，均应小于环刀内径。

2）加压设备：应能垂直地在瞬间施加各级规定的压力，且没有冲击力，压力准确度应符合现行国家标准《土木仪器的基本参数及通用技术条件》GB/T 15406—2007的规定。

3）变形量测设备：量程为10mm，最小分度值为0.01mm的百分表或准确度为全程量0.2%的位移传感器。

（3）固结仪及加压设备应定期校准，并应作仪器变形校正曲线。

（4）试样制备应按3.2.3的规定进行。并测定试样的含水率和密度，取切下的余土

表 3－19 击实试验记录

工程名称________ 试验者________
工程编号________ 计算者________
试验日期________ 校核者________

试验序号	预估最优含水率____% 风干含水率____% 试验类别____									
	筒加试样质量（g）	筒质量（g）	试样质量（g）	筒体积（cm^3）	湿密度（g/cm^3）	干密度（g/cm^3）	盒号	湿土质量（g）	干土质量（g）	含水率（%）	平均含水率（%）
	（1）	（2）	（3）=（1）－（2）	（4）	（5）=（3）/（4）	（6）= $\frac{(5)}{(1)+0.01(10)}$		（7）	（8）	（9）= $\left[\frac{(7)}{(8)}-1\right]\times 100$	（10）

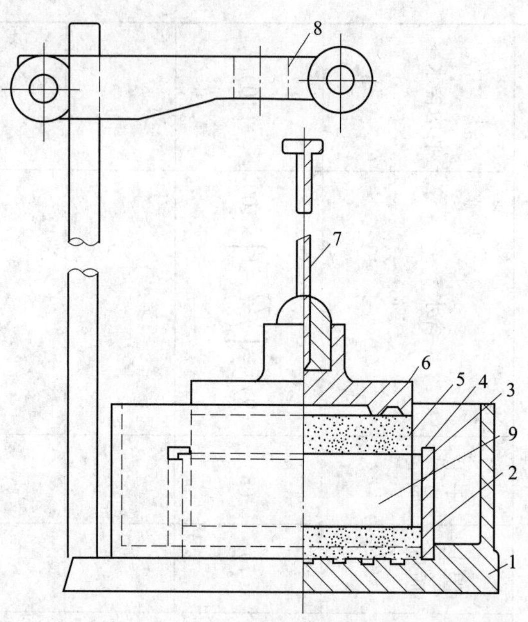

图3－15 固结仪示意图

1—水槽；2—护环；3—环刀；4—导环；5—透水板；
6—加压上盖；7—位移计导杆；8—位移计架；9—试样

测定土粒比重。试样需要饱和时，应按3.2.6中（4）的规定进行抽气饱和。

（5）固结试验应按下列步骤进行：

1）在固结容器内放置护环、透水板和薄滤纸，将带有试样的环刀装入护环内，放上导环、试样上依次放上薄型滤纸、透水板和加压上盖，并将固结容器置于加压框架正中，使加压上盖与加压框架中心对准，安装百分表或位移传感器。

注：滤纸和透水板的湿度应接近试样的湿度。

2）施加1kPa的预压力使试样与仪器上下各部件之间接触，将百分表或传感器调整到零位或测读初读数。

3）确定需要施加的各级压力，压力等级宜为12.5kPa、25kPa、50kPa、100kPa、200kPa、400kPa、800kPa、1600kPa、3200kPa。第一级压力的大小应视土的软硬程度而定，宜用12.5kPa、25kPa或50kPa。最后一级压力应大于土的自重压力与附加压力之和。只需测定压缩系数时，最大压力不小于400kPa。

4）需要确定原状土的先期固结压力时，初始段的荷重率应小于1，可采用0.5或0.25。施加的压力应使测得的$e-\log p$曲线下段出现直线段。对超固结土，应进行卸压、再加压来评价其再压缩特性。

5）对于饱和试样，施加第一级压力后应立即向水槽中注水浸没试样。非饱和试样进行压缩试验时，须用湿棉纱围住加压板周围。

6）需要测定沉降速率、固结系数时，施加每一级压力后宜按下列时间顺序测记试样的高度变化。时间为6s、15s、1min、2min15s、4min、6min15s、9min、12min15s、16min、20min15s、25min、30min15s、36min、42min15s、49min、64min、100min、200min、400min、23h、24h，至稳定为止。不需要测定沉降速率时，则施加每组压力后24h测

定试样高度变化作为稳定标准，只需测定压缩系数的试样，施加每级压力后，每小时变形达0.01mm时，测定试样高度变化作为稳定标准。按此步骤逐级加压至试验结束。

注：测定沉降速率仅适用饱和土。

7）需要进行回弹试验时，可在某级压力下固结稳定后退压，直至退到要求的压力，每次退压至24h后测定试样的回弹量。

8）试验结束后吸去容器中的水，迅速拆除仪器各部件，取出整块试样，测定含水率。

（6）试样的初始孔隙比应按下式计算：

$$e_0 = \frac{(1+w_0)\ G_s\rho_w}{\rho_0} - 1 \tag{3-23}$$

式中：e_0——试样的初始孔隙比。

（7）各级压力下试样固结稳定后的单位沉降量，应按下式计算：

$$S_i = \frac{\sum \Delta h_i}{h_0} \times 10^3 \tag{3-24}$$

式中：S_i——某级压力下的单位沉降量（mm/m）；

h_0——试样初始高度（mm）；

$\sum \Delta h_i$——某级压力下试样固结稳定后的总变形量（mm）（等于该级压力下固结稳定读数减去仪器变形量）；

10^3——单位换算系数。

（8）各级压力下试样固结稳定后的孔隙比应按下式计算：

$$e_i = e_0 - \frac{1+e_0}{h_0}\Delta h_i \tag{3-25}$$

式中：e_i——各级压力下试样固结稳定后的孔隙比。

（9）某一级压力范围内的压缩系数应按下式计算：

$$a_v = \frac{e_i - e_{i+1}}{p_{i+1} - p_i} \tag{3-26}$$

式中：a_v——压缩系数（MPa^{-1}）；

p_i——某级压力值（MPa）。

（10）某一压力范围内的压缩模量应按下式计算：

$$E_s = \frac{1+e_0}{a_v} \tag{3-27}$$

式中：E_s——某压力范围内的压缩模量（MPa）。

（11）某一压力范围内的体积压缩系数应按下式计算：

$$m_v = \frac{1}{E_s} = \frac{a_v}{1+e_0} \tag{3-28}$$

式中：m_v——某压力范围内的体积压缩系数（MPa^{-1}）。

（12）压缩指数和回弹指数应按下式计算：

$$C_c \text{ 或 } C_s = \frac{e_i - e_{i+1}}{\log p_{i+1} - \log p_i} \tag{3-29}$$

式中：C_c——压缩指数；

C_s——回弹指数。

（13）以孔隙比为纵坐标，压力为横坐标绘制孔隙比与压力的关系曲线，如图 3－16 所示。

（14）以孔隙比为纵坐标，以压力的对数为横坐标，绘制孔隙比与压力的对数关系曲线，如图 3－17 所示。

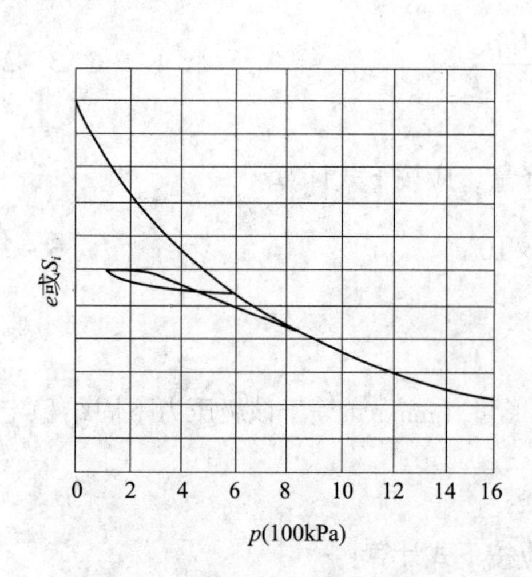

图 3－16 e（S_i）$-p$ 关系曲线

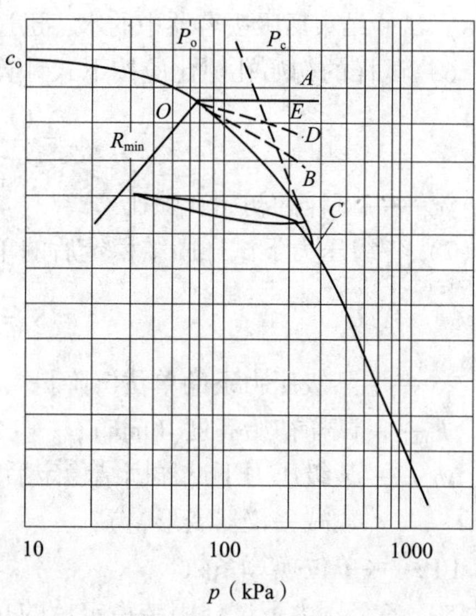

图 3－17 $e-\log p$ 曲线求 p_c 示意图

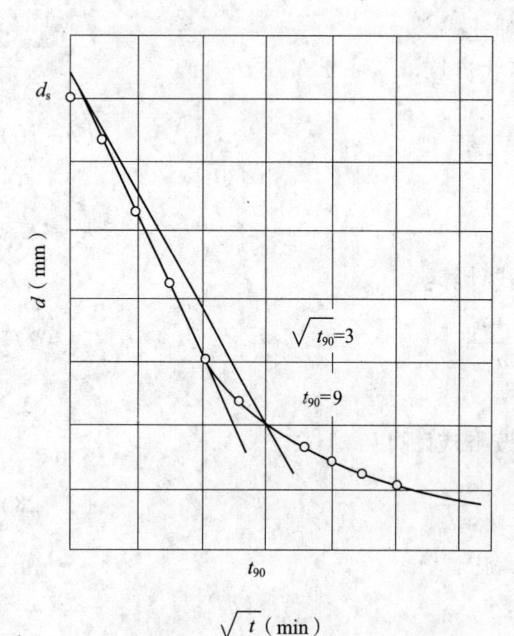

图 3－18 时间平方根法求 t_{90}

（15）原状土试样的先期固结压力，应按下列方法确定。在 $e-\log p$ 曲线上找出最小曲率半径 R_{min} 的点 O，如图 3－17 所示，过 O 点做水平线 OA，切线 OB 及 $\angle AOB$ 的平分线 OD，OD 与曲线下段直线段的延长线交于 E 点，则对应于 E 点的压力值即为该原状土试样的先期固结压力。

（16）固结系数应按下列方法确定：

1）时间平方根法：对某一级压力，以试样的变形为纵坐标，时间平方根为横坐标，绘制变形与时间平方根关系曲线（图 3－18），延长曲线开始段的直线，交纵坐标于 d_s 为理论零点，过 d_s 作另一直线，令其横坐标为前一直线横坐标的 1.15 倍，则后一直线与 $d-\sqrt{t}$ 曲线交点所对应的时间的平方即为试样固结度达 90% 所需的时间 t_{90}，该级压力下的固结系数应按下式计算：

$$C_v = \frac{0.848\bar{h}^2}{t_{90}} \tag{3-30}$$

式中：C_v——固结系数（cm^2/s）；

$\bar{h}$——最大排水距离，等于某级压力下试样的初始和终了高度的平均值之半（cm）。

2）时间对数法：对某一级压力，以试样的变形为纵坐标，时间的对数为横坐标，绘制变形与时间对数关系曲线（图 3－19），在关系曲线的开始段，先任一时间 t_1，查得相对应的变形值 d_1，再取时间 $t_2 = t_1/4$，查得相对应的变形值 d_2，则 $2d_2 - d_1$ 即为 d_{01}；另取一时间依同法求得 d_{02}、d_{03}、d_{04} 等，取其平均值为理论零点 d_s，延长曲线中部的直线段和通过曲线尾部数点切线的交点即为理论终点 d_{100}，则 $d_{50} = (d_s + d_{100})/2$，对应于 d_{50} 的时间即为试样固结度达 50% 所需的时间 t_{50}，某一级压力下的固结系数应按下式计算：

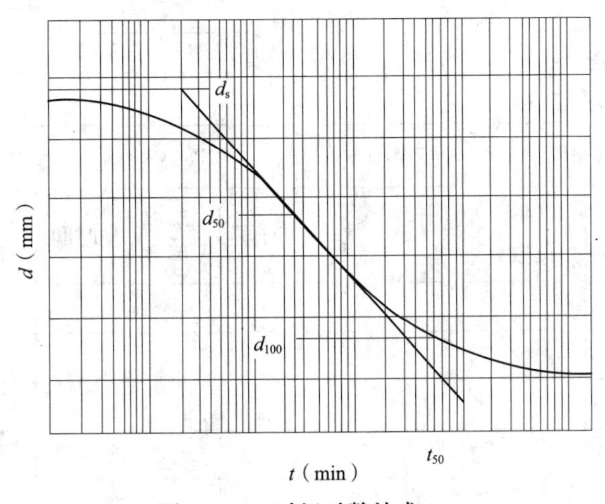

图 3－19　时间对数法求 t_{50}

$$C_v = \frac{0.197\bar{h}^2}{t_{50}} \tag{3-31}$$

（17）固结试验记录格式见表 3－20、表 3－21。

表 3－20　固结试验记录（一）

工程编号＿＿＿＿＿＿　试样面积＿＿＿＿＿＿　试验者＿＿＿＿＿＿

试样编号＿＿＿＿＿＿　土粒比重 G_s＿＿＿＿＿＿　计算者＿＿＿＿＿＿

仪器编号＿＿＿＿＿＿　试验前试样高度 h_0＿＿＿＿＿mm　校核者＿＿＿＿＿＿

试验日期＿＿＿＿＿＿　试验前孔隙比 e_0＿＿＿＿＿＿

含水率试验

	盒号	湿土质量（g）	干土质量（g）	含水率（%）	平均含水率（%）
试验前					
试验后					

密度试验

环刀号	湿土质量（g）	环刀容积（cm^3）	湿密度（g/cm^3）

续表 3－20

加压历时（h）	压力（MPa）	试样变形量（mm）	压缩后试样高度（mm）	孔隙比	压缩系数（MPa^{-1}）	压缩模量（MPa）	固结系数（cm^2/s）
	p	$\sum \Delta h_i$	$h = h_0 - \sum \Delta h_i$	$e_i = e_0 - \frac{1 + e_0}{h_0} \sum \Delta h_i$	$a_v = \frac{e_i - e_{i+1}}{p_{i+1} - p_i}$	$E_s = \frac{1 + e_0}{a_v}$	$C_v = \frac{T_v \overline{h}^2}{t}$
24							

表 3－21 固结试验记录（二）

工程名称________ 试验者________

试样编号________ 计算者________

仪器编号________ 校核者________

试验日期________

压力 历经时间（min）	MPa		MPa		MPa		MPa		MPa	
	时间	变形读数	时间	变形读数	时间	变形读数	时间	变形读数	时间	变形读数
0										
0. 1										
0. 25										
1										
2. 25										
4										
6. 25										
9										
12. 25										
16										
20. 25										
25										
30. 25										
36										
42. 25										
49										
64										
100										
200										

续表 3-21

压力 历经时间（min）	MPa		MPa		MPa		MPa		MPa	
	时间	变形读数	时间	变形读数	时间	变形读数	时间	变形读数	时间	变形读数
23h										
24h										
总变形量（mm）										
仪器变形量（mm）										
试样总变形量（mm）										

2. 应变控制连续加荷固结试验

（1）应变控制连续加荷固结试验适用于饱和的细粒土。

（2）应变控制连续加荷固结试验所用的主要仪器设备应符合下列规定：

1）固结容器：由刚性底座（具有连接测孔隙水压力装置的通孔）、护环、环刀、上环、透水板、加压上盖和密封圈组成。底部可测孔隙水压力，固结仪组装示意图如图 3-20 所示。

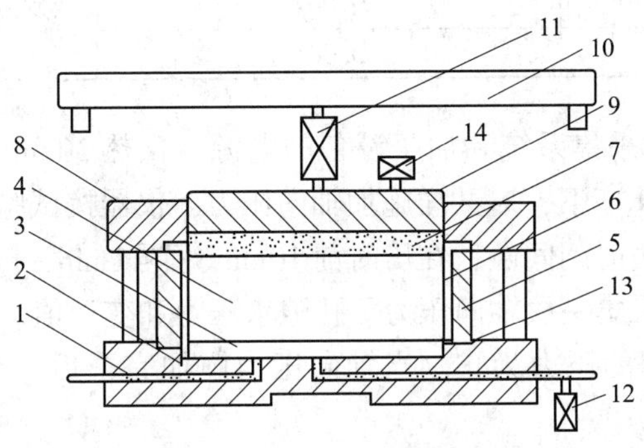

图 3-20 固结仪组装示意图

1—底座；2—排气孔；3—下透水板；4—试样；5—护环；6—环刀；7—上透水板；8—上盖；9—加压上盖；10—加荷梁；11—负荷传感器；12—孔压传感器；13—密封圈；14—位移传感器

①环刀：直径为 61.8mm，高度为 20mm，一端有刀刃，应具有一定刚度，内壁应保持较高的光洁度，宜涂一薄层硅脂或聚四氟乙烯。

②透水板：由氧化铝或不受腐蚀的金属材料制成。渗透系数应大于试样的渗透系数。试样上部透水板直径宜小于环刀内径 0.2～0.5mm，厚度为 5mm。

2）轴向加压设备：应能反馈、伺服跟踪连续加荷。轴向测力计（负荷传感器，量程为 0～10kN）量测误差应小于或等于 1%。

3）孔隙水压力量测设备：压力传感器，量程为 0～1MPa，准确度应小于或等于 0.5%，其体积因数应小于 $1.5\times10^{-5}cm^3/kPa$。

4）变形量测设备：位移传感器，量程为 0～10mm，准确度为全量程的 0.2%。

5）采集系统和控制系统：压力和变形范围应满足试验要求。

（3）固结容器、加压设备、量测系统和控制系统采集系统应定期率定。

（4）连续加荷固结试验应按下列步骤进行：

1）试样制备应按3.2.3的规定进行。从切下的余土中取代表性试样测定土粒比重和含水率，试样需要饱和时，应按3.2.6中（4）的步骤进行。

2）将固结容器底部孔隙水压力阀门打开充纯水，排除底部及管路中滞留的气泡，将装有试样的环刀装入护环，依次将透水板、薄型滤纸、护环置于容器底座上，关闭孔隙水压力阀，在试样顶部放薄型滤纸、上透水板，套上上盖，用螺丝拧紧，使上盖、护环和底座密封，然后放上加压上盖，将整个容器移入轴向加荷设备正中，调平，装上位移传感器，对试样施加1kPa的预压力，使仪器上、下各部件接触，调整孔隙水压力传感器和位移传感器至零位或初始读数。

3）选择适宜的应变速率，其标准是使试验时的任何时间内试样底部产生的孔隙水压力为同时施加轴向荷重的3～20%，应变速率可按表3－22选择估算值。

表3－22 应变速率估算值

液限（%）	应变速率 ε（%/min）	备　注
0～40	0.04	液限为下沉17mm时的含水率或碟式仪液限
40～60	0.01	
60～80	0.004	
80～100	0.001	

4）接通控制系统、采集系统和加压设备的电源，预热30min。待装样完毕，采集初始读数，在所选的应变速率下，对试样施加轴向压力，仪器按试验要求自动加压，定时采集数据或打印，数据采集时间间隔，在历时前10min每隔1min，随后1h内每隔5min；1h后每隔15min或30min采集一次轴向压力、孔隙水压力和变形值。

5）连续加压至预期的压力为止。当轴向压力施加完毕后，在轴向压力不变的条件下，使孔隙水压力消散。

6）要求测定回弹或卸荷特性时，试样在同样的应变速率下卸荷。卸荷时关闭孔隙水压力阀，按4）的规定时间间隔记录轴向压力和变形值。

7）试验结束，关电源，拆除仪器，取出试样，称试样质量，测定试验后试样的含水率。

（5）试样初始孔隙比应按式（3－23）计算。

（6）任意时刻时试样的孔隙比应按式（3－25）计算。

（7）任意时刻施加于试样的有效压力应按下式计算：

$$\sigma_i' = \sigma_i - \frac{2}{3}u_b \tag{3-32}$$

式中：σ_i'——任意时刻时施加于试样的有效压力（kPa）；

σ_i——任意时刻时施加于试样的总压力（kPa）；

u_b——任意时刻试样底部的孔隙压力（kPa）。

（8）某一压力范围内的压缩系数，应按下式计算：

$$a_v = \frac{e_i - e_{i+1}}{\sigma'_{i+1} - \sigma'_i} \tag{3-33}$$

（9）某一压力范围内的压缩指数、回弹指数应按下式计算：

$$C_c \ (C_s) = \frac{e_i - e_{i+1}}{\log\sigma'_{i+1} - \log\sigma'_i} \tag{3-34}$$

（10）任意时刻试样的固结系数应按下式计算：

$$C_v = \frac{\Delta\sigma'}{\Delta t} \cdot \frac{H_i^2}{2u_b} \tag{3-35}$$

式中：$\Delta\sigma'$——Δt 时段内施加于试样的有效压力增量（kPa）；

Δt——两次读数之间的历时（s）；

H_i——试样在 t 时刻的高度（mm）；

u_b——两次读数之间底部孔隙水压力的平均值（kPa）。

（11）某一压力范围内试样的体积压缩系数应按下式计算：

$$m_v = \frac{\Delta e}{\Delta\sigma'} \cdot \frac{1}{1+e_0} \tag{3-36}$$

式中：Δe——在 $\Delta\sigma'$作用下，试样孔隙比的变化。

（12）以孔隙比为纵坐标，有效压力为横坐标，在单对数坐标纸上，绘制孔隙比与有效压力关系曲线，如图 3-21 所示。

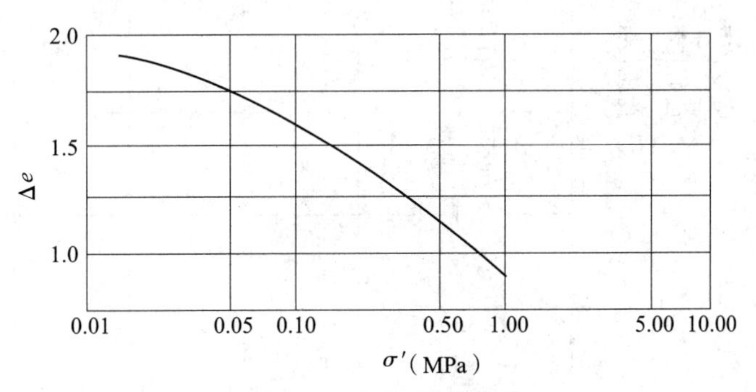

图 3-21　$e-\sigma'$关系曲线

（13）以固结系数为纵坐标，有效压力为横坐标，绘制固结系数与有效压力关系曲线，如图 3-22 所示。

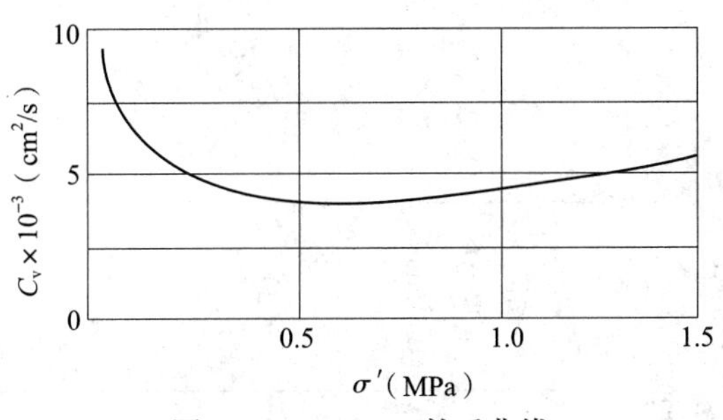

图 3-22　$C_v-\sigma'$关系曲线

（14）连续加荷固结试验的记录格式见表 3-23。

表 3－23 应变控制加荷固结试验记录

工程名称＿＿＿＿＿＿ 试验者＿＿＿＿＿＿

土样编号＿＿＿＿＿＿ 计算者＿＿＿＿＿＿

试验日期＿＿＿＿＿＿ 校核者＿＿＿＿＿＿

试样初始高度 h_0 = （mm） 应变速率：（%/s）

试样初始孔隙比 e_0 = 负荷传感器系数 α：

试样面积 A = （cm^2） 孔压传感器系数 β：

经过时间 t（min）	轴向变形 Δh（0.01mm）	应变（%）	t 时孔隙比 e_i	负荷传感器	轴向负荷 P（kN）	轴向压力 σ（MPa）	孔压传感器读数	孔隙压力 U_b（MPa）	轴向有效压力 σ（MPa）
（1）	（2）	（3）＝（2）/h_0	（4）＝e_0－（1－e_0）·（3）	（5）	（6）＝（5）·α	（7）＝（6）/A	（8）	（9）＝（8）·β	（10）＝（7）－（9）

3.3.6 慢剪试验

(1) 慢剪试验适用于细粒土。

(2) 慢剪试验所用的主要仪器设备应符合下列规定:

1) 应变控制式直剪仪(图3-23):由剪切盒、垂直加压设备、剪切传动装置、测力计、位移量测系统组成。

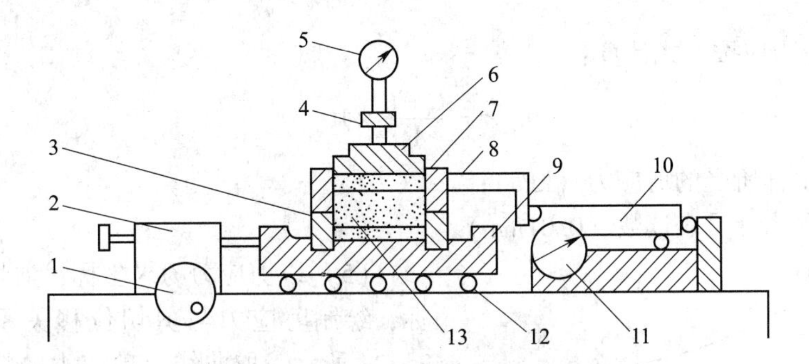

图3-23 应变控制式直剪仪

1—剪切传动机构;2—推动器;3—下盒;4—垂直加压框架;5—垂直位移计;6—传压板;7—透水板;8—上盒;9—储水盒;10—测力计;11—水平位移计;12—滚珠;13—试样

2) 环刀:内径为61.8mm,高度为20mm。

3) 位移量测设备:量程为10mm,分度值为0.01mm的百分表;或准确度为全量程0.2%的传感器。

(3) 慢剪试验应按下列步骤进行:

1) 原状土试样制备应按3.2.3的规定进行,扰动土试样制备按3.2.4和3.2.5的规定进行,每组试样不得少于4个;当试样需要饱和时,应按3.2.6中(4)的规定进行。

2) 对准剪切容器上下盒,插入固定销,在下盒内放透水板和滤纸,将带有试样的环刀刃口向上,对准剪切盒口,在试样上放滤纸和透水板,将试样小心地推入剪切盒内。

注:透水板和滤纸的湿度接近试样的湿度。

3) 移动传动装置,使上盒前端钢珠刚好与测力计接触,依次放上传压板、加压框架,安装垂直位移和水平位移量测装置,并调至零位或测记初读数。

4) 根据工程实际和土的软硬程度施加各级垂直压力,对松软试样垂直压力应分级施加,以防土样挤出。施加压力后,向盒内注水,当试样为非饱和试样时,应在加压板周围包以湿棉纱。

5) 施加垂直压力后,每1h测读垂直变形一次,直至试样固结变形稳定,变形稳定标准为每小时不大于0.005mm。

6) 拔去固定销,以小于0.02mm/min的剪切速度进行剪切,试样每产生剪切位移0.2~0.4mm测记测力计和位移读数,直至测力计读数出现峰值,应继续剪切至剪切位移为4mm时停机,记下破坏值;当剪切过程中测力计读数无峰值时,应剪切至剪切位移为

6mm 时停机。

7）当需要估算试样的剪切破坏时间，可按下式计算：

$$t_f = 50t_{50} \tag{3-37}$$

式中：t_f——达到破坏所经历的时间（min）；

t_{50}——固结度达 50% 所需的时间（min）。

8）剪切结束，吸去盒内积水，退去剪切力和垂直压力，移动加压框架，取出试样，测定试样含水率。

（4）剪应力应按下式计算：

$$\tau = \frac{C \cdot R}{A_0} \times 10 \tag{3-38}$$

式中：τ——试样所受的剪应力（kPa）；

R——测力计量表读数（0.01mm）。

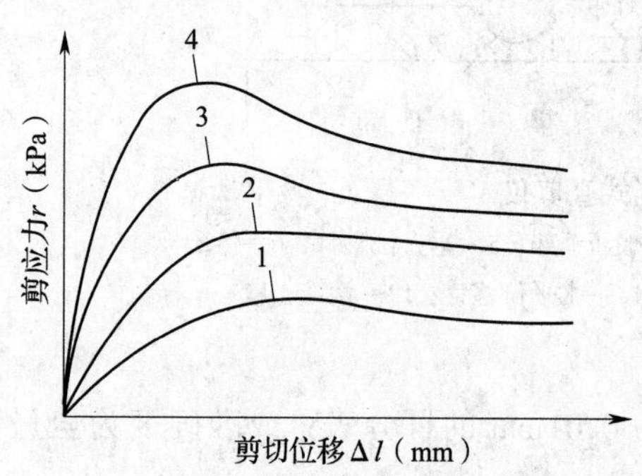

图 3-24　剪应力与剪切位移关系曲线

（5）以剪应力为纵坐标，剪切位移为横坐标，绘制剪应力与剪切位移关系曲线，如图 3-24 所示，取曲线上剪应力的峰值为抗剪强度，无峰值时，取剪切位移 4mm 所对应的剪应力为抗剪强度。

（6）以抗剪强度为纵坐标，垂直压力为横坐标，绘制抗剪强度与垂直压力关系曲线，如图 3-25 所示，直线的倾角为摩擦角，直线在纵坐标上的截距为黏聚力。

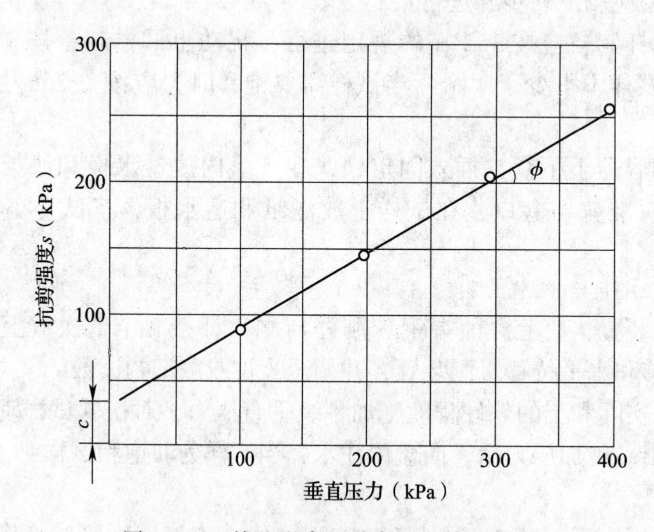

图 3-25　抗剪强度与垂直压力关系曲线

（7）慢剪试验的记录格式见表 3-24。

表 3－24 直剪试验记录

工程编号______________ 试验者______________

试样编号______________ 计算者______________

试验方法______________ 校核者______________

试验日期______________ 测力计系数______________（kPa/0.01mm）

仪器编号	(1)	(2)	(3)	(4)
盒号				
湿土质量（g）				
干土质量（g）				
含水度（%）				
试样质量（g）				
试样密度（g/cm^3）				
垂直压力（kPa）				
固结沉降量（mm）				

剪切位移（0.01mm）	量力环读数（0.01mm）	剪应力（kPa）	垂直位移（0.01mm）
(1)	(2)	$(3)=\frac{C\cdot(2)}{A_0}$	(4)

4 水泥试验

4.1 水泥的抽样检测

4.1.1 出厂水泥取样规定

1. 取样单位

通用水泥出厂前按同品种、同强度等级编号和取样。袋装水泥和散装水泥应分别进行编号和取样，每一编号为一取样单位。水泥出厂编号按年生产能力规定为：

（1）200×10^4t 以上，不超过 4000t 为一编号。

（2）120×10^4t 至 200×10^4t，不超过 2400t 为一编号。

（3）60×10^4t 以上至 120×10^4t，不超过 1000t 为一编号。

（4）30×10^4t 以上至 60×10^4t，不超过 600t 为一编号。

（5）10×10^4t 以上至 30×10^4t，不超过 400t 为一编号。

（6）10×10^4t 以下，不超过 200t 为一编号。

取样方法按《水泥取样方法》GB/T 12573—2008 进行。可连续取，亦可从 20 个以上不同部位取等量样品，总量至少为 12kg。当散装水泥运输工具的容量超过该厂规定出厂编号吨数时，允许该编号的数量超过取样规定吨数。

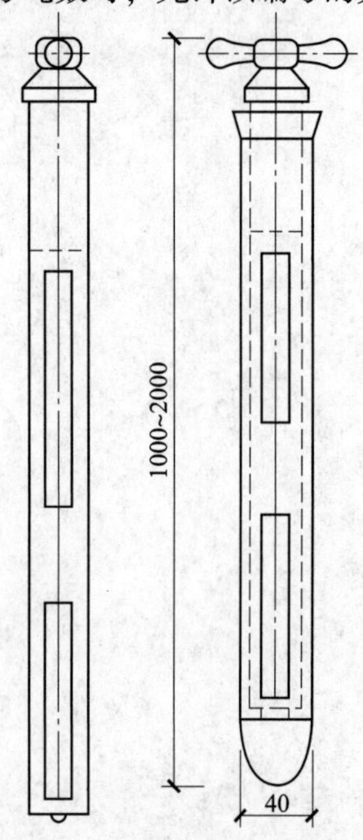

图 4－1 散装水泥取样管（mm）

2. 取样工具

（1）手工取样器。手工取样器分为散装水泥取样管和袋装水泥取样管两种。

1）散装水泥取样器示意图如图 4－1 所示。

2）袋装水泥取样器示意图如图 4－2 所示。

（2）自动取样器。自动取样器主要适用于水泥成品及原料的自动连续取样，也适用于其他粉状物料的自动连续取样，如图 4－3 所示。

3. 取样部位

取样应在有代表性的部位进行，并且不应在污染严重的环境中取样。一般在以下部位取样：

（1）水泥输送管路中。

（2）袋装水泥堆场。

（3）散袋水泥卸料处或水泥运输机具上。

4. 取样步骤

（1）手工取样。

1）散装水泥：当所取水泥深度不超过 2m 时，每一

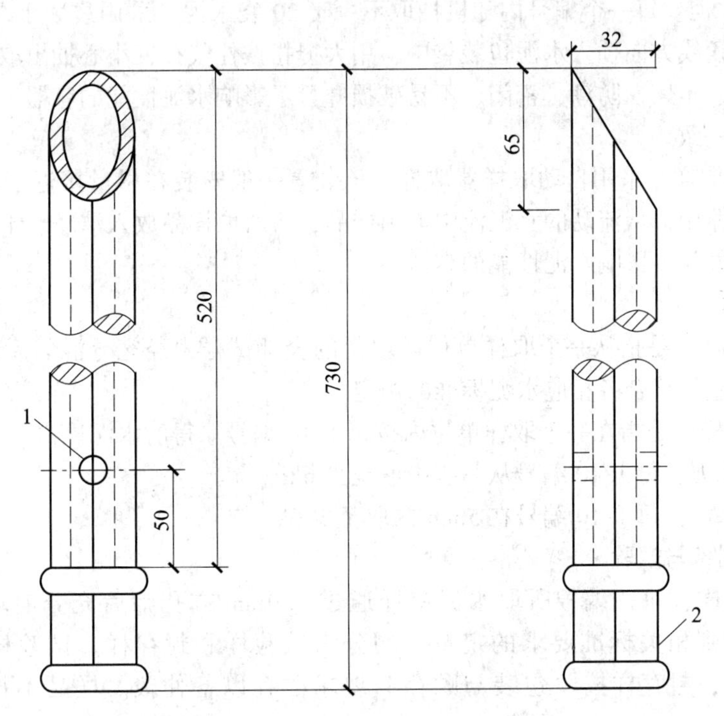

图 4－2 袋装水泥取样器（mm）

1—气孔；2—手柄

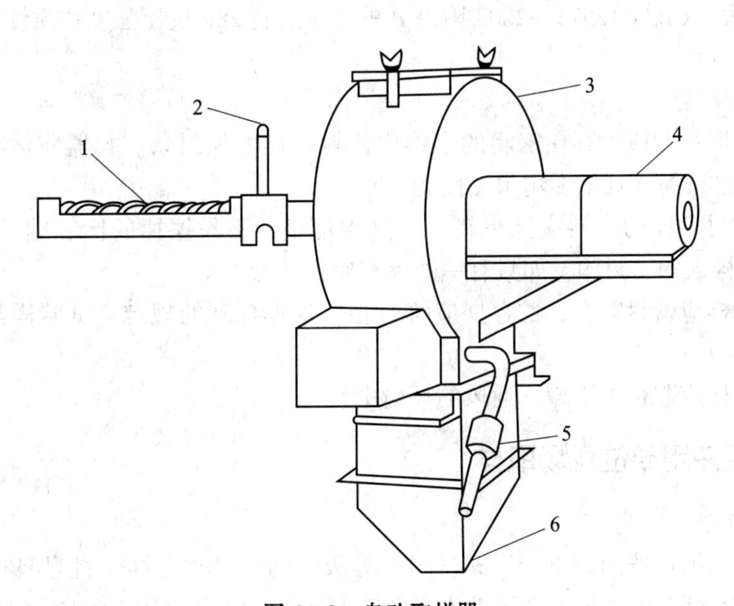

图 4－3 自动取样器

1—入料口；2—调节手柄；3—混料筒；4—电动机；5—配重锤；6—出料口

个编号内采用散装水泥取样器随机取样。通过转动取样器内管控制开关，在适当位置插入水泥一定深度，关闭后小心抽出，将所取样品放入洁净、干燥、防潮、密闭、不易破损并且不影响水泥性能的容器中。每次抽取的单样量应尽量一致。

2）装袋水泥：每一个编号内随机抽取不少于20袋水泥，采用袋装水泥取样器取样，将取样器沿对角线方向插入水泥包装袋中，用大拇指按住气孔，小心抽出取样管，将所取样品放入洁净、干燥、防潮、密闭、不易破损并且不影响水泥性能的容器中，每次抽取的单样量应尽量一致。

（2）自动取样。采用自动取样器取样。该装置一般安装在尽量接近于水泥包装机或散装容器的管路中，从流动的水泥流中取出样品，将所取样品放入洁净、干燥、防潮、密闭、不易破损并且不影响水泥性能的容器中。

5. 取样量

（1）混合样：是指从一个取样单位内取得的全部试样，经充分混匀后制得的水泥试样。其取样数量应符合各相应水泥标准的规定。

（2）分割样：是指在一个取样单位内按每1/10编号取得的水泥试样。

1）袋装水泥：每1/10编号从一袋中取至少6kg。

2）散装水泥：每1/10编号在5min内取至少6kg。

6. 样品制备与试验

（1）混合样：每一编号所取水泥单样通过0.9mm方孔筛后充分混均，一次或多次将样品缩分到相关标准要求的定量，均分为试验样和封存样。试验样按相关标准要求进行试验，封存样按“包装与贮存”要求贮存以备仲裁。样品不得混入杂物和结块。

（2）分割样：每一编号所取10个分割样应分别通过0.9mm方孔筛，不得混杂，并按《水泥取样方法》GB/T 12573—2008附录B的要求进行28d抗压强度均质性试验，样品不得混入杂物和结块。

7. 包装与贮存

（1）样品取得后应贮存在密闭的容器中，封存样要加封条。容器应洁净、干燥、防潮、密闭、不易破损并且不影响水泥性能。

（2）存放封存样的容器应至少在一处加盖清晰、不易擦掉的标有编号、取样时间、取样地点和取样人的密封印，如只有一处标志应在容器外壁上。

（3）封存样应密封贮存，贮存期应符合相应水泥标准的规定。试验样与分存样亦应妥善贮存。

（4）封存样应贮存于干燥、通风的环境中。

4.1.2 水泥使用单位现场取样

1. 取样方法

（1）散装水泥：按同一生产厂家、同一等级、同一品种、同一批号且连续进场的水泥为一批，总重量不超过500t。随机从不少于3个罐车中抽取等量水泥，经混拌均匀后称取不少于12kg。取样工具为散装水泥取样管。

（2）袋装水泥：按同一生产厂家、同一等级、同一品种、同一批号且连续进场的水泥为一批，总重量不超过200t。取样应有代表性，可以从20个以上不同部位的袋中取等量水泥，经混拌均匀后称取不少于12kg。取样工具为袋装水泥取样管。

(3) 按照上述方法取得的水泥试样，按标准进行检验前，将其分成两等份。一份用于检验，一份密封保管三个月，以备有疑问时复验。

(4) 当在使用中对水泥质量有怀疑或水泥出厂超过三个月时，应进行复验，并按复验结果使用。

(5) 对水泥质量发生疑问需作仲裁时，应按仲裁检验的办法进行。

(6) 交货与验收：交货时水泥的质量验收可抽取实物试样以其检验结果为依据，也可以水泥厂同编号水泥的检验报告为依据。采取何种方法验收由买卖双方商定，并在合同或协议中注明。

当以抽取实物试样的检验结果为验收依据时，买卖双方应在发货前或交货地共同取样和签封。取样数量为20kg，缩分为两等份。一份由卖方保存40天，一份由买方按本标准规定的项目和方法进行检验。在40天以内，买方检验认为产品质量不符合本标准要求，而卖方又有异议时，则双方应将卖方保存的另一份试样送省级或省级以上国家认可的水泥质量监督检验机构进行仲裁检验。

2. 注意事项

(1) 注意区分散装水泥和袋装水泥组批规则的不同，散装水泥每500t为一个取样单位；袋装水泥每200t为一个取样单位。

(2) 袋装水泥取样时应严格按规定进行，用“取样管”从不少于20袋水泥中采集出等量水泥，混拌均匀后，再从中称取不少于12kg作为送检试样，不应随意从任一袋或几袋中取样，否则水泥试样缺乏代表性，缺乏代表性的试样会造成试验结果的错判或误判。

(3) 水泥是水硬性胶凝材料，易吸收空气中的水分，造成水泥板结，降低强度、影响使用。所以，在现场取样后不要久留，应尽快去检测单位办理委托手续。盛装试样的容器应密封。

(4) 水泥是时效性材料（随着时间的变化性能发生改变的材料），在贮存期间，水泥原来细小的颗粒将聚集成较粗的颗粒，降低水泥活性（强度），并引起凝结时间的变化。标准规定，水泥出厂3个月后要重新取样进行试验，应注意现场水泥的存放、使用情况，提前到检测单位进行委托试验。一般贮存3个月的水泥，强度降低10%以上，且潮湿地区强度降低得更多，故常用的六大品种水泥贮存期为3个月。

3. 水泥试验报告单的内容、填制方法和要求

水泥试验报告单由第三方检测机构出具，格式见表4-1。在水泥试验报告单中，委托单位、工程名称、水泥品种及强度等级、出厂编号及日期、厂别牌号、代表数量、来样日期等应由委托人（工地试验员）填写。其他部分由试验室依据试验结果进行填写。

水泥试验报告单是判定一批水泥材质是否合格的依据，是施工技术资料的重要组成部分，属保证项目。报告单做到字迹清楚，项目齐全、准确、真实，无未了项（没有项目写“无”或划斜杠），试验室的签字盖章齐全。如试验中某项填写错误，不允许涂抹，应在错项上划一斜杠，将正确的填写在其上方，并在此处加盖错者印章和试验章。

表 4－1 水泥试验报告

编　　号：________

试验编号：________

委托编号：________

工程名称				试样编号			
委托单位				试验委托人			
品种及强度等级		出厂编号及日期			厂别牌号		
代表数量（t）		来样日期			试验日期		
试验结果	细度	80μm 方孔筛余量					
		比表面积					
	标准稠度用水量 P						
	凝结时间	初凝			终凝		
	安定性	雷氏法			饼法		
	其他						
	强度（MPa）						
	抗折强度				抗压强度		
	3d		28d		3d		28d
	单块值	平均值	单块值	平均值	单块值	平均值	单块值	平均值
结论：							
批准		审核			试验		
试验单位							
报告日期							

注：本表由试验单位提供，建设单位、施工单位、城建档案馆各保存一份。

领取水泥试验报告单时，应验看试验项目是否齐全，必试项目不能缺少（强度以 28d 龄期为准），试验室有明确结论和试验编号，签字盖章齐全。还要注意看试验单上各试验项目数据是否达到规范规定的标准值，是则验收存档，否则及时报有关人员处理，并将处理结论附于此单后一并存档。

4.2 水泥的相关试验

4.2.1 检验前的准备及注意事项

（1）水泥试样应存放在密封干燥的容器内（一般使用铁桶或塑料桶），并在容器上注明水泥生产厂名称、品种、强度等级、出厂日期、送样日期等。

（2）检验前，一切检验用材料水泥试样、拌和水、标准砂及仪器和用具的温度应与试验室一致（20±2℃），试验室空气温度和相对湿度工作期间每天至少记录一次。

（3）仲裁试验或其他重要试验用蒸馏水，其他试验可用饮用水。

（4）检验时不得使用铝制或锌制模具、钵器和匙具等（因铝、锌的器皿易与水泥发生化学反应并易磨损变形，以使用铜、铁器具较好）。

（5）水泥试样应充分拌匀，通过0.9mm方孔筛，并记录筛余百分率及筛余物情况。

（6）养护箱温度为（20±1）℃，相对湿度应大于90%；养护池水温为（20±1）℃。

4.2.2 水泥细度检验

1. 筛析法

（1）试验仪器设备。

1）试验筛：由圆形筛框和筛网组成，分负压筛、水筛和手工筛三种，负压筛和水筛的结构尺寸如图4-4和图4-5所示。负压筛应附有透明筛盖，筛盖与筛上口应有良好的密封性。手工筛的结构应符合《金属丝编织网试验筛》GB/T6003.1—2012，其中筛框高度为50mm，筛子的直径为150mm。筛网应紧绷在筛框上，筛网和筛框接触处应用防水胶密封，防止水泥嵌入。

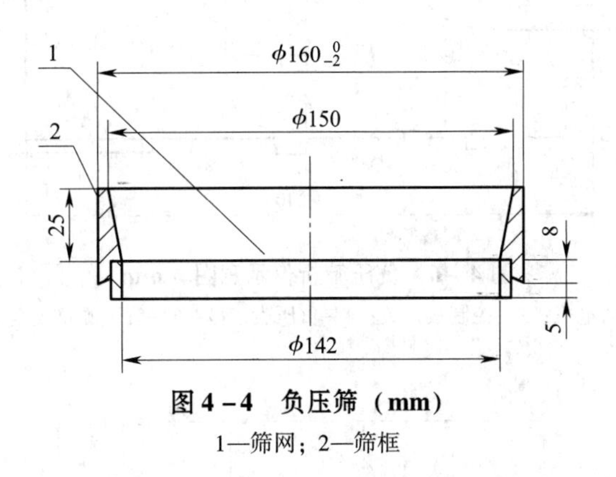

图4-4 负压筛（mm）

1—筛网；2—筛框

2）负压筛析仪：由筛座、负压筛、负压源及收尘器组成，其中筛座由转速为（30±2）r/min的喷气嘴、负压表、控制板、微电机及壳体构成，如图4-6所示。筛析仪负压可调范围为4000~6000Pa。喷气嘴上口平面与筛网之间距离为2~8mm。喷气嘴的上开口尺寸如图4-7所示。负压源和收尘器由功率≥600W的工业吸尘器和小型旋风收尘筒组成或用其他具有相当功能的设备。

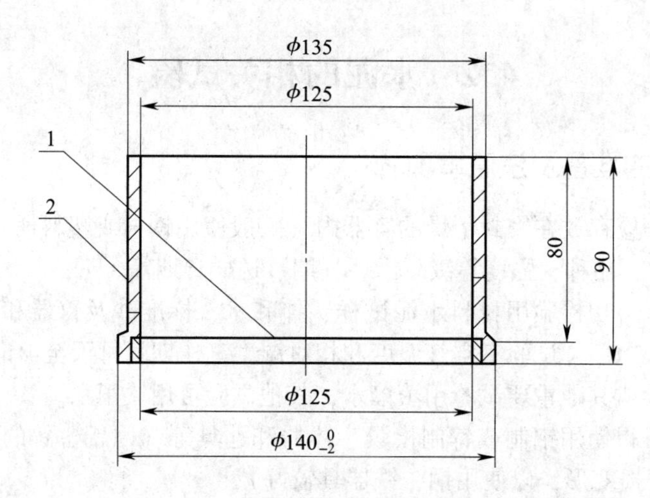

图 4-5 水筛（mm）

1—筛网；2—筛框

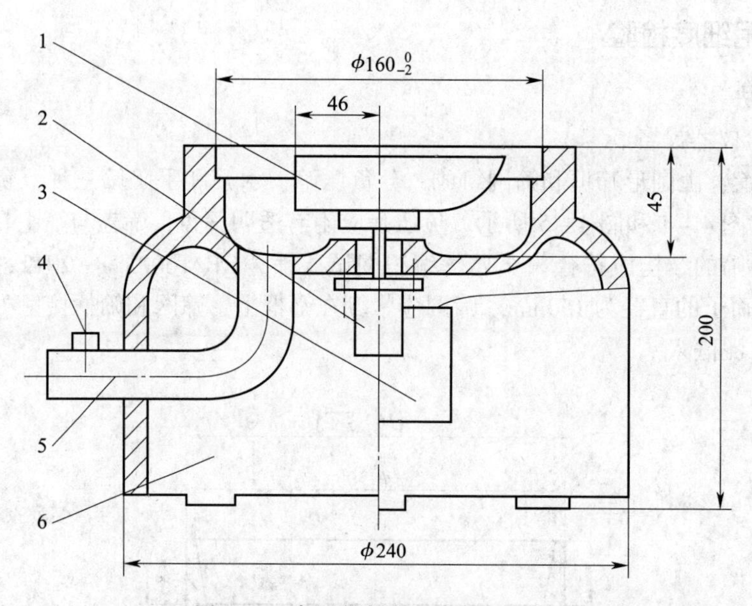

图 4-6 负压筛析仪示意图（mm）

1—喷气嘴；2—微电机；3—控制板开关；4—负压表接口；5—负压源及收尘器接口；6—壳体

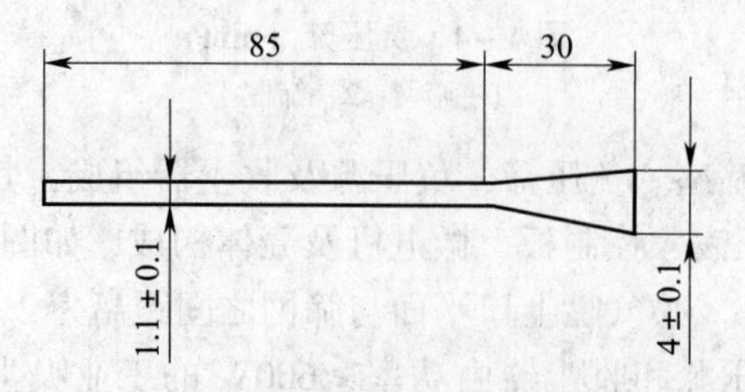

图 4-7 喷气嘴上开口（mm）

3）水筛架和喷头：其结构尺寸应符合《水泥标准筛和筛析仪》JC/T728—2005 的规定，但其中水筛架上筛座内径为140_{-3}^{0}mm。

4）天平：最小分度值不大于0.01g。

（2）试验步骤。

1）试验准备：试验前所用试验筛应保持清洁，负压筛和手工筛应保持干燥。试验时，80μm 筛析试验称取试样为25g，45μm 筛析试验称取试样为10g。

2）负压筛析法：

①筛析试验前应把负压筛放在筛座上，盖上筛盖，接通电源，检查控制系统，调节负压至4000～6000Pa 范围内。

②称取试样精确至0.01g，置于洁净的负压筛中，放在筛座上，盖上筛盖，接通电源，开动筛析仪连续筛析2min。在此期间如有试样附着在筛盖上，可轻轻地敲击筛盖使试样落下。筛毕，用天平称量全部筛余物。

3）水筛法：

①筛析试验前，应检查水中无泥、砂，调整好水压及水筛架的位置，使其能正常运转，并控制喷头底面和筛网之间距离为35～75mm。

②称取试样精确至0.01g，置于洁净的水筛中，立即用淡水冲洗至大部分细粉通过后，放在水筛架上，用水压为（0.05±0.02）MPa 的喷头连续冲洗3min。筛毕，用少量水把筛余物冲至蒸发皿中，等水泥颗粒全部沉淀后，小心倒出清水，烘干并用天平称量全部筛余物。

4）手工筛析法：

①称取水泥试样精确至0.01g，倒入手工筛内。

②用一只手持筛往复摇动，另一只手轻轻拍打，往复摇动和拍打过程应保持近于水平。拍打速度每分钟约120次，每40次向同一方向转动60°，使试样均匀分布在筛网上，直至每分钟通过的试样量不超过0.03g为止。称量全部筛余物。

5）对其他粉状物料、或采用45～80μm 以外规格方孔筛进行筛析试验时，应指明筛子的规格、称样量、筛析时间等相关参数。

6）试验筛的清洗。试验筛必须经常保持洁净，筛孔通畅，使用10次后要进行清洗。金属框筛、铜丝网筛清洗时应用专门的清洗剂，不可用弱酸浸泡。

（3）结果计算及处理。

1）计算。水泥试样筛余百分数按下式计算：

$$F = \frac{R_t}{W} \times 100\% \tag{4-1}$$

式中：F——水泥试样的筛余百分数（%）；

R_t——水泥筛余物的质量（g）；

W——水泥试样的质量（g）。

结果计算至0.1%。

2）筛余结果的修正。试验筛的筛网会在试验中磨损，因此筛析结果应进行修正。修正的方法是将式（4-1）的结果乘以该试验筛按《水泥细度检验方法 筛析法》

GB/T 1345—2005 附录 A 标定后得到的有效修正系数，即为最终结果。

3）试验结果。负压筛析法、水筛法和手工筛析法测定的结果发生争议时，以负压筛析法为准。

2. 水泥比表面积测定方法（勃式法）

本方法适用于测定水泥的比表面积以及适合采用本方法的比表面积在 2000 ~ 6000cm^2/g 范围的其他各种粉状物料，不适用于测定多孔材料及超细粉状物料。

（1）方法原理。本方法主要是根据一定量的空气通过具有一定空隙率和固定厚度的水泥层时，所受阻力不同而引起流速的变化来测定水泥的比表面积。在一定空隙率的水泥层中，空隙的大小和数量是颗料尺寸的函数，同时也决定了通过料层的气流速度。

（2）试验设备及条件。

1）透气仪：本方法采用的勃氏比表面积透气仪，分手动和自动两种，均应符合《勃氏透气仪》JC/T 956—2014 的要求。

2）烘干箱：控制温度灵敏度为 ±1℃。

3）分析天平：分度值为 0.001g。

4）秒表：精确至 0.5s。

5）水泥样品：水泥样品按《水泥取样方法》GB/T 12573—2008 进行取样，先通过 0.9mm 方孔筛，再在（110 ±5）℃下烘干 1h，并在干燥器中冷却至室温。

6）基准材料：GSB 14 - 1511 或相同等级的标准物质。有争议时以 GSB 14 - 1511 为准。

7）压力计液体：采用带有颜色的蒸馏水或直接采用无色蒸馏水。

8）滤纸：采用符合《化学分析滤纸》GB/T 1914—2007 的中速定量滤纸。

9）汞：分析纯汞。

10）试验室条件：相对湿度不大于 50%。

（3）操作步骤。

1）测定水泥密度。按《水泥密度测定方法》GB/T 208—2014 测定水泥密度。

2）漏气检查：将透气圆筒上口用橡胶塞塞紧，接到压力计上。用抽气装置从压力计一臂中抽出部分气体，然后关闭阀门，观察是否漏气。如发现漏气，可用活塞油脂加以密封。

3）空隙率 ε 的确定：PⅠ、PⅡ型水泥的空隙率采用 0.500 ±0.005，其他水泥或粉料的空隙率选用 0.530 ±0.005。

当按上述空隙率不能将试样压至 5）规定的位置时，则允许改变空隙率。

空隙率的调整以 2000g 砝码（5 等砝码）将试样压实至 5）规定的位置为准。

4）确定试样量：试样量按式（4 - 2）计算：

$$m = \rho V(1 - \varepsilon) \quad (4-2)$$

式中：m——需要的试样量（g）；

ρ——试样密度（g/cm^3）；

V——试料层体积，按《勃氏透气仪》JC/T 956—2014 测定（cm^3）；

ε——试料层空隙率。

5）试料层制备：

①将穿孔板放入透气圆筒的突缘上，用捣棒把一片滤纸放到穿孔板上，边缘放平并压紧。称取按式（4－2）确定的试样量，精确到0.001g，倒入圆筒。轻敲圆筒的边，使水泥层表面平坦。再放入一片滤纸，用捣器均匀捣实试料直至捣器的支持环与圆筒顶边接触，并旋转1～2圈，慢慢取出捣器。

②穿孔板上的滤纸为ϕ12.7mm边缘光滑的圆形滤纸片。每次测定需用新的滤纸片。

6）透气试验：

①把装有试料层的透气圆筒下锥面涂一薄层活塞油脂，然后把它插入压力计顶端锥型磨口处，旋转1～2圈。要保证紧密连接不致漏气，并不振动所制备的试料层。

②打开微型电磁泵慢慢从压力计一臂中抽出空气，直到压力计内液面上升到扩大部下端时关闭阀门。当压力计内液体的凹月面下降到第一条刻线时开始计时，如图4－8所示，当液体的凹月面下降到第二条刻线时停止计时，记录液面从第一条刻度线到第二条刻度线所需的时间。以秒记录，并记录下试验时的温度（℃）。每次透气试验，应重新制备试料层。

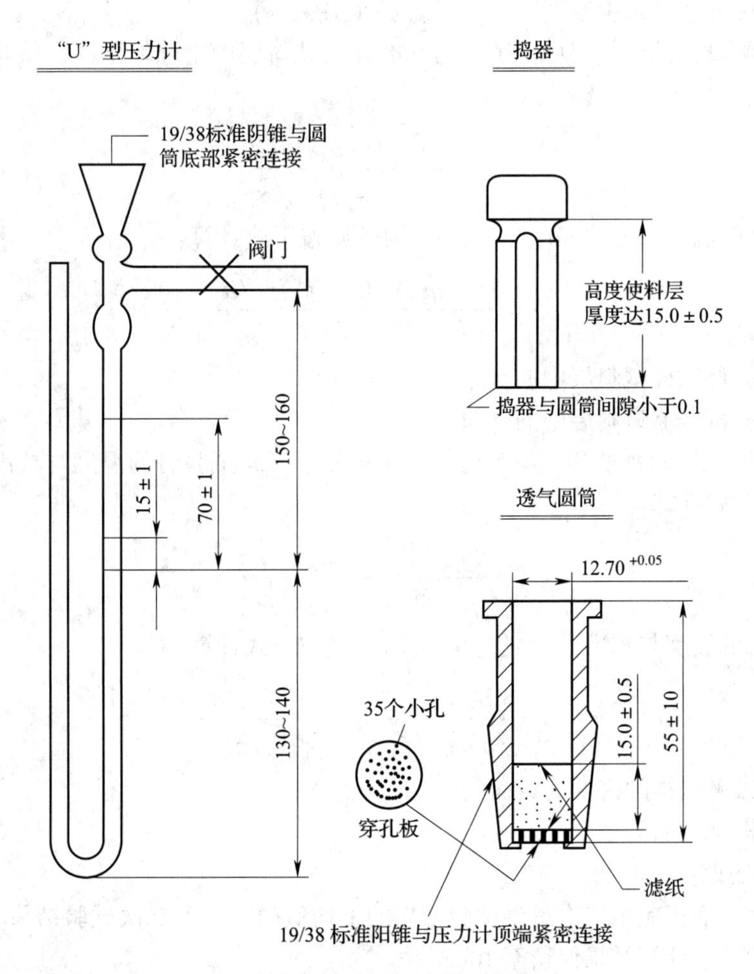

图4－8　比表面积U型压力计示意图（mm）

（4）计算。

1）当被测试样的密度、试料层中空隙率与标准样品相同，试验时的温度与校准温度之差≤3℃时，可按下式计算：

$$S=\frac{S_S\sqrt{T}}{\sqrt{T_S}} \tag{4-3}$$

如试验时的温度与校准温度之差>3℃时，则按下式计算：

$$S=\frac{S_S\sqrt{\eta_S}\sqrt{T}}{\sqrt{\eta}\sqrt{T_S}} \tag{4-4}$$

式中：S——被测试样的比表面积（cm^2/g）；

S_S——标准样品的比表面积（cm^2/g）；

T——被测试样试验时，压力计中液面降落测得的时间（s）；

T_S——标准样品试验时，压力计中液面降落测得的时间（s）；

η——被测试样试验温度下的空气黏度（μPa·s）；

η_S——标准样品试验温度下的空气黏度（μPa·s）。

2）当被测试样的试料层中空隙率与标准样品试料层中空隙率不同，试验时的温度与校准温度之差≤3℃时，可按下式计算：

$$S=\frac{S_S\sqrt{T}(1-\varepsilon_S)\sqrt{\varepsilon^3}}{\sqrt{T_S}(1-\varepsilon)\sqrt{\varepsilon_S^3}} \tag{4-5}$$

如试验时的温度与校准温度之差>3℃时，则按下式计算：

$$S=\frac{S_S\sqrt{\eta_S}\sqrt{T}(1-\varepsilon_S)\sqrt{\varepsilon^3}}{\sqrt{\eta}\sqrt{T_S}(1-\varepsilon)\sqrt{\varepsilon_S^3}} \tag{4-6}$$

式中：ε——被测试样试料层中的空隙率；

ε_S——标准样品试料层中的空隙率。

3）当被测试样的密度和空隙率均与标准样品不同，试验时的温度与校准温度之差≤3℃时，可按下式计算：

$$S=\frac{S_S\rho_S\sqrt{T}(1-\varepsilon_S)\sqrt{\varepsilon^3}}{\rho\sqrt{T_S}(1-\varepsilon)\sqrt{\varepsilon_S^3}} \tag{4-7}$$

如试验时的温度与校准温度之差>3℃时，则按下式计算：

$$S=\frac{S_S\rho_S\sqrt{\eta_S}\sqrt{T}(1-\varepsilon_S)\sqrt{\varepsilon^3}}{\rho\sqrt{\eta}\sqrt{T_S}(1-\varepsilon)\sqrt{\varepsilon_S^3}} \tag{4-8}$$

式中：ρ——被测试样的密度（g/cm^3）；

ρ_S——标准样品的密度（g/cm^3）。

4）结果处理：

①水泥比表面积应由二次透气试验结果的平均值确定。如二次试验结果相差2%以上时，应重新试验。计算结果保留至$10cm^2/g$。

②当同一水泥用手动勃氏透气仪测定的结果与自动勃氏透气仪测定的结果有争议时，

以手动勃氏透气仪测定结果为准。

4.2.3 水泥标准稠度用水量、凝结时间、安定性检验

1. 仪器设备

（1）水泥净浆搅拌机。符合《水泥净浆搅拌机》JC/T 729—2005 的要求。

注：通过减小搅拌翅和搅拌锅之间间隙，可以制备更加均匀的净浆。

（2）标准法维卡仪。测定水泥标准稠度和凝结时间用维卡仪及配件如图 4－9 所示。

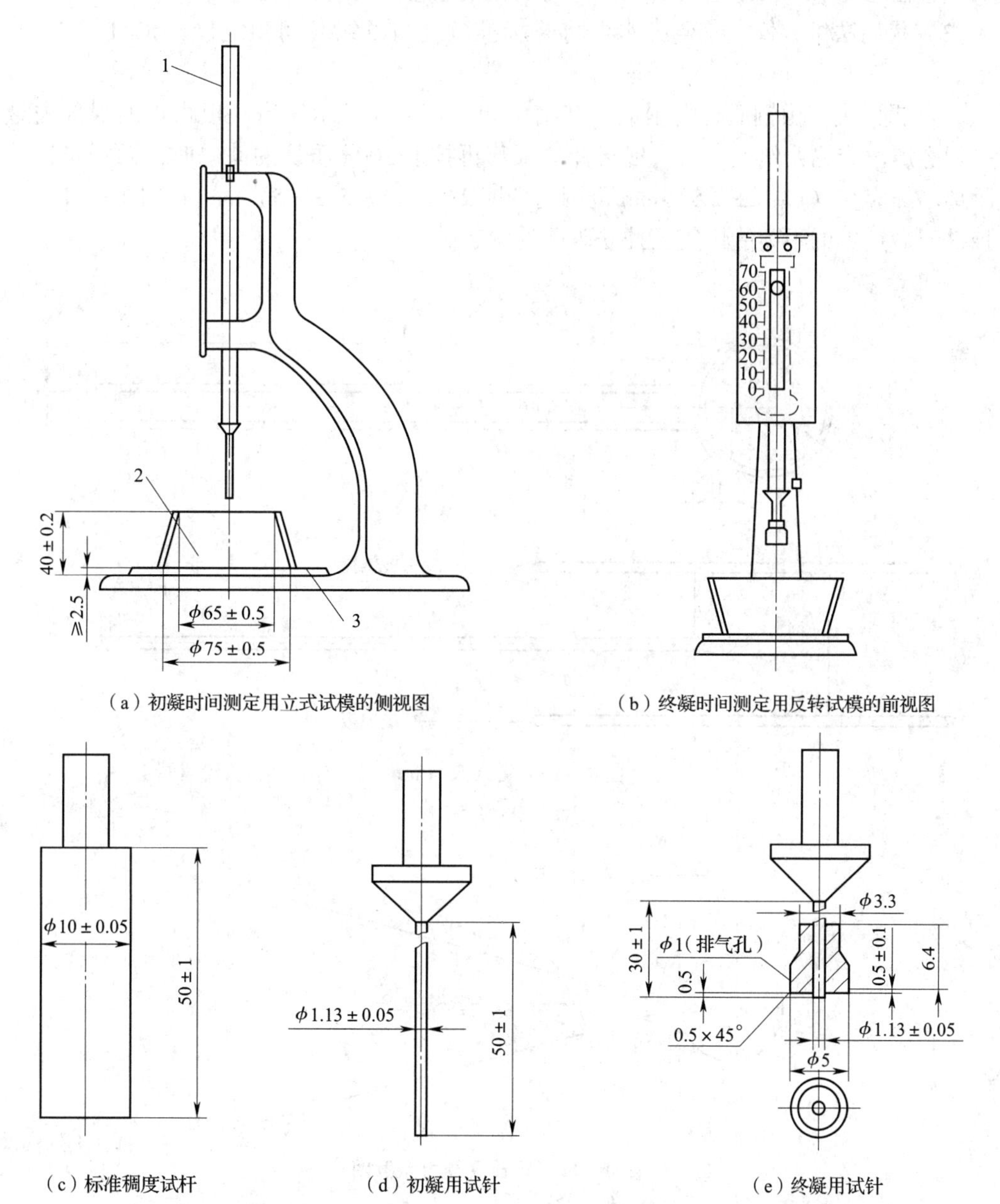

（a）初凝时间测定用立式试模的侧视图　（b）终凝时间测定用反转试模的前视图

（c）标准稠度试杆　（d）初凝用试针　（e）终凝用试针

图 4－9　测定水泥标准稠度和凝结时间用维卡仪及配件示意图（mm）

1—滑动杆；2—试模；3—玻璃板

标准稠度试杆由有效长度为（50±1）mm、直径为（ϕ10±0.05）mm的圆柱形耐腐蚀金属制成。初凝用试针由钢制成，其有效长度初凝针为（50±1）mm，终凝针为（30±1）mm，直径为（ϕ1.13±0.05）mm。滑动部分的总质量为（300±1）g。与试杆、试针联结的滑动杆表面应光滑，能靠重力自由下落，不得有紧涩和旷动现象。

盛装水泥净浆的试模由耐腐蚀的、有足够硬度的金属制成。试模为深（40±0.2）mm、顶内径（ϕ65±0.5）mm、底内径（ϕ75±0.5）mm的截顶圆锥体。每个试模应配备一个边长或直径约100mm、厚度为4~5mm的平板玻璃底板或金属底板。

（3）代用法维卡仪。符合《水泥将浆标准稠度与凝结时间测定仪》JC/T 727—2005要求。

（4）雷氏夹。由铜质材料制成，其结构如图4-10所示。当一根指针的根部先悬挂在一根金属丝或尼龙丝上，另一根指针的根部再挂上300g质量的砝码时，两根指针针尖的距离增加应在（17.5±2.5）mm范围内，即$2x$=（17.5±2.5）mm（见图4-11），当去掉砝码后针尖的距离能恢复至挂砝码前的状态。

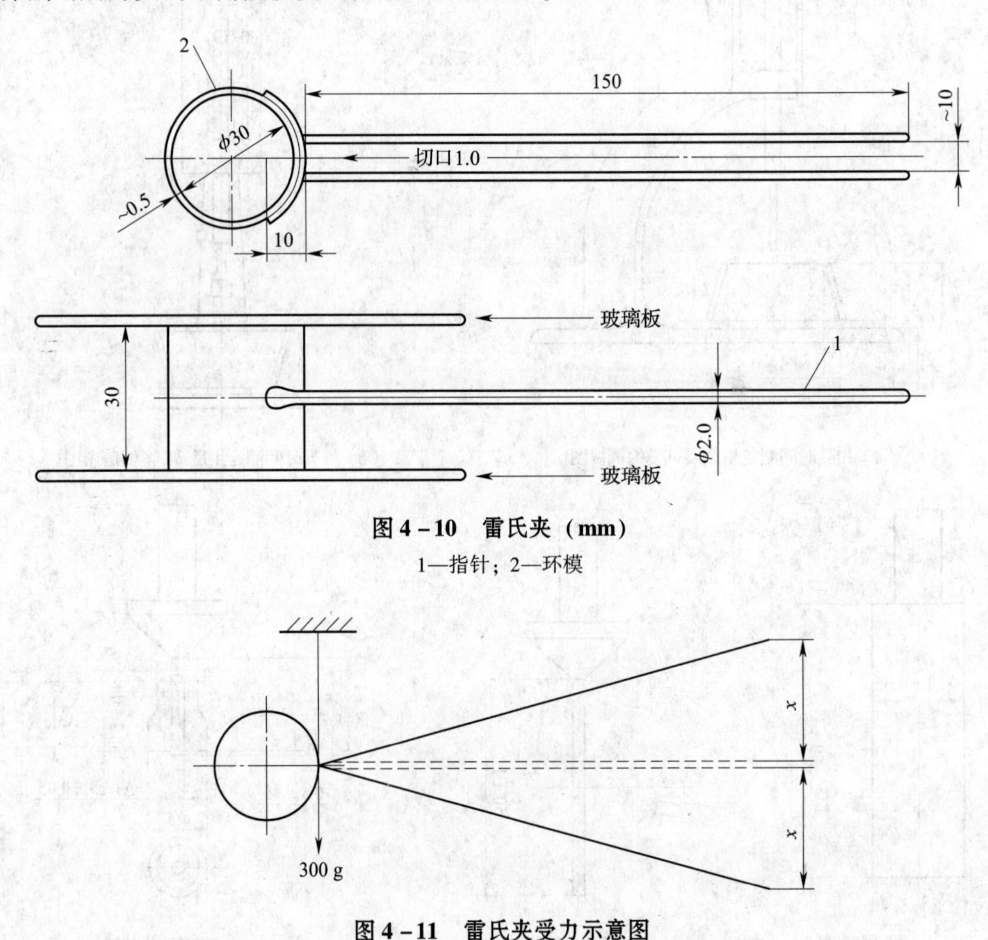

图4-10 雷氏夹（mm）

1—指针；2—环模

图4-11 雷氏夹受力示意图

（5）沸煮箱。符合《水泥安定性试验用沸煮箱》JC/T 955—2005的要求。

（6）雷氏夹膨胀测定仪。如图4-12所示，标尺最小刻度为0.5mm。

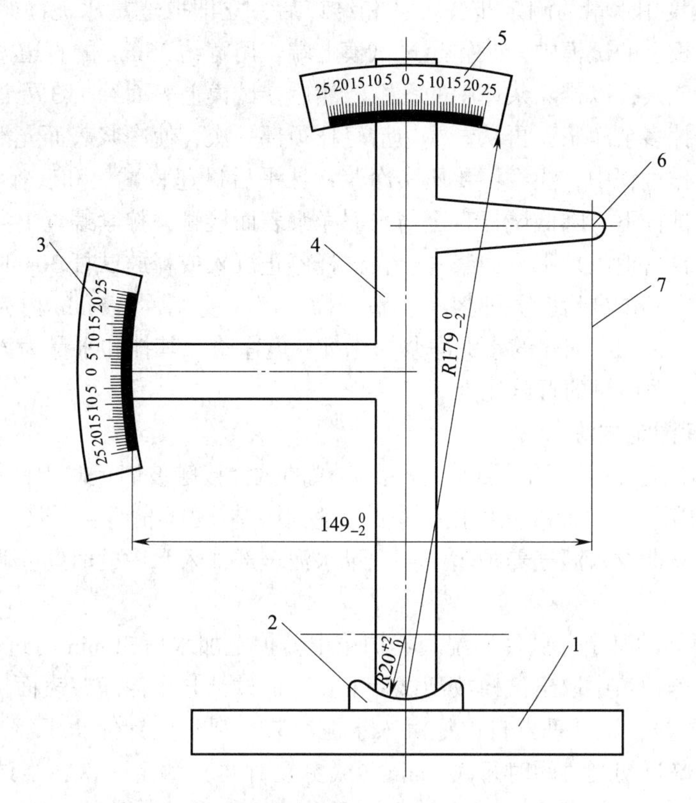

图 4－12 雷氏夹膨胀测定仪（mm）

1—底座；2—模子座；3—测弹性标尺；4—立柱；5—测膨胀值标尺；6—悬臂；7—悬丝

（7）量筒或滴定管。精度为 ±0. 5mL。

（8）天平。最大称量不小于 1000g，分度值不大于 1g。

2．试验条件

1）试验室温度为（20 ±2）℃，相对湿度应不低于 50%；水泥试样、拌和水、仪器和用具的温度应与试验室一致。

2）湿气养护箱的温度为（20 ±1）℃，相对湿度不低于 90%。

3．标准稠度用水量测定方法（标准法）

（1）试验前准备工作。

1）维卡仪的滑动杆能自由滑动。试模和玻璃底板用湿布擦拭，将试模放在底板上。

2）调整至试杆接触玻璃板时指针对准零点。

3）搅拌机运行正常。

（2）水泥净浆的拌制。用水泥净浆搅拌机搅拌，搅拌锅和搅拌叶片先用湿布擦过，将拌和水倒入搅拌锅内，然后在 5 ~10s 内小心将称好的 500g 水泥加入水中，防止水和水泥溅出；拌和时，先将锅放在搅拌机的锅座上，升至搅拌位置，启动搅拌机，低速搅拌 120s，停 15s，同时将叶片和锅壁上的水泥浆刮入锅中间，接着高速搅拌 120s 后停机。

（3）标准稠度用水量的测定步骤。拌和结束后，立即取适量水泥净浆一次性将其装入已置于玻璃底板上的试模中，浆体超过试模上端，用宽约25mm的直边刀轻轻拍打超出试模部分的浆体5次，以排除浆体中的孔隙，然后在试模上表面约1/3处，略倾斜于试模分别向外轻轻锯掉多余净浆，再从试模边沿轻抹顶部一次，使净浆表面光滑。在锯掉多余净浆和抹平的操作过程中，注意不要压实净浆；抹平后迅速将试模和底板移到维卡仪上，并将其中心定在试杆下，降低试杆直至与水泥净浆表面接触，拧紧螺丝1～2s后，突然放松，使试杆垂直自由地沉入水泥净浆中。在试杆停止沉入或释放试杆30s时记录试杆距底板之间的距离，升起试杆后，立即擦净；整个操作应在搅拌后1.5min内完成。以试杆沉入净浆并距底板（6±1）mm的水泥净浆为标准稠度净浆。其拌和水量为该水泥的标准稠度用水量P，按水泥质量的百分比计。

4．凝结时间测定方法

（1）试验前准备工作。调整凝结时间测定仪的试针接触玻璃板时指针对准零点。

（2）试件的制备。以标准稠度用水量按3款中2制成标准稠度净浆，按3款中（3）装模和刮平后，立即放入湿气养护箱中。记录水泥全部加入水中的时间作为凝结时间的起始时间。

（3）初凝时间的测定。试件在湿气养护箱中养护至加水后30min时进行第一次测定。测定时，从湿气养护箱中取出试模放到试针下，降低试针与水泥净浆表面接触。拧紧螺丝1～2s后，突然放松，试针垂直自由地沉入水泥净浆。观察试针停止下沉或释放试针30s时指针的读数。临近初凝时间时每隔5min（或更短时间）测定一次，当试针沉至距底板（4±1）mm时，为水泥达到初凝状态；由水泥全部加入水中至初凝状态的时间为水泥的初凝时间，用min来表示。

（4）终凝时间的测定。为了准确观测试针沉入的状况，在终凝针上安装了一个环形附件，如图4－9（e）。在完成初凝时间测定后，立即将试模连同浆体以平移的方式从玻璃板取下，翻转180°，直径大端向上，小端向下放在玻璃板上，再放入湿气养护箱中继续养护。临近终凝时间时每隔15min（或更短时间）测定一次，当试针沉入试体0.5mm时，即环形附件开始不能在试体上留下痕迹时，为水泥达到终凝状态。由水泥全部加入水中至终凝状态的时间为水泥的终凝时间，用min来表示。

（5）测定注意事项。测定时应注意，在最初测定的操作时应轻轻扶持金属柱，使其徐徐下降，以防试针撞弯，但结果以自由下落为准；在整个测试过程中试针沉入的位置至少要距试模内壁10mm。临近初凝时，每隔5min（或更短时间）测定一次，临近终凝时每隔15min（或更短时间）测定一次，到达初凝时应立即重复测一次，当两次结论相同时才能确定到达初凝状态。到达终凝时，需要在试体另外两个不同点测试，确认结论相同才能确定到达终凝状态。每次测定不能让试针落入原针孔，每次测试完毕须将试针擦净并将试模放回湿气养护箱内，整个测试过程要防止试模受振。

注：可以使用能得出与标准中规定方法相同结果的凝结时间自动测定仪，有矛盾时以标准规定方法为准。

5．安定性测定方法（标准法）

（1）试验前准备工作。每个试样需成型两个试件，每个雷氏夹需配备两个边长或直径约80mm、厚度为4～5mm的玻璃板，凡与水泥净浆接触的玻璃板和雷氏夹内表面都要稍稍涂上一层油。

注：有些油会影响凝结时间，矿物油比较合适。

（2）雷氏夹试件的成型。将预先准备好的雷氏夹放在已稍擦油的玻璃板上，并立即将已制好的标准稠度净浆一次装满雷氏夹，装浆时一只手轻轻扶持雷氏夹，另一只手用宽约25mm的直边刀在浆体表面轻轻插捣3次，然后抹平，盖上稍涂油的玻璃板，接着立即将试件移至湿气养护箱内养护（24±2）h。

（3）沸煮。

1）调整好沸煮箱内的水位，使能保证在整个沸煮过程中都超过试件，不需中途添补试验用水，同时又能保证在（30±5）min内升至沸腾。

2）脱去玻璃板取下试件，先测量雷氏夹指针尖端间的距离A，精确到0.5mm，接着将试件放入沸煮箱水中的试件架上，指针朝上，然后在（30±5）min内加热至沸并恒沸（180±5）min。

3）结果判别。沸煮结束后，立即放掉沸煮箱中的热水，打开箱盖，待箱体冷却至室温，取出试件进行判别。测量雷氏夹指针尖端的距离C，准确至0.5mm，当两个试件煮后增加距离$C-A$的平均值不大于5.0mm时，即认为该水泥安定性合格，当两个试件煮后增加距离$C-A$的平均值大于5.0mm时，应用同一样品立即重做一次试验，以复检结果为准。

6. 标准稠度用水量测定方法（代用法）

（1）试验前准备工作。

1）维卡仪的金属棒能自由滑动。

2）调整至试锥接触锥模顶面时指针对准零点。

3）搅拌机运行正常。

（2）水泥净浆的拌制。水泥净浆的拌制同第3款中（2）。

（3）标准稠度的测定。

1）采用代用法测定水泥标准稠度用水量可用调整水量和不变水量两种方法的任一种测定。采用调整水量方法时拌和水量按经验找水，采用不变水量方法时拌和水量用142.5mL。

2）拌和结束后，立即将拌制好的水泥净浆装入锥模中，用宽约25mm的直边刀在浆体表面轻轻插捣5次，再轻振5次，刮去多余的净浆；抹平后迅速放到试锥下面固定的位置上，将试锥降至净浆表面，拧紧螺丝1~2s后，突然放松，让试锥垂直自由地沉入水泥净浆中。到试锥停止下沉或释放试锥30s时记录试锥下沉深度。整个操作应在搅拌后1.5min内完成。

3）用调整水量方法测定时，以试锥下沉深度为（30±1）mm时的净浆作为标准稠度净浆。其拌和水量为该水泥的标准稠度用水量P，按水泥质量的百分比计。如下沉深度超出范围需另称试样，调整水量，重新试验，直至达到（30±1）mm为止。

4）用不变水量方法测定时，根据式（4-9）（或仪器上对应标尺）计算得到标准稠度用水量P。当试锥下沉深度小于13mm时，应改用调整水量法测定。

$$P=33.4-0.185S \tag{4-9}$$

式中：P——标准稠度用水量（%）；

S——试锥下沉深度（mm）。

7. 安定性测定方法（代用法）

（1）试验前准备工作。每个样品需准备两块边长约100mm的玻璃板，凡与水泥净浆接触的玻璃板都要稍稍涂上一层油。

（2）试饼的成型方法。将制好的标准稠度净浆取出一部分分成两等份，使之成球形，放在预先准备好的玻璃板上，轻轻振动玻璃板并用湿布擦过的小刀由边缘向中央抹，做成直径70~80mm、中心厚约为10mm、边缘渐薄、表面光滑的试饼，接着将试饼放入湿气养护箱内养护（24±2）h。

（3）沸煮。

1）调整好沸煮箱内的水位，使能保证在整个沸煮过程中都超过试件，不需中途添补试验用水，同时又能保证在（30±5）min内升至沸腾。

2）脱骈玻璃板取下试饼，在试饼无缺陷的情况下将试饼放在沸煮箱水中的篦板上，在（30±5）min内加热至沸并恒沸（180±5）min。

3）结果判别。沸煮结束后，立即放掉沸煮箱中的热水，打开箱盖，待箱体冷却至室温，取出试件进行判别。目测试饼未发现裂缝，用钢直尺检查也没有弯曲（使钢直尺和试饼底部紧靠，以两者间不透光为不弯曲）的试饼为安定性合格，反之为不合格。当两个试饼判别结果有矛盾时，该水泥的安定性为不合格。

4.2.4 水泥胶砂强度

1. 试验室和设备

（1）试验室。试体成型试验室的温度应保持在（20±2）℃，相对湿度应不低于50%。

试体带模养护的养护箱或雾室温度保持在（20±1）℃，相对湿度不低于90%。

试体养护池水温度应在（20±1）℃范围内。

试验室空气温度和相对湿度及养护池水温在工作期间每天至少记录一次。

养护箱或雾室的温度与相对湿度至少每4h记录一次，在自动控制的情况下记录次数可以酌减至一天记录二次。在温度给定范围内，控制所设定的温度应为此范围中值。

（2）设备。

1）总则。设备中规定的公差，试验时对设备的正确操作很重要。当定期控制检测发现公差不符时，该设备应替换，或及时进行调整和修理。控制检测记录应予保存。

对新设备的接收检测应包括质量、体积和尺寸范围，对于公差规定的临界尺寸要特别注意。

有的设备材质会影响试验结果，这些材质也必须符合要求。

2）试验筛。金属丝网试验筛应符合《试验筛》GB/T 6003—2012要求，其筛网孔尺寸见表4-2（R20系列）。

表 4－2 试验筛

系列	网眼尺寸（mm）
R20	2.0
	1.6
	1.0
	0.50
	0.16
	0.080

3）搅拌机。搅拌机属行星式，如图 4－13 所示，应符合《行星式水泥胶砂搅拌机》JC/T 681—2005 要求。

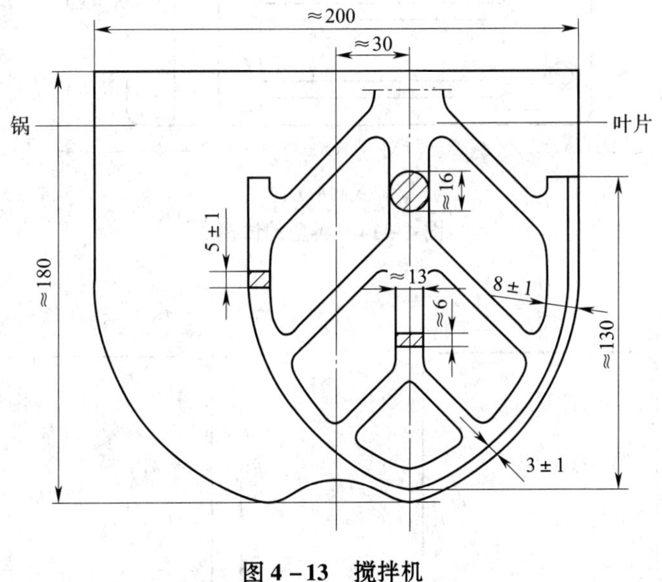

图 4－13 搅拌机

用多台搅拌机工作时，搅拌锅和搅拌叶片应保持配对使用。叶片与锅之间的间隙，是指叶片与锅壁最近的距离，应每月检查一次。

4）试模：试模由三个水平的模槽组成，如图 4－14 所示，可同时成型三条截面为 40mm×40mm，长为 160mm 的棱形试体，其材质和制造尺寸应符合《水泥胶砂试模》JC/T 726—2005 的要求。

注：不同生产厂家生产的试模和振实台可能有不同的尺寸和重量，因而买主应在采购时考虑其与振实台设备的匹配性。

当试模的任何一个公差超过规定的要求时，就应更换。在组装备用的干净模型时，应用黄干油等密封材料涂覆模型的外接缝。试模的内表面应涂上一薄层模型油或机油。

成型操作时，应在试模上面加一个壁高 20mm 的金属模套，当从上往下看时，模套壁与模型内壁应该重叠，超出内壁不应大于 1mm。

为了控制料层厚度和刮平胶砂，应备有图 4－15 所示的两个播料器和一把金属刮平直尺。

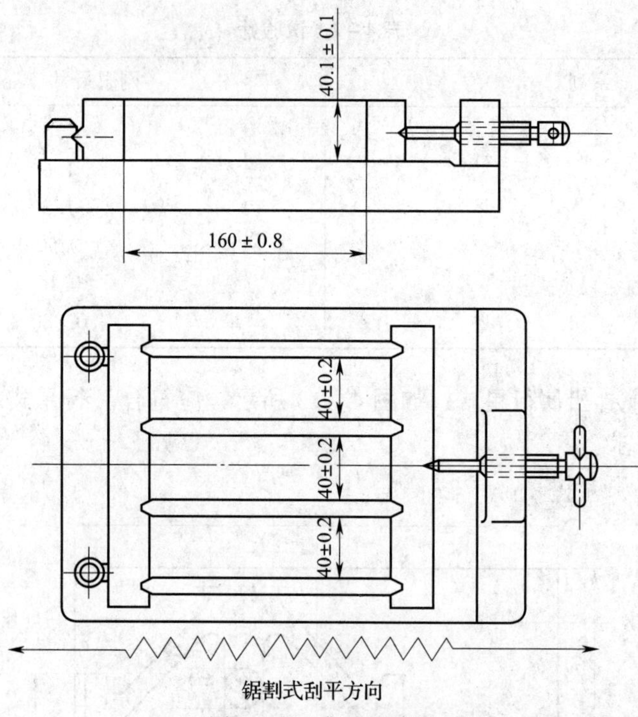

图 4-14 典型的试模

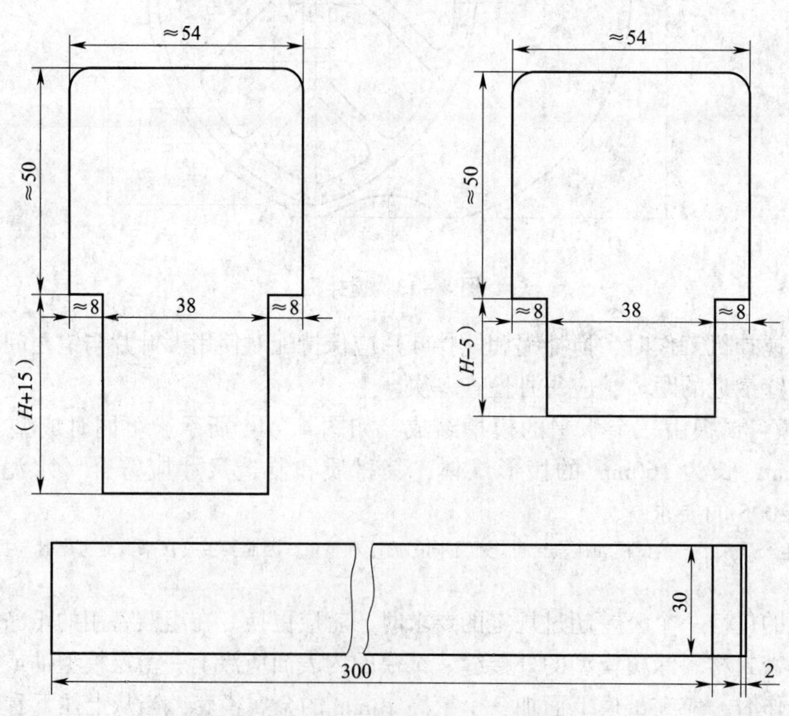

图 4-15 典型的播料器和金属刮平直尺

H—模套高度

5）振实台：振实台应符合《水泥胶砂试体成型振实台》JC/T 682—2005 的要求，如图 4 - 16 所示。振实台应安装在高度约 400mm 的混凝土基座上。混凝土体积约为 0.25m^3，重约 600kg。需防外部振动影响振实效果时，可在整个混凝土基座下放一层厚约 5mm 天然橡胶弹性衬垫。

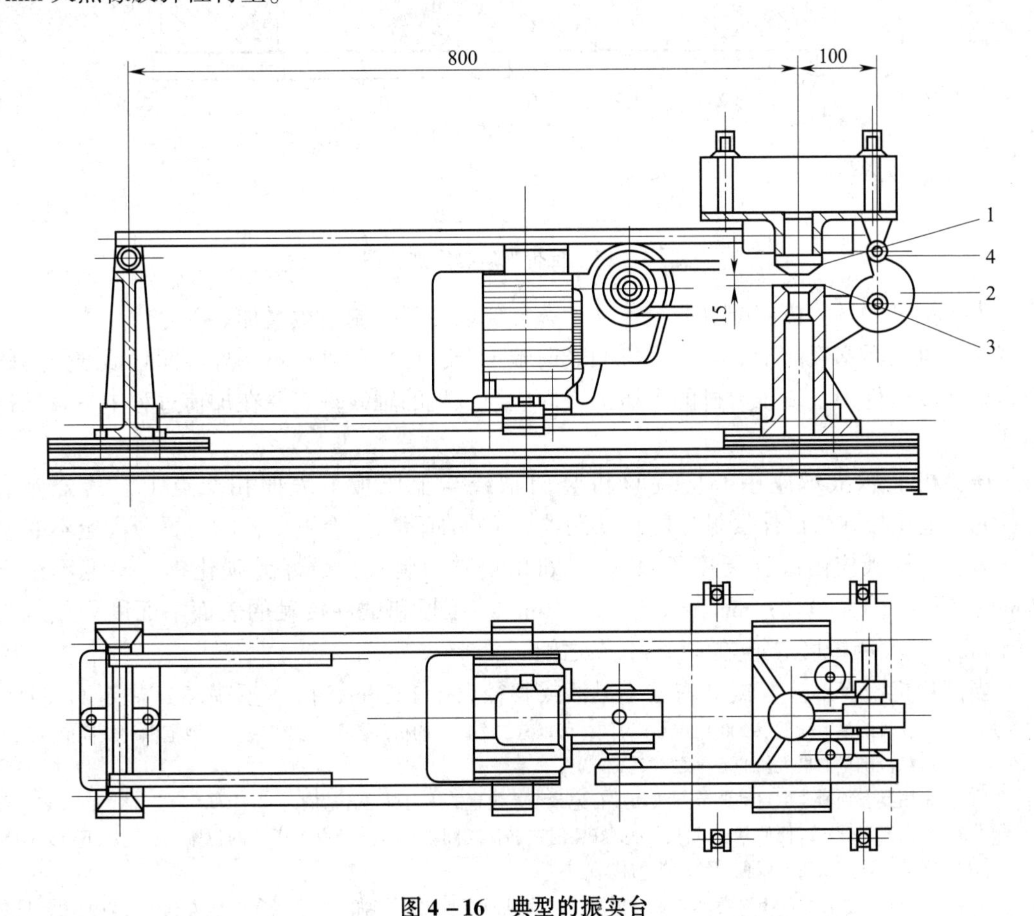

图 4 - 16 典型的振实台

1—突头；2—凸轮；3—止动器；4—随动轮

将仪器用地脚螺丝固定在基座上，安装后设备呈水平状态，仪器底座与基座之间要铺一层砂浆以保证它们的完全接触。

6）抗折强度试验机：抗折强度试验机应符合《水泥胶砂电动抗折试验机》JC/T 724—2005 的要求。试件在夹具中受力状态如图 4 - 17 所示。

通过三根圆柱轴的三个竖向平面应该平行，并在试验时继续保持平行和等距离垂直试体的方向，其中一根支撑圆柱和加荷圆柱能轻微地倾斜使圆柱与试体完全接触，以便荷载沿试体宽度方向均匀分布，同时不产生任何扭转应力。

抗折强度也可用抗压强度试验来测定，此时应使用符合上述规定的夹具。

7）抗压强度试验机：抗压强度试验机在较大的五分之四量程范围内使用时记录的荷载应有 ±1% 精度，并具有按（2400 ± 200）N/s 速率的加荷能力，应有一个能指示试件破坏时荷载并把它保持到试验机卸荷以后的指示器，可以用表盘里的峰值指针或显示器来达

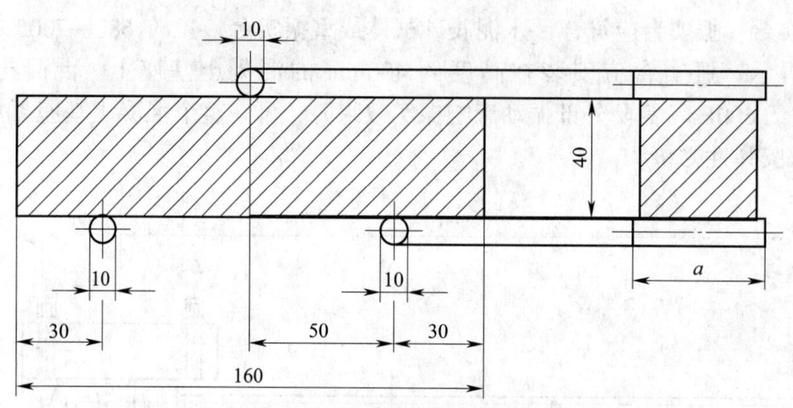

图 4-17 抗折强度测定加荷图

到。人工操纵的试验机应配有一个速度动态装置以便于控制荷载增加。

压力机的活塞竖向轴应与压力机的竖向轴重合，在加荷时也不例外，而且活塞作用的合力要通过试件中心。压力机的下压板表面应与该机的轴线垂直并在加荷过程中一直保持不变。

压力机上压板球座中心应在该机竖向轴线与上压板下表面相交点上，其公差为±1mm。上压板在与试体接触时能自动调整，但在加荷期间上下压板的位置应固定不变。

试验机压板应由维氏硬度不低于 HV600 硬质钢制成，最好为碳化钨，厚度不小于10mm，宽为（40±0.1）mm，长不小于 40mm。压板和试件接触的表面平面度公差应为0.01mm，表面粗糙度 R_a 应在 0.1～0.8 之间。

当试验机没有球座，或球座已不灵活或直径大于 120mm 时，应采用 8）规定的夹具。

注：1. 试验机的最大荷载以 200～300kN 为佳，可以有二个以上的荷载范围，其中最低荷载范围的最高值大致为最高范围里的最大值的五分之一。

2. 采用具有加荷速度自动调节方法和具有记录结果装置的压力机是合适的。

3. 可以润滑球座以便使其与试件接触更好，但在加荷期间不致因此而发生压板的位置。在高压下有效的润滑剂不适宜使用，以免导致压板的移动。

4. “竖向”、“上”、“下” 等术语是对传统的试验机而言。此外，轴线不呈竖向的压力机也可以使用，只要按规定接受为代用试验方法时。

8）抗压强度试验机用夹具。当需要使用夹具时，应把它放在压力机的上下压板之间并与压力机处于同一轴线，以便将压力机的荷载传递至胶砂试件表面。夹具应符合《40mm×40mm 水泥抗压夹具》JC/T 683—2005 的要求，受压面积为 40mm×40mm。夹具在压力机上位置如图 4-18 所示，夹具要保持清洁，球座应能转动以使其上压板能从一开始就适应试体的形状并在试验中保持不变。使用中夹具应满足《40mm×40mm 水泥抗压夹具》JC/T 683—2005 的全部要求。

注：1. 可以润滑夹具的球座，但在加荷期间不会使压板发生位移。不能用高压下有效的润滑剂。

2. 试件破坏后，滑块能自动回复到原来的位置。

2. 胶砂组成

（1）砂。

1）ISO 基准砂是由德国标准砂公司制备的 SiO_2 含量不低于 98% 的天然的圆形硅质砂组成，其颗粒分布在表 4-3 规定的范围内。

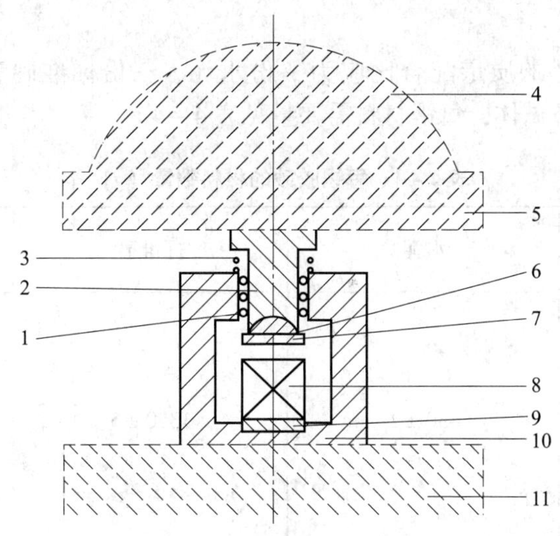

图 4 – 18 典型的抗压强度试验夹具

1—滚珠轴承；2—滑块；3—复位弹簧；4—压力机球座；5—压力机上压板；6—夹具球座；
7—夹具上压板；8—试体；9—底板；10—夹具下垫板；11—压力机下压板

表 4 – 3 标准砂颗粒分布

方孔边长（mm）	累计筛余（%）
2.0	0
1.6	7 ±5
1.0	33 ±5
0.5	67 ±5
0.16	87 ±5
0.08	99 ±1

砂的筛析试验应用有代表性的样品来进行，每个筛子的筛析试验应进行至每分钟通过量小于 0.5g 为止。

砂的湿含量是在 105 ~ 110℃ 下用代表性砂样烘干 2h 的质量损失来测定，以干基的质量百分数表示，应小于 0.2%。

2）中国 ISO 标准砂完全符合（1）颗粒分布和湿含量的规定。生产期间这种测定每天应至少进行一次。这些要求不足以保证标准砂与基准砂等同。这种等效性是通过标准砂和基准砂比对检验程序来保持的。

中国 ISO 标准砂可以单级分包装，也可以各级预配合以（1350 ±5）g 量的塑料袋混合包装，但所用塑料袋材料不得影响强度试验结果。

（2）水泥。当试验水泥从取样至试验要保持 24h 以上时，应把它贮存在基本装满和气密的容器里，这个容器应不与水泥起反应。

（3）水。仲裁试验或其他重要试验用蒸馏水，其他试验可用饮用水。

3．胶砂的制备

（1）配合比。胶砂的质量配合比应为一份水泥、三份标准砂和半份水（水灰比为0.5）。一锅胶砂成三条试体，每锅材料需要量见表4－4。

表4－4 每锅胶砂的材料数量（g）

材料量 水泥品种	水泥	标准砂	水
硅酸盐水泥	450±2	1350±5	225±1
普通硅酸盐水泥			
矿渣硅酸盐水泥			
粉煤灰硅酸盐水泥			
复合硅酸盐水泥			
石灰石硅酸盐水泥			

（2）配料。水泥、砂、水和试验用具的温度与试验室相同，称量用的天平精度应为±1g。当用自动滴管加225mL水时，滴管精度应达到±1mL。

（3）搅拌。每锅胶砂用搅拌机进行机械搅拌。先使搅拌机处于待工作状态，然后按以下的程序进行操作：

把水加入锅里，再加入水泥，把锅放在固定架上，上升至固定位置。

然后立即开动机器，低速搅拌30s后，在第二个30s开始的同时均匀地将砂子加入。当各级砂是分装时，从最粗粒级开始，依次将所需的每级砂量加完。把机器转至高速再拌30s。

停拌90s，在第1个15s内用一胶皮刮具将叶片和锅壁上的胶砂，刮入锅中间。在高速下继续搅拌60s。各个搅拌阶段，时间误差应在±1s以内。

4．试件的制备

（1）试件尺寸应是40mm×40mm×160mm的棱柱体。

（2）成型。

1）用振实台成型。胶砂制备后立即进行成型。将空试模和模套固定在振实台上，用一个适当勺子直接从搅拌锅里将胶砂分二层装入试模。装第一层时，每个槽里约放300g胶砂，用大播料器（图4－15）垂直架在模套顶部沿每个模槽来回一次将料层播平，接着振实60次。再装入第二层胶砂，用小播料器播平，再振实60次。移走模套，从振实台上取下试模，用一金属直尺（图4－15）以近似90°的角度架在试模模顶的一端，然后沿试模长度以横向锯割动作慢慢向另一端移动，一次将超过试模部分的胶砂刮去，并用同一直尺在近乎水平的情况下将试体表面抹平。

在试模上作标记或加字条标明试件编号和试件相对于振实台的位置。

2）用振动台成型。当使用代用的振动台成型时，操作如下：

在搅拌胶砂的同时将试模和下料漏斗卡紧在振动台的中心。将搅拌好的全部胶砂均匀地装入下料漏斗中，开动振动台，胶砂通过漏斗流入试模。振动（120±5）s后停车。振动完毕，取下试模，用刮平尺以1）规定的刮平手法刮去其高出试模的胶砂并抹平。接着在试模上作标记或用字条表明试件编号。

5．试件的养护

（1）脱模前的处理和养护。去掉留在模子四周的胶砂。立即将做好标记的试模放入雾室或湿箱的水平架子上养护，湿空气应能与试模各边接触。养护时不应将试模放在其他试模上。一直养护到规定的脱模时间时取出脱模。脱模前，用防水墨汁或颜料对试体进行编号和做其他标记。两个龄期以上的试体，在编号时应将同一试模中的三条试体分在两个以上龄期内。

（2）脱模。脱模应非常小心。对于24h龄期的，应在破型试验前20min内脱模。对于24h以上龄期的，应在成型后20～24h之间脱模。

注：如经24h养护，会因脱模对强度造成损害时，可以延迟至24h以后脱模，但在试验报告中应予以说明。

已确定作为24h龄期试验（或其他不下水直接做试验）的已脱模试体，应用湿布覆盖至做试验时为止。

（3）水中养护。将做好标记的试体立即水平或竖直放在（20±1）℃水中养护，水平放置时刮平面应朝上。

试件放在不易腐烂的篦子上，并彼此间保持一定间距，以让水与试件的六个面接触。养护期间试体之间间隔或试体上表面的水深不得小于5mm。

注：不宜用木篦子。

每个养护池只养护同类型的水泥试件。

最初用自来水装满养护池（或容器），随后随时加水保持适当的恒定水位，不允许在养护期间全部换水。

除24h龄期或延迟至48h脱模的试体外，任何到龄期的试体应在试验（破型）前15min从水中取出。揩去试体表面沉积物，并用湿布覆盖至试验为止。

（4）强度试验试体的龄期。试体龄期是从水泥加水搅拌开始试验时算起。不同龄期强度试验在下列时间里进行：

1）24h±15min。

2）48h±30min。

3）72h±45min。

4）7d±2d。

5）>28d±8h。

6．试验程序

（1）抗折强度测定。将试体一个侧面放在试验机支撑圆柱上，试体长轴垂直于支撑圆柱，通过（50±10）N/s的速率均匀地将荷载垂直地加在棱柱体相对侧面上，直至折断。

保持两个半截棱柱体处于潮湿状态直至抗压试验。

抗折强度R_f以（MPa）表示，按下式进行计算：

$$R_f = \frac{1.5F_f L}{b^3} \tag{4-10}$$

式中：F_f——折断时施加于棱柱体中部的荷载（N）；

L——支撑圆柱之间的距离（mm）；

b——棱柱体正方形截面的边长（mm）。

以一组三个棱柱体抗折结果的平均值作为试验结果。当三个强度值中有超出平均值±10%时，应剔除后再取平均值作为抗折强度试验结果。计算精确至0.1MPa。

（2）抗压强度测定。抗压强度在半截棱柱体的侧面上进行。

半截棱柱体中心与压力机压板受压中心差应在±0.5mm内，棱柱体露在压板外的部分约有10mm。

在整个加荷过程中以（2400±200）N/s的速率均匀地加荷直至破坏。

抗压强度R_c以（MPa）为单位，按下式进行计算：

$$R_c = \frac{F_c}{A} \tag{4-11}$$

式中：F_c——破坏时的最大荷载（N）；

A——受压部分面积（mm^2）（$40mm \times 40mm = 1600mm^2$）。

以一组三个棱柱体上得到的六个抗压强度测定值的算术平均值作为试验结果。如六个测定值中有一个超出六个平均值的±10%，就应剔除这个结果，而以剩下五个的平均数为结果。如果五个测定值中再有超过它们平均数±10%的，则此组结果作废。计算精确至0.1MPa。

4.2.5 水泥胶砂流动度测定

1. 仪器和设备

（1）水泥胶砂流动度测定仪（简称跳桌）。主要由铸铁机架和跳动部分组成，如图4-19所示。

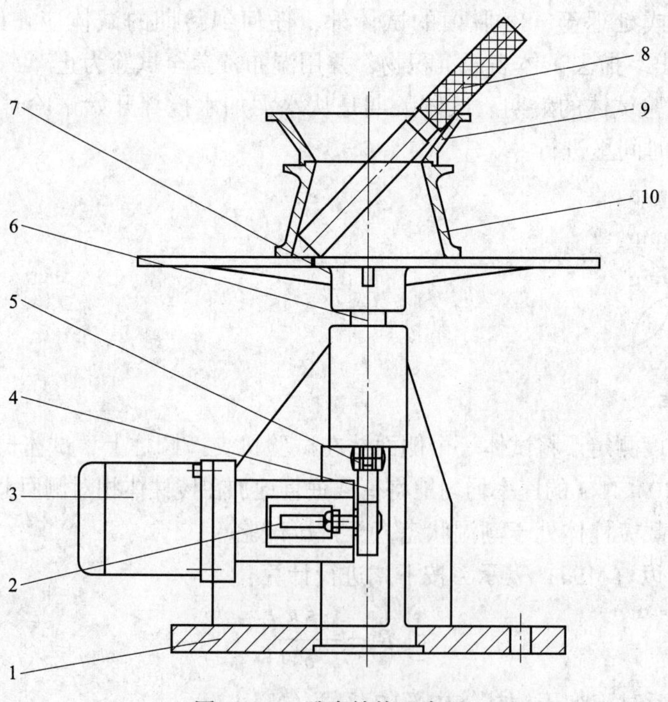

图4-19 跳桌结构示意图

1—机架；2—接近开关；3—电动机；4—凸轮；5—滑轮；6—推杆；7—圆盘桌面；8—捣棒；9—模套；10—截锥圆模

（2）水泥胶砂搅拌机：符合《行星式水泥胶砂搅拌机》JC/T 681—2005 的要求。

（3）试模：由截锥圆模和模套组成。金属材料制成，内表面加工光滑。圆模尺寸为：高度为（60±0.5）mm；上口内径为（70±0.5）mm；下口内径为（100±0.5）mm；下口外径为120mm；模壁厚大于5mm。

（4）捣棒：金属材料制成，直径为（20±0.5）mm，长度约200mm。

捣棒底面与侧面成直角，其下部光滑，上部手柄滚花。

（5）卡尺：量程不小于300mm，分度值不大于0.5mm。

（6）小刀：刀口平直，长度大于80mm。

（7）天平：量程不小于1000g，分度值不大于1g。

2. 试验方法

（1）如跳桌在24h内未被使用，先空跳一个周期25次。

（2）胶砂制备按《水泥胶砂强度检验方法（ISO法）》GB/T 17671—1999有关规定进行。在制备胶砂的同时，用潮湿棉布擦拭跳桌台面、试模内壁、捣棒以及胶砂接触的用具，将试模放在跳桌台面中央并用潮湿棉布覆盖。

（3）将拌好的胶砂分两层迅速装入试模，第一层装至截锥圆模高度约三分之二处，用小刀在相互垂直两个方向各划5次，用捣棒由边缘至中心均匀捣压15次，如图4－20所示；随后，装第二层胶砂，装至高出截锥圆模约20mm，用小刀在相互垂直两个方向各划5次，再用捣棒由边缘至中心均匀捣压10次，如图4－21所示。捣压后胶砂应略高于试模。捣压深度，第一层捣至胶砂高度的1/2，第二层捣实不超过已捣实底层表面。装胶砂和捣压时，用手扶稳试模，不要使其移动。

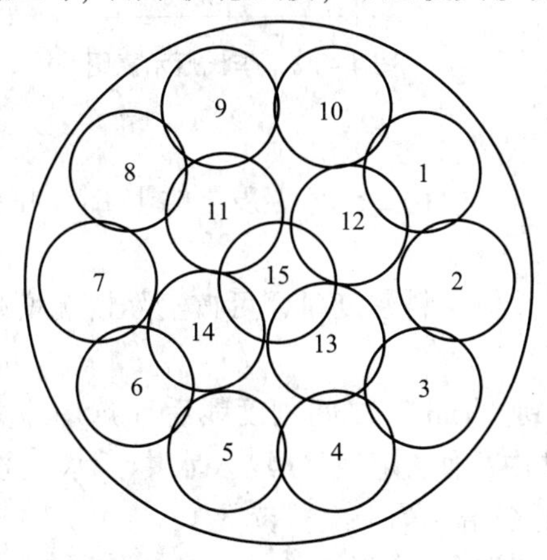

图4－20 第一层捣压位置示意图

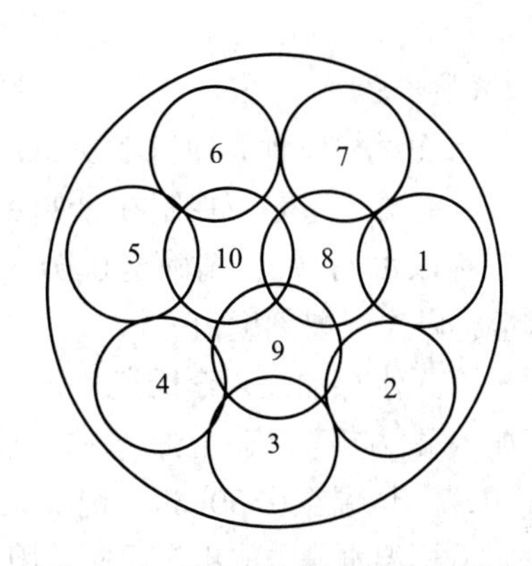

图4－21 第二层捣压位置示意图

（4）捣压完毕，取下模套，将小刀倾斜，从中间向边缘分两次以近水平的角度抹去高出截锥圆模的胶砂，并擦去落在桌面上的胶砂。将截锥圆模垂直向上轻轻提起。立刻开动跳桌，以每秒钟一次的频率，在（25±1）s内完成25次跳动。

（5）流动度试验，从胶砂加水开始到测量扩散直径结束，应在6min内完成。

3. 试验结果

跳动完毕，用卡尺测量胶砂底面互相垂直的两个方向直径，计算平均值，取整数，单位为 mm。该平均值即为该水量的水泥胶砂流动度。

4.2.6 水泥密度测定

1. 仪器及材料

（1）李氏瓶：由优质玻璃制成，透明无条纹，具有抗化学侵蚀性且热滞后性小，要有足够的厚度以确保良好的耐裂性。李氏瓶横截面形状为圆形，外形尺寸如图 4－22 所示。

瓶颈刻度由 0～1mL 和 18～24mL 两段刻度组成，且 0～1mL 和 18～24mL 以 0.1mL 为分度值，任何标明的容量误差都不大于 0.05mL。

（2）无水煤油：应符合《煤油》GB 253—2008 的要求。

（3）恒温水槽：应在足够大的容积，使水温可以稳定控制在（20±1）℃。

（4）天平：量程不小于 100g，分度值不大于 0.01g。

（5）温度计：量程为 0～50℃，分度值不大于 0.1℃。

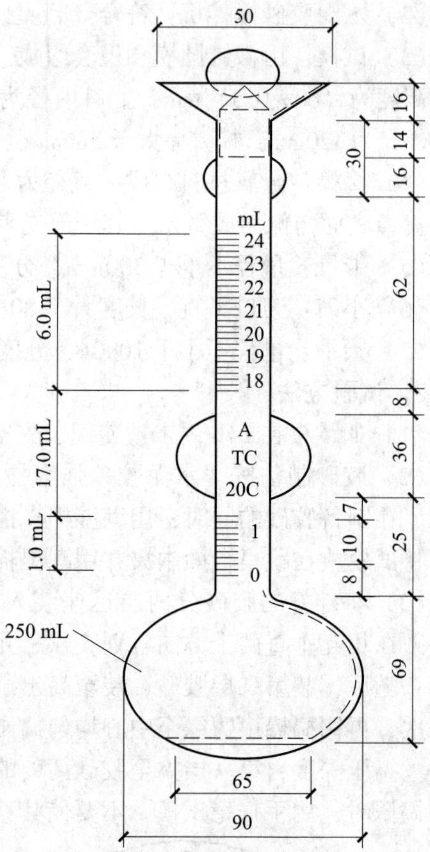

图 4－22 李氏瓶示意图

2. 试验步骤

（1）水泥试样应预先通过 0.90mm 方孔筛，在（110±5）℃温度下烘干 1h，并在干燥器内冷却至室温［室温应控制在（20±1）℃］。

（2）称取水泥 60g，精确至 0.01g。在测试其他材料密度时，可按实际情况增减称量材料质量，以便读取刻度值。

（3）将无水煤油注入李氏瓶中至“0mL”到“1mL”之间刻度线后（选用磁力搅拌此时应加入磁力棒），盖上瓶塞放入恒温水槽内，使刻度部分浸入水中［水温控制在（20±1）℃］，恒温至少 30min，记下无水煤油的初始（第一次）读数 V_1。

（4）从恒温水槽中取出李氏瓶，用滤纸将李氏瓶细长颈内没有煤油的部分仔细擦干净。

（5）用小匙将水泥样品一点点地装入李氏瓶中，反复摇动（亦可用超声波震动或磁力搅拌等），直至没有气泡排出，再次将李氏瓶静置于恒温水槽，使刻度部分浸入水中，恒温至少 30min，记下第二次读数 V_2。

（6）第一次读数和第二次读数时，恒温水槽的温度差不应大于 0.2℃。

3. 试验结果

水泥密度 ρ 按式（4－12）计算，结果精确至 $0.01g/cm^3$，试验结果取两次测定结果的算术平均值，两次测定结果之差不大于 $0.02g/cm^3$。

$$\rho = \frac{m}{V_2 - V_1} \tag{4-12}$$

式中：ρ——水泥密度（g/cm^3）；

m——水泥质量（g）；

V_2——李氏瓶第二次读数（mL）；

V_1——李氏瓶第一次读数（mL）。

4.3 水泥的验收及贮存

4.3.1 水泥验收

水泥在基本建设中占有显著的重要地位，是基本建设中不可缺少的主要原材料之一。水泥品质的好坏直接影响着建设工程的质量。水泥是一种有效期短、质量极易变化的材料。因此，水泥在进入施工现场时必须进行验收，以检测水泥是否合格，并确定水泥是否能够用于工程中。水泥的验收主要包括包装标志验收、数量验收、质量验收等几个方面。

1. 包装标志验收

水泥的包装方法主要有袋装和散装两种。其中散装水泥一般采用散装输送车运输至施工现场，采用气动输送至散装水泥贮仓中贮存。散装水泥与袋装水泥相比，免去了包装，并且可减少纸或塑料的使用，利于绿色环保，且能节约包装费用，降低成本。而且散装水泥直接由水泥厂供货，其质量更容易保证。

袋装水泥多采用多层纸袋或多层塑料编织袋进行包装。在水泥包装袋上需清楚地标明产品名称，代号，净含量，强度等级，生产许可证编号，生产者名称和地址，出厂编号，执行标准号，及包装年、月、日等主要包装标志。掺火山灰质混合材料的普通硅酸盐水泥，还必须在包装上标上“掺火山灰”字样。包装袋两侧还应印有水泥名称、强度等级。硅酸盐水泥和普通硅酸盐水泥的印刷应采用红色；矿渣硅酸盐水泥的印刷应采用绿色；火山灰质硅酸盐水泥、粉煤灰硅酸盐水泥和复合硅酸盐水泥的印刷应采用黑色或蓝色。

应注意，散装水泥在供应时必须提交与袋装水泥标志相同内容的卡片。

2. 数量验收

袋装水泥每袋净含量为50kg，且不得少于标准质量的99%；随机抽取20袋水泥时，总质量不得少于1000kg。其他包装形式需由供需双方协商确定，对于袋装质量要求，必须符合上述原则规定。

3. 质量验收

（1）检查出厂合格证和出厂检验报告。水泥出厂应有水泥生产厂家的出厂合格证，内容包括厂别、品种、出厂日期、出厂编号和试验报告。试验报告内容应包括相应水泥标准规定的各项技术要求及试验结果，助磨剂、工业副产品石膏、混合材料的名称和掺加量，属旋窑或立窑生产。水泥厂应在水泥发出之日起7d内寄出除28d强度以外的各项试验结果。28d强度数值，应在水泥发出月起32d内补齐。

水泥交货时的质量验收可抽取实物试样以其检验结果为依据，也可以以水泥厂同编号水泥的试验报告为依据。采用何种方法验收由买卖双方商定，并在合同或协议中注明。

以水泥厂同编号水泥的试验报告为验收依据时，在发货前或交货时，买方在同编号水泥中抽取试样，双方共同签封后保存三个月；或委托卖方在同编号水泥中抽取试样，签封后保存三个月。在三个月内，买方对质量有疑问时，则买卖双方应将签封的试样送有关监督检验机构进行仲裁检验。

以抽取实物试样的检验结果为验收依据时，买卖双方应在发货前或交货地共同取样和签封。取样方法按《水泥取样方法》GB 12573—2008 中的要求进行，取样数量为 20kg，缩分为二等份，一份由卖方保存 40d，一份由买方按相应标准规定的项目和方法进行检验。在 40d 以内，买方检验认为产品质量不符合相应标准要求，而卖方又有异议时，则双方应将卖方保存的另一份试样送交有关监督检验机构进行仲裁检验。

（2）复验。按照《混凝土结构工程施工质量验收规范》GB 50204—2015 以及工程质量管理的有关规定，用于承重结构的水泥，用于使用部位有强度等级要求的混凝土用水泥，或水泥出厂超过三个月（快硬硅酸盐水泥为超过一个月）和进口水泥，在使用前必须进行复验，并提供试验报告。水泥抽样复验应符合见证取样送检的有关规定。

水泥复验的项目，在水泥标准中作了规定，包括不溶物、氧化镁、三氧化硫、烧失量、细度、凝结时间、安定性、强度和碱含量九个项目。水泥生产厂家在水泥出厂时已经提供了标准规定的有关技术要求的试验结果，通常复验项目只检测水泥的安定性、凝结时间和胶砂强度三个项目。

（3）仲裁检验。水泥出厂后三个月内，如购货单位对水泥质量提出疑问或施工过程中出现与水泥质量有关的问题需要仲裁检验时，用水泥厂同一编号水泥的封存样进行。

若用户对体积安定性、初凝时间有疑问要求现场取样仲裁时，生产厂应在接到用户要求后，7d 内会同用户共同取样，送水泥质量监督检验机构检验。生产厂在规定时间内不去现场，用户可单独取样送检，结果同等有效。仲裁机构由国家指定的省级以上水泥质量监督机构进行。

4.3.2 水泥贮存

水泥进入施工现场后，必须妥善保管，一方面不能使水泥变质，使用后能够确保工程质量；另一方面可以减少水泥的浪费，降低工程造价。保管时需注意以下几个方面：

（1）不同品种和不同强度等级的水泥要分别存放，并应用标牌加以明确标示。

由于水泥品种不同，其性能差异较大，如果混合存放，容易导致混合使用，水泥性能可能会大幅度降低。

（2）防水防潮，做到“上盖下垫”。水泥临时库房应设置在通风、干燥、屋面不渗漏、地面排水通畅的地方。袋装水泥平放时，须离地、离墙 200mm 以上堆放。

（3）袋装水泥一般采用水平叠放，堆垛不宜过高，一般不超过 10 袋，场地狭窄时最多不超过 15 袋。若袋装水泥堆垛过高，则上部水泥重力全部作用在下面的水泥上，容易使包装袋破裂而造成水泥浪费。

（4）贮存期不能过长。通用水泥贮存期不超过 3 个月，贮存期若超过 3 个月，水泥会受潮结块，强度会大幅度降低，从而会影响水泥的使用。过期水泥应按规定进行取样复验，并按复验结果使用，但不允许用于重要工程和工程的重要部位。

5 砌体材料试验

5.1 砌墙砖试验

5.1.1 砌墙砖尺寸测量

1. 量具

砖用卡尺如图 5－1 所示，分度值为 0.5mm。

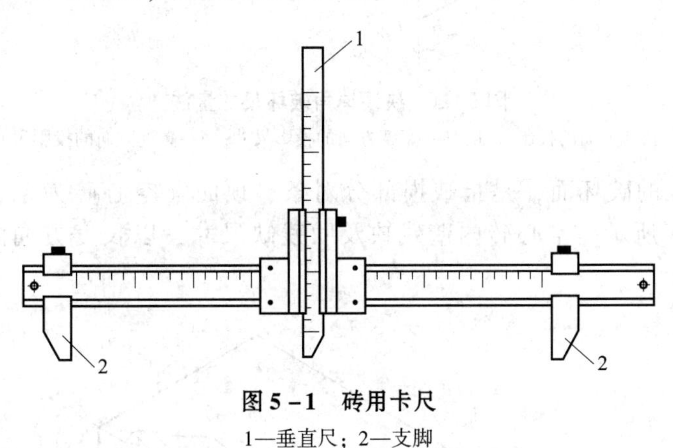

图 5－1 砖用卡尺

1—垂直尺；2—支脚

2. 测量方法

长度应在砖的两个大面的中间处分别测量两个尺寸；宽度应在砖的两个大面的中间处分别测量两个尺寸；高度应在两个条面的中间处分别测量两个尺寸，如图 5－2 所示。当被测处有缺损或凸出时，可在其旁边测量，但应选择不利的一侧，精确至 0.5mm。

3. 结果表示

每一方向尺寸以两个测量值的算术平均值表示。

5.1.2 砌墙砖外观质量检查

1. 量具

（1）砖用卡尺。如图 5－1 所示，分度值为 0.5mm。

（2）钢直尺。分度值不应大于 1mm。

2. 测量方法

（1）缺损。

1）缺棱掉角在砖上造成的破损程度，以破损部分对长、宽、高三个棱边的投影尺寸来度

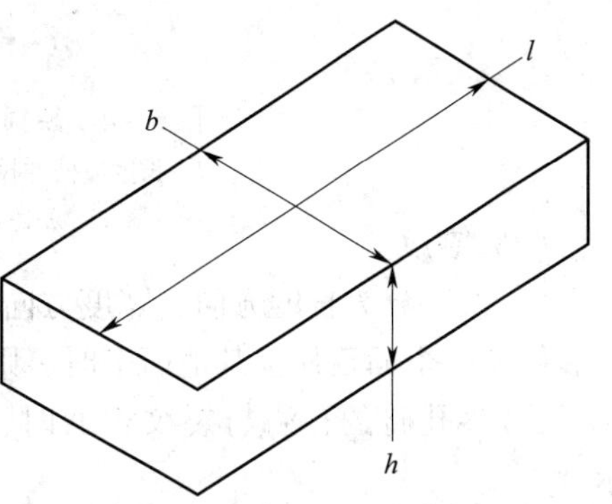

图 5－2 尺寸量法

l—长度；b—宽度；h—高度

量，称为破坏尺寸，如图5－3所示。

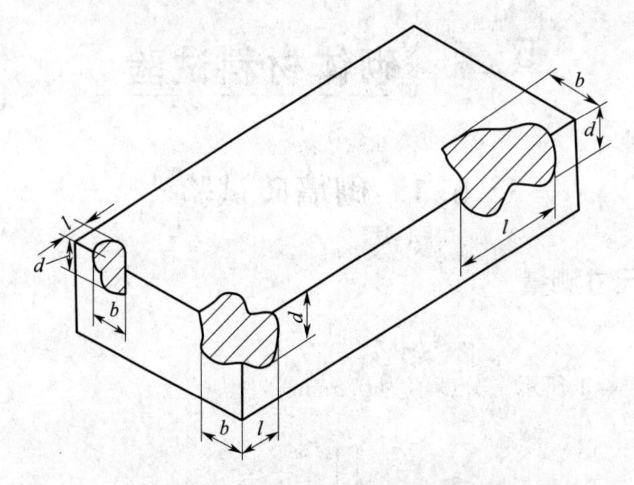

图5－3 缺棱掉角破坏尺寸量法

l—长度方向的投影尺寸；*b*—宽度方向的投影尺寸；*d*—高度方向的投影尺寸

2）缺损造成的破坏面，是指缺损部分对条、顶面（空心砖为条、大面）的投影面积，如图5－4所示。空心砖内壁残缺及肋残缺尺寸，以长度方向的投影尺寸来度量。

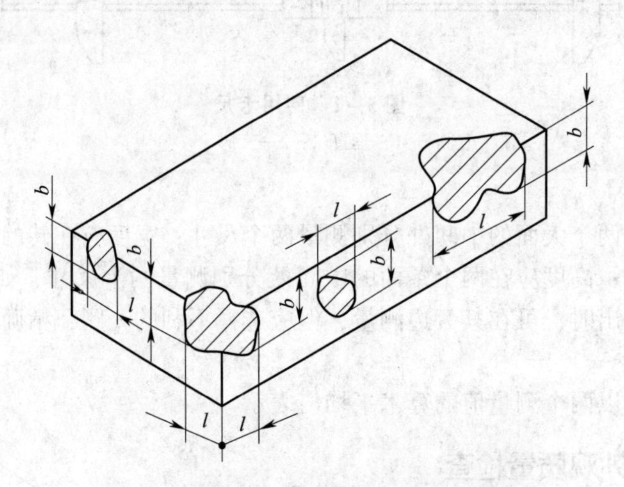

图5－4 缺损在条、顶面上造成破坏面量法

l—长度方向的投影尺寸；*b*—宽度方向的投影尺寸

（2）裂纹。

1）裂纹分为长度方向、宽度方向和水平方向三种，以被测方向的投影长度表示。如果裂纹从一个面延伸至其他面上时，则累计其延伸的投影长度，如图5－5所示。

2）多孔砖的孔洞与裂纹相通时，则将孔洞包括在裂纹内一并测量，如图5－6所示。

3）裂纹长度以在三个方向上分别测得的最长裂纹作为测量结果。

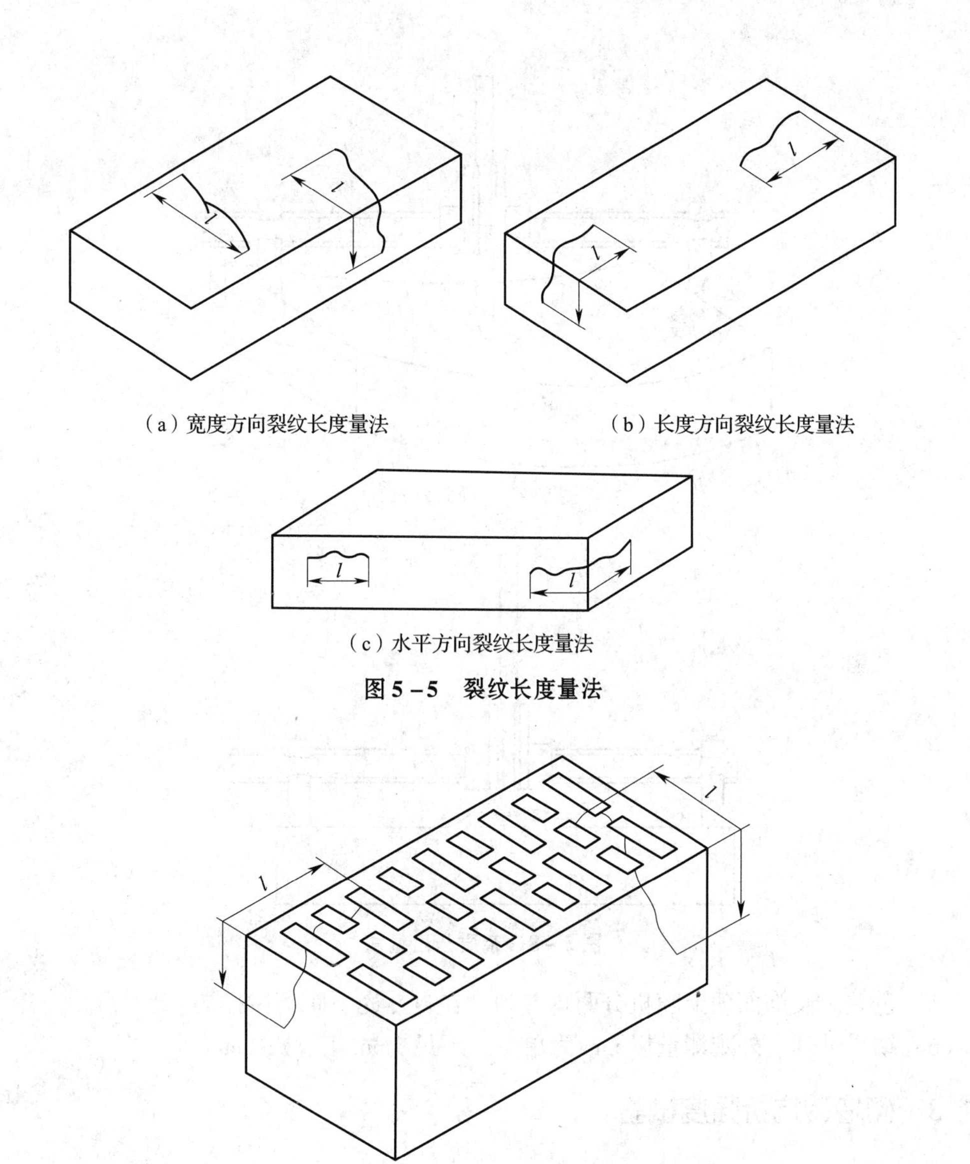

（a）宽度方向裂纹长度量法

（b）长度方向裂纹长度量法

（c）水平方向裂纹长度量法

图 5－5 裂纹长度量法

图 5－6 多孔砖裂纹通过孔洞时长度量法

l—裂纹总长度

（3）弯曲。

1）弯曲分别在大面和条面上测量，测量时将砖用卡尺的两支脚沿棱边两端放置，择其弯曲最大处将垂直尺推至砖面，如图 5－7 所示。但不应将因杂质或碰伤造成的凹处计算在内。

2）以弯曲中测得的较大者作为测量结果。

（4）杂质凸出高度。杂质在砖面上造成的凸出高度，以杂质距砖面的最大距离表示。测量将砖用卡尺的两支脚置于凸出两边的砖平面上，以垂直尺测量，如图 5－8 所示。

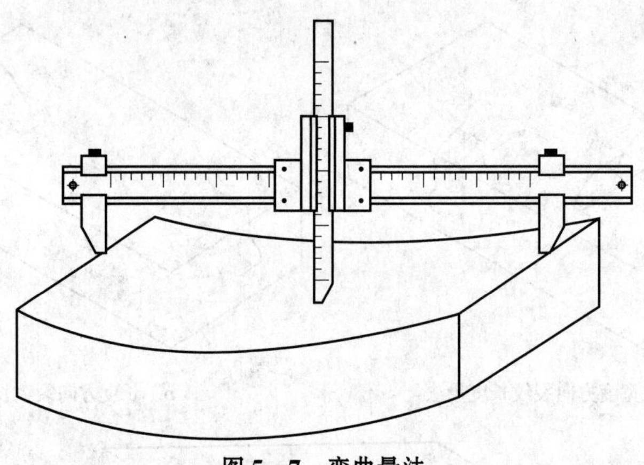

图 5-7 弯曲量法

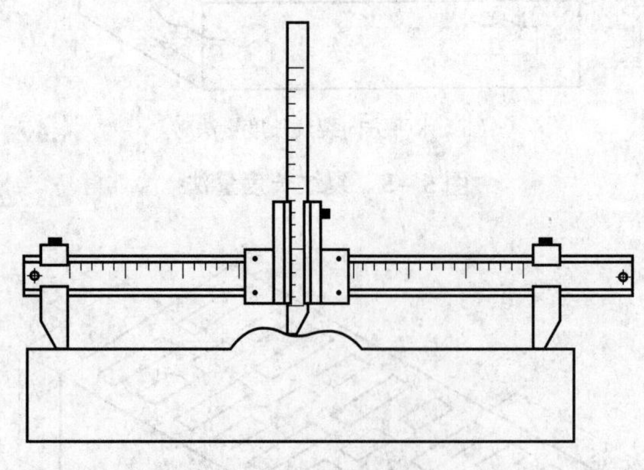

图 5-8 杂质凸出量法

(5) 色差。装饰面朝上随机分两排并列，在自然光下距离砖样 2m 处目测。

(6) 结果处理。外观测量以 mm 为单位，不足 1mm 者，按 1mm 计。

5.1.3 砌墙砖抗折强度试验

1. 仪器设备

(1) 材料试验机。试验机的示值相对误差不大于 ±1%，其下加压板应为球铰支座，预期最大破坏荷载应在量程的 20～80% 之间。

(2) 抗折夹具。抗折试验的加荷形式为三点加荷，其上压辊和下支辊的曲率半径为 15mm，下支辊应有一个为铰接固定。

(3) 钢直尺。分度值不应大于 1mm。

2. 试样数量

试样数量为 10 块。

3. 试样处理

试样应放在温度为 (20±5)℃的水中浸泡 24h 后取出，用湿布拭去其表面水分进行抗折强度试验。

4. 试验步骤

（1）按5.1.1中2款的规定测量试样的宽度和高度尺寸各2个，分别取其算术平均值，精确至1mm。

（2）调整抗折夹具下支辊的跨距为砖规格长度减去40mm。但规格长度为190mm的砖，其跨距为160mm。

（3）将试样大面平放在下支辊上，试样两端面与下支辊的距离应相同，当试样有裂缝或凹陷时，应使有裂缝或凹陷的大面朝下，以（50~150）N/s的速度均匀加荷，直至试样断裂，记录最大破坏荷载P。

5. 结果计算与评定

（1）每块试样的抗折强度R_c按下式计算：

$$R_c = \frac{3PL}{2BH^2} \tag{5-1}$$

式中：R_c——抗折强度（MPa）；

P——最大破坏荷载（N）；

L——跨距（mm）；

B——试样宽度（mm）；

H——试样高度（mm）。

（2）试验结果以试样抗折强度的算术平均值和单块最小值表示。

5.1.4 砌墙砖抗压强度试验

1. 仪器制备

（1）材料试验机：试验机的示值相对误差不大于±1%，其上、下加压板至少应有一个球铰支座，预期最大破坏荷载应在量程的20~80%之间。

（2）钢直尺：分度值不应大于1mm。

（3）振动台、制样模具、搅拌机：应符合《砌墙砖抗压强度试样制备设备通用要求》GB/T 25044—2010的要求。

（4）切割设备。

（5）抗压强度试验用净浆材料：应符合《砌墙砖抗压强度试验用净浆材料》GB/T 25183—2010的要求。

2. 试样数量

试样数量为10块。

3. 试样制备

（1）一次成型制样。

1）一次成型制样适用于采用样品中间部位切割，交错叠加灌浆制成强度试验试样的方式。

2）将试样锯成两个半截砖，两个半截砖用于叠合部分的长度不得小于100mm，如图5-9所示。如果不足100mm，应另取备用试样补足。

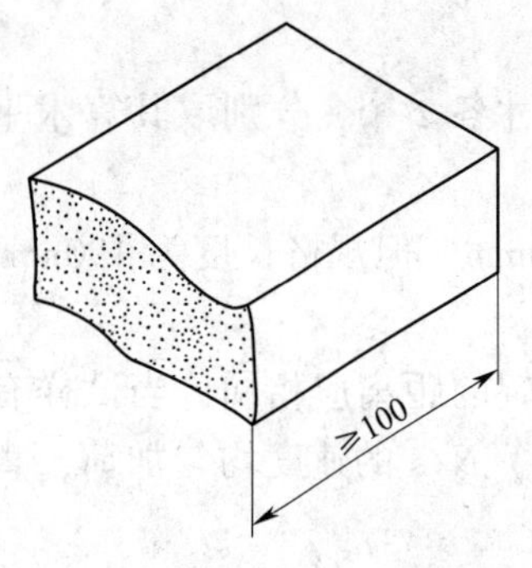

图 5－9　半截砖长度示意图（mm）

3）将已切割开的半截砖放入室温的净水中浸 20～30min 后取出，在铁丝网架上滴水 20～30min，以断口相反方向装入制样模具中。用插板控制两个半砖间距不应大于 5mm，砖大面与模具间距不应大于 3mm，砖断面、顶面与模具间垫以橡胶垫或其他密封材料，模具内表面涂油或脱膜剂。制样模具及插板如图 5－10 所示。

（2）二次成型制样。

1）二次成型制样适用于采用整块样品上下表面灌浆制成强度试验试样的方式。

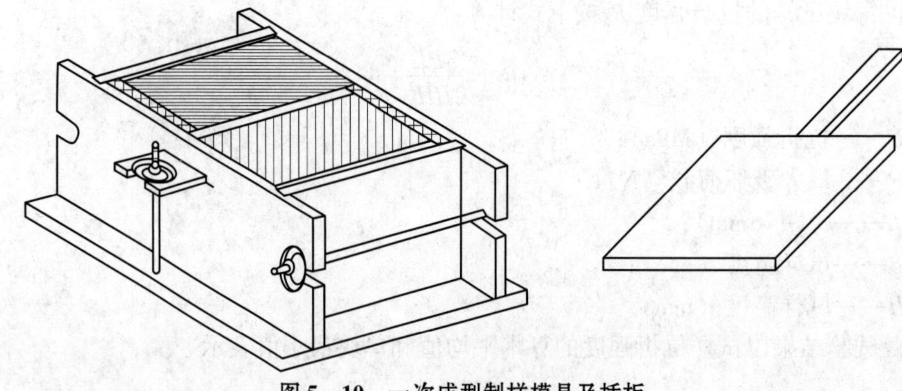

图 5－10　一次成型制样模具及插板

2）将整块试样放入室温的净水中浸 20～30min 后取出，在铁丝网架上滴水 20～30min。

3）按照净浆材料配制要求，置于搅拌机中搅拌均匀。

4）模具内表面涂油或脱模剂，加入适量搅拌均匀的净浆材料，将整块试样一个承压面与净浆接触，装入制样模具中，承压面找平层厚度不应大 3mm。接通振动台电源，振动 0.5～1min，停止振动，静置至净浆材料初凝（15～19min）后拆模。按同样方法完成整块试样另一承压面的找平。二次成型制样模具如图 5－11 所示。

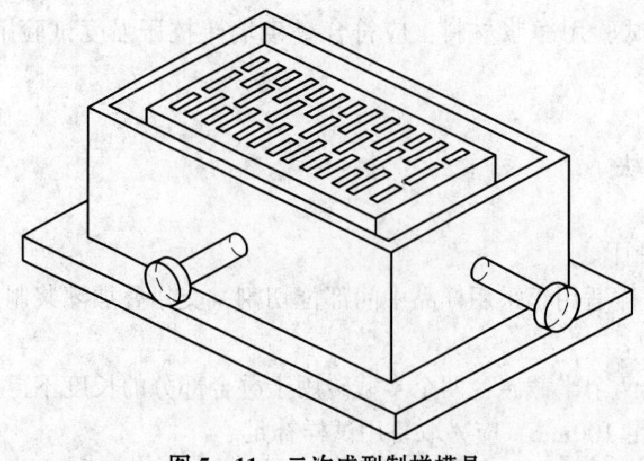

图 5－11　二次成型制样模具

（3）非成型制样。

1）非成型制样适用于试样无需进行表面找平处理制样的方式。

2）将试样锯成两个半截砖，两个半截砖用于叠合部分的长度不得小于100mm。如果不足100mm，应另取备用试样补足。

3）两半截砖切断口相反叠放，叠合部分不得小于100mm，如图5－12所示，即为抗压强度试样。

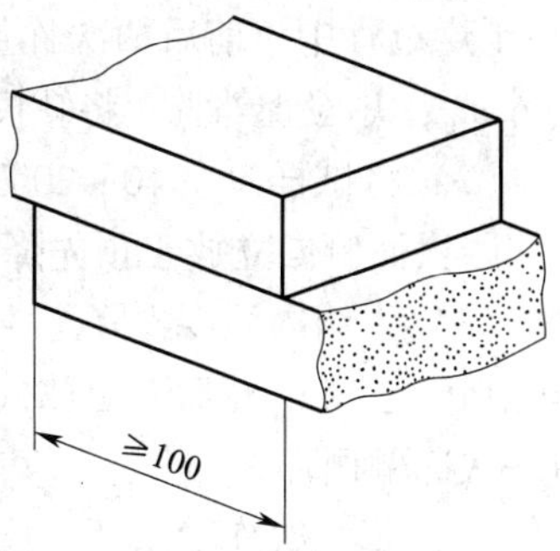

图5－12 半砖叠合示意图（mm）

4．试样养护

（1）一次成型制样、二次成型制样在不低于10℃的不通风室内养护4h。

（2）非成型制样不需养护，试样气干状态直接进行试验。

5．试验步骤

（1）测量每个试样连接面或受压面的长、宽尺寸各两个，分别取其平均值，精确至1mm。

（2）将试样平放在加压板的中央，垂直于受压面加荷，应均匀平稳，不得发生冲击或振动。加荷速度以（2～6）kN/s为宜，直至试样破坏为止，记录最大破坏荷载P。

6．结果计算与评定

（1）每块试样的抗压强度R_P按下式计算：

$$R_P = \frac{P}{LB} \tag{5-2}$$

式中：R_P——抗压强度（MPa）；

P——最大破坏荷载（N）；

L——受压面（连接面）的长度（mm）；

B——受压面（连接面）的宽度（mm）。

（2）试验结果以试样抗压强度的算术平均值和标准值或单块最小值表示。

5.1.5 砌墙砖冻融试验

1．仪器设备

（1）低温箱或冷冻室。试样放入箱（室）内温度可调至－20℃或－20℃以下。

（2）水槽。保持槽中水温10～20℃为宜。

（3）台秤。分度值不大于5g。

（4）电热鼓风干燥箱。最高温度为200℃。

（5）抗压强度试验设备。同5.1.4中1款的规定。

2．试样数量

试样数量为10块，其中5块用于冻融试验，5块用于未冻融强度对比试验。

3．试验步骤

（1）用毛刷清理试样表面，将试样放入鼓风干燥箱中在（105±5）℃下干燥至恒质

(在干燥过程中，前后两次称量相差不超过0.2%，前后两次称量时间间隔为2h)，称其质量 m_0，并检查外观，将缺棱掉角和裂纹作标记。

(2) 将试样浸在10～20℃的水中，24h后取出，用湿布拭去表面水分，以大于20mm的间距大面侧向立放于预先降温至-15℃以下的冷冻箱中。

(3) 当箱内温度再降至-15℃时开始计时，在-15～-200℃下冰冻；烧结砖冻3h；非烧结砖冻5h。然后取出放入10～20℃的水中融化；烧结砖为2h；非烧结砖为3h。如此为一次冻融循环。

(4) 每5次冻融循环，检查一次冻融过程中出现的破坏情况，如冻裂、缺棱、掉角、剥落等。

(5) 冻融循环后，检查并记录试样在冻融过程中的冻裂长度、缺棱掉角和剥落等破坏情况。

(6) 经冻融循环后的试样，放入鼓风干燥箱中，按(1)的规定干燥至恒质，称其质量 m_1。

(7) 若试件在冻融过程中，发现试件呈明显破坏，应停止本组样品的冻融试验，并记录冻融次数，判定本组样品冻融试验不合格。

(8) 干燥后的试样和未经冻融的强度对比试样按5.1.4的规定进行抗压强度试验。

4. 结果计算与评定

(1) 外观结果：冻融循环结束后，检查并记录试样在冻融过程中的冻裂长度、缺棱掉角和剥落等破坏情况。

(2) 强度损失率 P_m 按下式计算：

$$P_m = \frac{P_0 - P_1}{P_0} \times 100 \tag{5-3}$$

式中：P_m——强度损失率(%)；

P_0——试样冻融前强度(MPa)；

P_1——试样冻融后强度(MPa)。

(3) 质量损失率 G_m 按下式计算：

$$G_m = \frac{m_0 - m_1}{m_0} \times 100 \tag{5-4}$$

式中：G_m——质量损失率(%)；

m_0——试样冻融前干质量(g)；

m_1——试样冻融后干质量(g)。

(4) 试验结果以试样冻后抗压强度或抗压强度损失率、冻后外观质量或质量损失率表示与评定。

5.1.6 砌墙砖体积密度试验

1. 仪器设备

(1) 鼓风干燥箱。最高温度200℃。

(2) 台秤。分度值不应大于5g。

(3) 钢直尺。分度值不应大于1mm。

（4）砖用卡尺。分度值为0.5mm。

2．试样数量

试样数量为5块，所取试样应外观完整。

3．试验步骤

（1）清理试样表面，然后将试样置于（105±5）℃鼓风干燥箱中干燥至恒质（在干燥过程中，前后两次称量相差不超过0.2%，前后两次称量时间间隙为2h），称其质量m，并检查外观情况，不得有缺棱、掉角等破损。如有破损，须重新换取备用试样。

（2）按5.1.1中2款规定测量干燥后的试样尺寸各两次，取其平均值计算体积V。

4．结果计算与评定

（1）每块试样的体积密度ρ按下式计算：

$$\rho=\frac{m}{V}\times 10^{9} \tag{5-5}$$

式中：ρ——体积密度（kg/m^3）；

m——试样干质量（kg）；

V——试样体积（mm^3）。

（2）试验结果以试样体积密度的算术平均值表示。

5.1.7　砌墙砖石灰爆裂试验

1．仪器设备

（1）蒸煮箱。

（2）钢直尺：分度值不应大于1mm。

2．试样数量

试样数量为5块，所取试样为未经雨淋或浸水，且近期生产的外观完整的试样。

3．试验步骤

（1）试验前检查每块试样，将不属于石灰爆裂的外观缺陷做标记。

（2）将试样平行侧立于蒸煮箱内的篦子板上，试样间隔不得小于50mm，箱内水面应低于篦上板40mm。

（3）加盖蒸6h后取出。

（4）检查每块试样上因石灰爆裂（含试验前已出现的爆裂）而造成的外观缺陷，记录其尺寸。

4．结果评定

以试样石灰爆裂区域的尺寸最大者表示。

5.1.8　砌墙砖泛霜试验

1．仪器设备

（1）鼓风干燥箱：最高温度为200℃。

（2）耐磨耐腐蚀的浅盘：容水深度为25～35mm。

（3）透明材料：能完全覆盖浅盘，其中间部位开有大于试样宽度、高度或长度尺寸

5～10mm的矩形孔。

（4）温、湿度计。

2．试样数量

试样数量为5块。

3．试验步骤

（1）清理试样表面，然后置于（105±5）℃鼓风干燥箱中干燥24h，取出冷却至常温。

（2）将试样顶面或有孔洞的面朝上分别置于浅盘中，往浅盘中注入蒸馏水，水面高度不应低于20mm。用透明材料覆盖在浅盘上，并将试样暴露在外面，记录时间。

（3）试样浸在盘中的时间为7d，试验开始2d内经常加水以保持盘内水面高度，以后则保持浸在水中即可。试验过程中要求环境温度为16～32℃，相对湿度为35～60%。

（4）试验7d后取出试样，在同样的环境条件下放置4d。然后在（105±5）℃鼓风干燥箱中干燥至恒量，取出冷却至常温。记录干燥后的泛霜程度。

4．结果评定

（1）泛霜程度根据记录以最严重者表示。

（2）泛霜程度划分如下：

1）无泛霜：试样表面的盐析几乎看不到。

2）轻微泛霜：试样表面出现一层细小明显的霜膜，但试样表面仍清晰。

3）中等泛霜：试样部分表面或棱角出现明显霜层。

4）严重泛霜：试样表面出现起砖粉、掉屑及脱皮现象。

5.1.9 砌墙砖碳化试验

1．仪器设备和试剂

（1）碳化箱：下部设有进气孔，上部设有排气孔，且有湿度观察装置，盖（门）应严密。

（2）二氧化碳钢瓶。

（3）流量计。

（4）气体分析仪。

（5）台秤：分度值不应大于5g。

（6）温、湿度计。

（7）二氧化碳气体：浓度大于80%（质量浓度）。

（8）1%（质量浓度）酚酞溶液：用浓度为70%（质量浓度）的乙醇配制。

（9）抗压强度试验设备：同5.1.4中1款的规定。

2．试样数量

试样数量为12块，其中5块用于碳化试验，2块用于碳化深度检查，5块用于未碳化强度对比试验。

3．试验条件

（1）湿度。碳化过程的相对湿度控制在90%以下。

（2）二氧化碳浓度。

1）二氧化碳浓度的测定。二氧化碳浓度采用气体分析仪测定，第一、二天每隔 2h 测定一次，以后每隔 4h 测定一次，精确至 1%（体积浓度）。并根据测得的二氧化碳浓度，随时调节其流量。

2）二氧化碳浓度的调节和控制。如图 5－13 所示，装配人工碳化装置，调节二氧化碳钢瓶的针形阀，控制流量使二氧化碳浓度达 60%（体积浓度）以上。

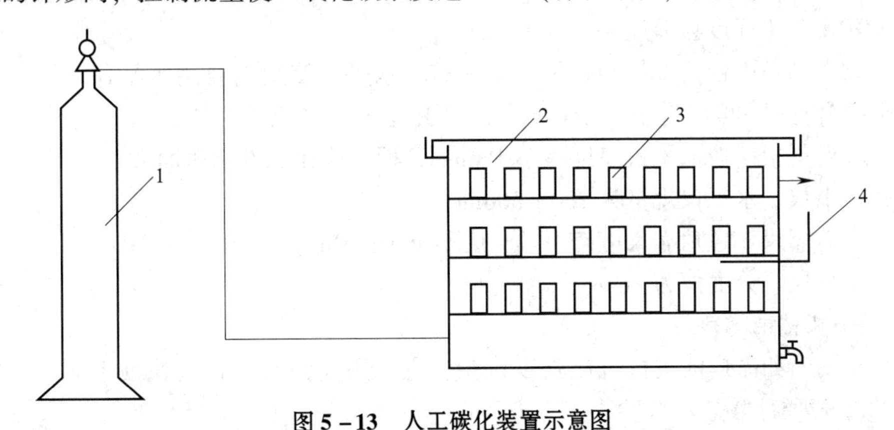

图 5－13 人工碳化装置示意图

1—二氧化碳钢瓶；2—碳化箱；3—试样；4—湿温度计

4. 试验步骤

（1）将用于碳化试验的 7 块试样在室内放置 7d，然后放入碳化箱内进行碳化，试件间隔不得小于 20mm。

（2）碳化开始 3d 后，每天将用于碳化深度检测试样局部劈开，用 1% 酚酞乙醇溶液检查碳化程度，当试样中心不呈显红色时，则认为试件已全部碳化。

（3）将已全部碳化或进行碳化 28d 后仍未完全碳化试样和对比试样于室内放置 24～36h 后，按 5.1.4 的规定进行抗压强度试验。

5. 结果计算与评定

（1）碳化系数 K_c 按下式计算：

$$K_c = \frac{R_c}{R_0} \tag{5-6}$$

式中：K_c——碳化系数；

R_c——碳化后抗压强度平均值（MPa）；

R_0——对比试样的抗压强度平均值（MPa）。

（2）试验结果以试样碳化系数或碳化后抗压强度表示。

5.2 混凝土砌块和砖试验

5.2.1 块材标准抗压强度试验

1. 仪器设备

（1）材料试验机。材料试验机的示值相对误差不应超过 ±1%，其量程选择应能使试件的预期破坏荷载落在满量程的20～80%之间。试验机的上、下压板应有一端为球铰支座，可随意转动。

（2）辅助压板。当试验机的上压板或下压板支撑面不能完全覆盖试件的承压面时，应在试验机压板与试件之间放置一块钢板作为辅助压板。辅助压板的长度、宽度分别应至少比试件的长度、宽度大6mm，厚度应不小于20mm；辅助压板经热处理后的表面硬度应不小于60HRC，平面度公差应小于0.12mm。

（3）试件制备平台。试件制备平台应平整、水平，使用前要用水平仪检验找平，其长度方向范围内的平面度应不大于0.1mm，可用金属或其他材料制作。

（4）玻璃平板。玻璃平板厚度不小于6mm，面积应比试件承压面大。

（5）水平仪。水平仪规格为250～500mm。

（6）直角靠尺。直角靠尺应有一端长度不小于120mm，分度值为1mm。

（7）钢直尺。分度值为1mm。

2. 找平和粘结材料

（1）总则。如需提前进行抗压强度试验，宜采用高强石膏粉或快硬水泥。有争议时应采用42.5普通硅酸盐水泥砂浆。

（2）水泥砂浆。

1）采用强度等级不低于42.5的普通硅酸盐水泥和细砂制备的砂浆，用水量以砂浆稠度控制在65～75mm为宜，3d抗压强度不低于24.0MPa。

2）普通硅酸盐水泥应符合《通用硅酸盐水泥》GB 175—2007规定的技术要求。

3）细砂应采用天然河砂，最大粒径不大于0.6mm，含泥量小于1.0%，泥块含量为0。

（3）高强石膏。

1）按《建筑石膏力学性能的测定》GB/T 17669.3—1999的规定进行高强石膏抗压强度检验，2h龄期的湿强度不应低于24.0MPa。

2）试验室购入的高强石膏，应在3个月内使用；若超出3个月贮存期，应重新进行抗压强度检验，合格后方可继续使用。

3）除缓凝剂外，高强石膏中不应掺加其他任何填料和外加剂。高强石膏的供应商需提供缓凝剂掺量及配合比要求。

（4）快硬水泥。应符合《硫铝酸盐水泥》GB 20472—2006规定的技术要求。

3. 试件

（1）试件数量。试件数量为5个。

（2）制作试件用试样的处理。

1）用于制作试件的试样应尺寸完整。若侧面有突出、或不规则的肋，需先做切除处理，以保证制作的抗压强度试件四周侧面平整；块体孔洞四周应被混凝土壁或肋完全封闭。制作出来的抗压强度试件应是由一个或多个孔洞组成的直角六面体，并保证承压面100%完整。对于混凝土小型空心砌块，当其端面（砌筑时的竖灰缝位置）带有深度不大于8mm的肋或槽时，可不做切除或磨平处理。试件的长度尺寸仍取砌块的实际长度尺寸。

2）试样应在温度（20±5）℃、相对湿度（50±15）%的环境下调至恒重后，方可进行抗压强度试件制作。试样散放在试验室时，可叠层码放，孔应平行于地面，试样之间的间隔应不小于15mm。如需提前进行抗压强度试验，可使用电风扇以加快试验室内空气流动速度。当试样2h后的质量损失不超过前次质量的0.2%，且在试样表面用肉眼观察见不到有水分或潮湿现象时，可认为试样已恒重。不允许采用烘干箱来干燥试样。

（3）试件制备。

1）高宽比 H/B 的计算。计算试样在实际使用状态下的承压高度 H 与最小水平尺寸 B 之比，即试样的高宽比 H/B。若 $H/B \geq 0.6$ 时，可直接进行试件制备；若 $H/B < 0.6$ 时，则需采取叠块方法来进行试件制备。

2）$H/B \geq 0.6$ 时的试件制备。

①在试件制备平台上先薄薄地涂一层机油或铺一层湿纸，将搅拌好的找平材料均匀摊铺在试件制备平台上，找平材料层的长度和宽度应略大于试件的长度和宽度。

②选定试样的铺浆面作为承压面，把试样的承压面压入找平材料层，用直角靠尺来调控试样的垂直度。坐浆后的承压面至少与两个相邻侧面呈90°垂直关系。找平材料层厚度应不大于3mm。

③当承压面的水泥砂浆找平材料终凝后2h、或高强石膏找平材料终凝后20min，将试样翻身，按上述方法进行另一面的坐浆。试样压入找平材料层后，除坐浆后的承压面至少与两个相邻侧面呈90°垂直关系外，需同时用水平仪调控上表面至水平。

④为节省试件制作时间，可在试样承压面处理后立即在向上的一面铺设找平材料，压上事先涂油的玻璃平板，边压边观察试样的上承压面的找平材料层，将气泡全部排除，并用直角靠尺使坐浆后的承压面至少与两个相邻侧面呈90°垂直关系、用水平尺将上承压面调至水平。上、下两层找平材料层的厚度均应不大于3mm。

3）$H/B < 0.6$ 时的试件制备。

①将同批次、同规格尺寸、开孔结构相同的两块试样，先用找平材料将它们重叠粘结在一起。粘结时，需用水平仪和直角靠尺进行调控，以保持试件的四个侧面中至少有两个相邻侧面是平整的。粘结后的试件应满足：

a. 粘结层厚度不大于3mm。

b. 两块试样的开孔基本对齐。

c. 当试样的壁和肋厚度上下不一致时，重叠粘结时应是壁和肋厚度薄的一端，与另一块壁和肋厚度厚的一端相对接。

②当粘结两块试样的找平材料终凝2h后，再按①进行试件两个承压面的找平。

4）试件高度的测量。制作完成的试件，按《混凝土砌块和砖试验方法》GB/T 4111—2013 4.2.1测量试件的高度，若四个读数的极差大于3mm，试件需重新制备。

4. 试件养护

将制备好的试件放置在（20±5）℃、相对湿度（50±15）%的试验室内进行养护。找平和粘结材料采用快硬硫铝酸盐水泥砂浆制备的试件，1d后方可进行抗压强度试验；找平和粘结材料采用高强石膏粉制备的试件，2h后可进行抗压强度试验；找平和粘结材料采用普通水泥砂浆制备的试件，3d 后进行抗压强度试验。

5. 试验步骤

（1）按《混凝土砌块和砖试验方法》GB/T 4111—2013 第 4.2.1 条的方法测量每个试件承压面的长度 L 和宽度 B，分别求出各个方向的平均值，精确至 1mm。

将试件放在试验机下压板上，要尽量保证试件的重心与试验机压板中心重合（见注）。除需特意将试件的开孔方向置于水平外，试验时块材的开孔方向应与试验机加压方向一致。实心块材测试时，摆放的方向需与实际使用时一致。

注：对于孔型分别对称于长 L 和宽 B 的中心线的试件，其重心和形心重合；对于不对称孔型的试件，可在试件承压面下垫一根直径为 10mm、可自由滚动的圆钢条，分别找出长 L 和宽 B 的平衡轴（重心轴），两轴的交点即为重心。

（2）试验机加荷应均匀平稳，不应发生冲击或振动。加荷速度以 4～6kN/s 为宜，均匀加荷至试件破坏，记录最大破坏荷载 P。

6. 结果计算

（1）试件的抗压强度 f 按下式计算，精确至 0.01MPa。

$$f = \frac{P}{LB} \tag{5-7}$$

式中：f——试件的抗压强度（MPa）；

P——最大破坏荷载（N）；

L——承压面长度（mm）；

B——承压面宽度（mm）。

（2）试验结果。

以 5 个试件抗压强度的平均值和单个试件的最小值来表示，精确至 0.1MPa。

试件的抗压强度试验值应视为试样的抗压强度值。

5.2.2 混凝土砌块和砖抗折强度试验

1. 设备

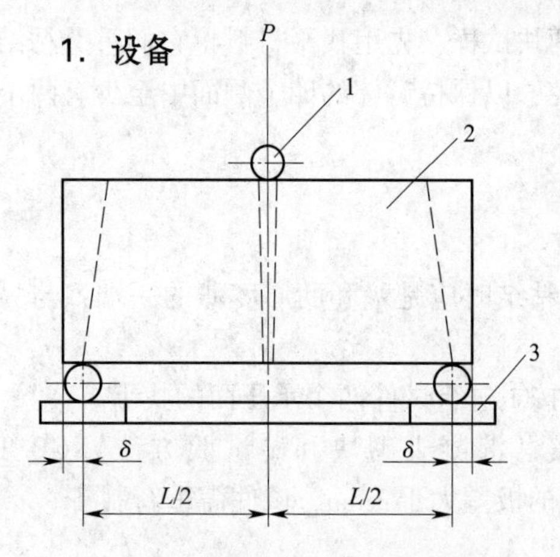

图 5-14 抗折强度试验方法示意图

1—钢棒；2—试件；3—承压板；δ—混凝土空心砌块取 1/2 肋厚［混凝土多孔（空心）砖取 10mm］

（1）材料试验机。试验机加荷速度应在 100～1000N/s 内可调。试验机的示值误差应不大于 1%，量程选择应能使试件的预期破坏荷载落在满量程的 20～80% 之间。

（2）支撑棒和加压棒。棒直径为 35～40mm，长度应满足大于试件抗折断面长度的要求，材料为钢质，数量为 3 根；加压棒应有铰支座。在每次使用前，应在工作台上用水平尺和直角靠尺校正支撑棒和加压棒，满足直线性的要求时方可使用。

支撑棒由安放在底板上的两根钢棒组成，其中至少有一根是可以自由滚动，如图 5-14 所示。

2. 试件

（1）本方法只适用于外形为完整直角六面体的块材，可裁切出完整直角六面体的辅助砌块和异形砌块。

（2）试件数量为五块。

（3）测得每个试件的高度和宽度，分别求出各个方向的平均值。混凝土空心砌块试件还需测量块两侧端头的最小肋厚，取平均值，精确到1mm。

3. 试验步骤

（1）在块材试件的两大面上分别划出水平中心线，再在水平中心的中心点引垂线至上、下底部（试件抹浆面），分别连接试件上、下底部中心点形成抹浆面的中心线。沿抹浆面中心线与块材底部（图5－14）棱边向两边画出 $L/2$ 的位置（支座点），L 为公称长度减一个公称肋厚 δ。

（2）将试件置于材料试验机承压板上，调整位置使试件的上部中心线与试验机中心线重合，在试件的上部中心线处放置一根钢棒。可以用试验机自带抗折压头直接替代加压棒使用。试件底部放上两钢棒分别对准试件的两个支座线，形成如图5－14的结构受力图，使其满足 δ 的取值要求。

（3）使加压棒的中线与试验机的压力中心重合，以50N/s的速度加荷至试验机开始显示读数就立即停止加荷。用量具在试件两侧测量图5－14中的 L 值、两侧的 δ 值，以及加压棒居中程度。L 值取试件两侧面测量值的平均值，精确至1mm。加压棒与试件长度方向中心线重叠误差应不大于1mm、两侧的 δ 值相差应不大于1mm，有一项超出要求，试验机需卸载、试件重新放置，直至满足要求。

（4）以（250±50）N/s的速度加荷直至试件破坏。记录最大破坏荷载 P。

4. 结果计算

每个试件的抗折强度按下式计算，精确至0.1MPa。抗折强度以五个试件抗折强度的算术平均值和单块最小值表示，精确至0.1MPa。

$$f_Z=\frac{2PL}{2BH^2} \tag{5-8}$$

式中：f_Z——试件的抗折强度（MPa）；

P——破坏荷载（N）；

L——抗折两支撑钢棒轴心间距（mm）；

B——试件宽度（mm）；

H——试件高度（mm）。

5.2.3 混凝土砌块和砖碳化试验

1. 仪器设备

（1）抗压强度试验设备。抗压强度试验设备同5.2.1中1款的规定。

（2）碳化试验箱。碳化试验箱应符合《混凝土碳化试验箱》JC/T 247—2009标准要求，容积至少放一组以上的试件。箱内环境条件应能控制在：二氧化碳体积浓度为（20±3）%，相对湿度为（70±5）%，温度为（20±2）℃的范围内。

2. 酚酞乙醇溶液

质量浓度为1~2%酚酞乙醇溶液，用质量浓度为70%的乙醇配制。

3. 试件数量

试件数量为两组十二个，一组五块为对比试件，另一组七块为碳化试件，其中两块用于测试碳化情况。当制作试件的块材试样的强度采用5.2.1的方法、块材的高宽比 $H/B<0.6$，制作试件的块材料数量，要满足5.2.1中规定制作两组10个强度试件需要的同时，再加2块块材试样。

4. 试验步骤

（1）将需碳化的块材放入碳化箱内进行碳化试验，块材间距应不小于20mm；抗压强度对比块材放置的环境条件为：相对湿度为（70±5）%，温度为（20±2）℃。

（2）碳化7d后，每天将同一个测试碳化情况的块材端部敲开，深度不小于20mm。用质量浓度为1~2%的酚酞乙醇溶液检查碳化深度，当测试块材剖面中心不显红色时，即测试块材已完全碳化，则认为碳化箱中全部块材已全部碳化，碳化试验结束；若测试块材剖面中心显红色，即测试块材尚未完全碳化，应继续进行碳化试验，直至28d碳化试验结束。

（3）将已完全碳化或已碳化28d仍未完全碳化的全部块材，与同龄期抗压强度对比块材同时按5.2.1中3款~6款进行试件制备、养护和抗压强度试验。

5. 结果计算

块材的碳化系数按下式计算，精确至0.01。

$$K_c=\frac{f_c}{f} \tag{5-9}$$

式中：K_c——块材的碳化系数；

f_c——碳化后5个试件的抗压强度平均值（MPa）；

f——未碳化的5个对比试件的抗压强度平均值（MPa）。

5.2.4 混凝土砌块和砖抗冻性试验

1. 设备

（1）冷冻室、冻融试验箱或低温冰箱：最低温度可调至-30℃。

（2）水池或水箱，最小容积应能放置一组试件。

（3）毛刷。

（4）抗压强度试验设备同5.2.1中1款的规定。

2. 试件

抗冻性试验的试件数量为两组十个。所需试样数，需根据产品采用的强度试验方法，够制作两组10个强度试件的需要。

3. 试验步骤

（1）分别检查两组10个试件所需试样，用毛刷清除表面及孔洞内的粉尘，在缺棱掉角处涂上油漆，注明编号。将块材逐块放置在试验室内静置48h，块与块之间间距不得小于20mm。

（2）将一组5个冻融试件所需块材，均浸入15～25℃的水池或水箱中，水面应高出试样20mm以上，试样间距不得小于20mm。另一组5个对比强度试样所需试样，放置在试验室，室温宜控制在（20±5）℃。

（3）浸泡4d后从水中取出试样，在支架上滴水1min，再用拧干的湿布拭去内、外表面的水，在2min内立即称量每个块材饱和面干状态的质量 m_3，精确至0.005kg。

（4）将冻融试样放入预先降至－15℃的冷冻室或低温冰箱中，试样应放置在断面为20mm×20mm的格栅上，间距不小于20mm。当温度再次降至－15℃时开始计时。冷冻4h后将试样取出，再置于水温为15～25℃的水池或水箱中融化2h。这样一个冷冻和融化的过程即为一个冻融循环。

（5）每经5次冻融循环，检查一次试样的破坏情况，如开裂、缺棱、掉角、剥落等，并做出记录。

（6）在完成规定次数的冻融循环后，将试样从水中取出，立即用毛刷清除表面及孔洞内已剥落的碎片，再按（3）的方法称量每个试样冻融后饱和面干状态的质量 m_4。24h后与在试验室内放置的对比试样一起，按试样不同的抗压强度试验方法进行抗压强度试件的制备，在温度为（20±5）℃、相对湿度为（50±15）%的试验室内养护24h后，再按（2）和（3）所述方法进行泡水，然后进行试件的抗压强度试验。试件找平和粘结材料应采用水泥砂浆。

4. 结果计算

（1）报告5个冻融试件所需试样的外观检查结果。

（2）试件的单块抗压强度损失率按下式计算，精确至1%。

$$K_i = \frac{f_f - f_i}{f_f} \times 100 \tag{5-10}$$

式中：K_i——试件的单块抗压强度损失率（%）；

f_f——5个未冻融抗压强度试件的抗压强度平均值（MPa）；

f_i——单块冻融试件的抗压强度值（MPa）。

（3）试件的平均抗压强度损失率按下式计算，精确至1%。

$$K_R = \frac{f_f - f_R}{f_f} \times 100 \tag{5-11}$$

式中：K_R——试件的抗压强度损失率（%）；

f_f——5个未冻融试件的抗压强度平均值（MPa）；

f_R——5个冻融试件的抗压强度平均值（MPa）。

（4）试件的单块质量损失率按下式计算，精确至0.1%。

$$K_m = \frac{m_3 - m_4}{m_3} \times 100 \tag{5-12}$$

式中：K_m——试样的质量损失率（%）；

m_3——试样冻融前的质量（kg）；

m_4——试样冻融后的质量（kg）。

质量损失率以五个冻融试件所需试样质量损失率的平均值表示，精确至0.1%。

5.2.5 混凝土砌块和砖抗渗性试验

1. 设备

（1）抗渗装置。抗渗装置如图5－15所示。试件套应有足够的刚度和密封性，在安装试件时不宜破损或变形，材质宜为金属；上盖板宜用透明玻璃或有机玻璃制作，壁厚不小于6mm。

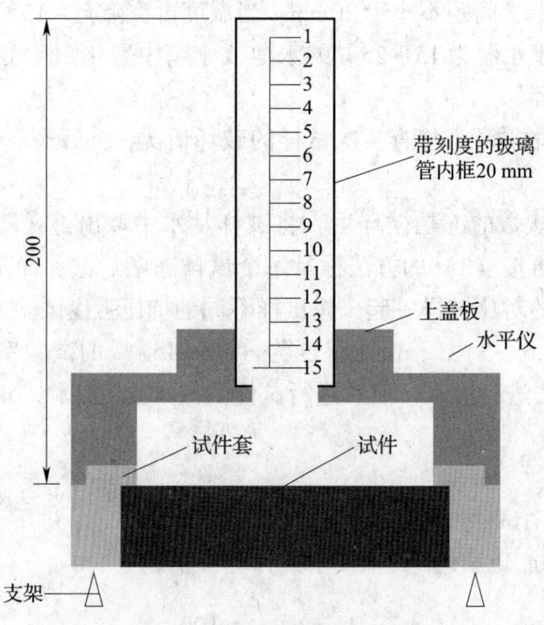

图5－15 抗渗试验装置示意图

（2）混凝土钻芯机。混凝土钻芯机的内径为100mm；该机应具有足够的刚度，操作灵活，并应有水冷却系统。钻芯机主轴的径向跳动不应超过0.1mm，工作时噪声不应大于90dB。钻取芯样时宜采用金刚石或人造金刚石薄壁钻头。钻头胎体不应有肉眼可见的裂缝、缺边、少角、倾斜及喇叭口变形。钻头胎体对钢体的同心度偏差不应大于0.3mm，钻头的径向跳动不应大于1.5mm。

（3）支架。支架材质宜为金属，应有足够的刚度。

2. 试件

（1）试件数量。3个直径为100mm的圆柱体试件。

（2）试件制备。在3个不同试样的条面上，采用直径为100mm的金刚石钻头直接取样；对于空心砌块应避开肋取样。将试件浸入（20±5）℃的水中，水面应高出试件20mm以上，2h后将试件从水中取出，放在钢丝网架上滴水1min，再用拧干的湿布拭去内、外表面的水。

3. 试验步骤

（1）试验在（20±5）℃空气温度下进行。

（2）将试件表面清理干净后晾干，然后在其侧面涂一层密封材料（如黄油），随即旋入或在其他加压装置上将试件压入试件套中，再与抗渗装置连接起来，使周边不漏水。

（3）如图5－15所示，竖起已套入试件的试验装置，并用水平仪调平；在30s内往玻璃筒内加水，使水面高出试件上表面200mm。

（4）记录自加水时算起2h后测量玻璃筒内水面下降的高度，精确至0.1mm。

4．试验结果

按三个试件测试过程中，玻璃筒内水面下降的最大高度来评定，精确至0.1mm。

5.3　蒸压加气混凝土砌块试验

5.3.1　蒸压加气混凝土抗压强度检验

1．仪器设备

（1）试验机。

（2）钢板直尺。

（3）烘箱。

2．试验步骤

（1）检查试件外观。

（2）测量试件尺寸，精确至1mm，并计算试件的受压面积A_1。

（3）将试件放在试验机上下压板的中心位置，试件的受压方向垂直于制品的膨胀方向。

（4）开动试验机，当上压板与试件接近时，调整球座，使接触均衡。

（5）以（2.0±0.5）kN/s的速度连续而均匀地加荷，直至试件破坏，记录破坏荷载p_1。

（6）将试验后的试件全部立即称量，然后在（105±5）℃下烘至恒重，计算其含水率。

3．计算抗压强度

$$f_{cc}=\frac{p_1}{A_1} \tag{5-13}$$

式中：f_{cc}——试件的抗压强度（MPa）；

p_1——破坏荷载（N）；

A_1——试件受压面积（mm^2）。

5.3.2　蒸压加气混凝土干密度试验

1．仪器

（1）电热鼓风干燥箱。最高温度为200℃。

（2）天平。称量2000g，感量为1g。

（3）恒温水槽。水温为15～25℃。

2．试验步骤

（1）取一组3块试件，逐块量取长、宽、高三个方向的轴线尺寸，精确至1mm，计算试件的体积，并称取试件质量 M，精确至1g。

（2）将试件放入电热鼓风干燥箱内，在（60±5）℃下保温24h，再在（80±5）℃下保温24h，再在（105±5）℃下烘至恒质 M_0。恒质指在烘干过程中间隔4h，前后两次质量差不超过试件质量的0.5%。

3. 结果计算与评定

干密度按下式计算：

$$r_0 = \frac{M_0}{V} \times 10^6 \tag{5-14}$$

式中：r_0——干密度（kg/m^3）；

M_0——试件烘干后质量（g）；

V——试件体积（mm^3）。

5.3.3 蒸压加气混凝土抗冻试验

1. 仪器设备

（1）低温箱或冷冻室。最低工作温度达－30℃以下。

（2）恒温水槽。水温为（20±5）℃。

（3）托盘天平或磅秤。称量2000g，感量为1g。

（4）电热鼓风干燥箱。最高温度为200℃。

2. 试验步骤

（1）将冻融试件放在电热鼓风干燥箱内，在（60±5）℃下保温24h，然后在（80±5）℃下保温24h，再在（105±5）℃下烘至恒质。

（2）试件冷却至室温后，立即称取质量，精确至1g，然后浸入水温为（20±5）℃恒温水槽中，水面应高出试件30mm，保持48h。

（3）取出试件，用湿布抹去表面水分，放入预先降温至－15℃以下的低温箱或冷冻室中，试件间距不小于20mm，当温度降至－18℃时记录时间。在（－20±2）℃下冻6h取出，放入水温为（20±5）℃的恒温水槽中，融化5h作为一次冻融循环，如此冻融循环15次为止。

（4）每隔5次循环检查并记录试件在冻融过程中的破坏情况。

（5）冻融过程中，发现试件呈明显的破坏，应取出试件，停止冻融试验，并记录冻融次数。

（6）将经15次冻融后的试件放入电热鼓风干燥箱内，按（1）的规定烘至恒质。

（7）试件冷却至室温后，立即称其质量，精确至1g。

（8）将冻融后试件按5.3.1中有关规定进行抗压强度试验。

3. 结果计算与评定

（1）质量损失率按下式计算：

$$M_m = \frac{M_0 - M_s}{M_0} \times 100 \tag{5-15}$$

式中：M_m——质量损失率（%）；

M_0——冻融试件试验前的干质量（g）；

M_s——经冻融试验后试件的干质量（g）。

（2）冻后试件的抗压强度按式（5－13）计算。

（3）抗冻性按冻融试件的质量损失率平均值和冻后的抗压强度平均值进行评定。质量损失率精确至0.1%。

6 砌筑砂浆试验

6.1 砌筑砂浆的技术要求

砂浆是砖混结构墙体材料中块体的胶结材料。墙体是砖块、石块、砌块通过砂浆的粘结形成为一个整体的。它起到填充块体之间的缝隙，防风、防雨渗透到室内；同时又起到块体之间的铺垫，把上部传下来的荷载均匀地传到下面去的作用；还可以阻止块体的滑动。砂浆应具备一定的强度、粘结力和流动性、稠度。

1. 砂浆的种类

砂浆用在墙体砌筑中，按所用配合材料不同而分为：水泥砂浆、混合砂浆、石灰砂浆、防水砂浆、勾缝砂浆等。砂浆的种类见表6－1。

表6－1　砂浆的种类

种类	内　容
水泥砂浆	它是由水泥和砂子按一定重量的比例配制搅拌而成的。主要用在受湿度大的墙体、基础等部位
混合砂浆	它是由水泥、石灰膏、砂子（有的加少量微沫剂节省石灰膏）等按一定的重量比例配制搅拌而成的。它主要用于地面以上墙体的砌筑
石灰砂浆	它是由石灰膏和砂子按一定比例搅拌而成的。它强度较低，一般只有0.5MPa左右。但作为临性建筑、半永久建筑仍可作砌筑墙体使用
防水砂浆	它是在1:3（体积比）水泥砂浆中，掺入水泥重量3～5%的防水粉或防水剂搅拌而成的。它在房屋上主要用于防潮层、化粪池内外抹灰等
勾缝砂浆	它是水泥和细砂以1:1（体积比）拌制而成的。主要用在清水墙面的勾缝

2. 砂浆的组成材料及要求

砂浆的材料组成和材料要求见表6－2。

表6－2　砂浆的材料组成与材料要求

使用材料	材 料 要 求
水泥	水泥进场时应对其品种、等级、包装或散装仓号、出厂日期等进行检查，并应对其强度、安定性进行复验，其质量必须符合现行国家标准《通用硅酸盐水泥》GB 175—2007的有关规定。不同品种的水泥不得混合使用
石灰膏	生石灰熟化成石灰膏时，应用孔径不大于3mm×3mm的网过滤，熟化时间不得少于7d；磨细生石灰粉的熟化时间不得少于2d。沉淀池中储存的石灰膏，应采取防止干燥、冻结和污染的措施。严禁使用脱水硬化的石灰膏

续表 6－2

使用材料	材料要求
砂	砂浆用砂宜采用过筛中砂，并应满足下列要求： （1）不应混有草根、树叶、树枝、塑料、煤块、炉渣等杂物。 （2）砂中含泥量、泥块含量、石粉含量、云母、轻物质、有机物、硫化物、硫酸盐及氯盐含量（配筋砌体砌筑用砂）等应符合现行行业标准《普通混凝土用砂、石质量及检验方法标准》JGJ 52—2006 的有关规定。 （3）人工砂、山砂及特细砂，应经试配能满足砌筑砂浆技术条件要求
水	拌制砂浆用水的水质应符合现行行业标准《混凝土用水标准》JGJ 63—2006 的有关规定
外加剂	外加剂应符合国家现行有关标准的规定，引气型外加剂还应有完整的型式检验报告

3. 砂浆强度等级

水泥砂浆及预拌砌筑砂浆的强度等级可分为 M5、M7.5、M10、M15、M20、M25、M30；水泥混合砂浆的强度等级可分为 M5、M7.5、M10、M15。

4. 砂浆的技术要求

（1）作为砌体的胶结材料除了强度要求外，为了达到粘结度好，砌体密实还有一些技术上的要求应做到的要求见表 6－3。

表 6－3　砂浆的技术要求

控制项目	技术要求
流动性（也称为稠度）	足够的流动性是指砂浆的稀稠程度。试验室中用稠度计来测定，目的为便于操作。流动性与砂浆的加水量、水泥用量、石灰膏掺量、砂子的粒径、形状、孔隙率和砂浆的搅拌时间有关。对砂浆流动度的要求，可以因砌体种类、施工时大气的温度、湿度等的不同而变化。具体参照表 6－4 选用
保水性	具有保水性，砂浆的保水性是指砂浆从搅拌机出料后到使用时这段时间内，砂浆中的水和胶结料、骨料之间分离的快慢程度。分离快的使水浮到上面则保水性差，分离慢的砂浆仍很粘糊，则保水性较好。保水性与砂浆的组分配合、砂子的颗粒粗细程度、密实度等有关。一般来说，石灰砂浆保水性较好，混合砂浆次之，水泥砂浆较差些。此外，远距离运输也容易引起砂浆的离析
搅拌时间	搅拌时间要充分，砂浆应采用机械拌和，拌和时间应自投料完算起，不得少于 2min。搅拌前必须进行计量。在搅拌机棚中应悬挂配合比牌
搅拌完至砌筑时间	现场拌制的砂浆应随拌随用，拌制的砂浆应在 3h 内使用完毕；当施工期间最高气温超过 30℃时，应在 2h 内使用完毕。一定要做到随拌随用，在规定时间内用完，使砂浆的实际强度不受影响
试块的制作	砂浆试块的制作，在砌筑施工中，根据规范要求，每一楼层或 250m^3 砌体中的各种强度的砂浆，每台搅拌机应至少检查一次，每次至少应制作一组（6 块）试块。如砂浆强度或配合比变更时，还应制作试块。并送标准养护室进行龄期为 28d 的标准养护。后经试压的结果是作为检验砌体砂浆强度的依据
其他	施工中不得任意用同强度的水泥砂浆去代替水泥混合砂浆砌筑墙体。如由于某些原因需要替代时，应经设计部门的结构工程师同意签字

表6-4 砌筑砂浆的稠度

砌体种类	砂浆稠度（mm）
烧结普通砖砌体 蒸压粉煤灰砖砌体	70~90
混凝土实心砖、混凝土多孔砖砌体 普通混凝土小型空心砌块砌体 蒸压灰砂砖砌体	50~70
烧结多孔砖、空心砖砌体 轻骨料小型空心砌块砌体 蒸压加气混凝土砌块砌体	60~80
石砌体	30~50

（2）水泥砂浆拌合物的密度不宜小于1900kg/m^3；水泥混合砂浆拌合物和预拌砌筑砂浆拌合物的密度不宜小于1800kg/m^3。

（3）砌筑砂浆的分层度不得大于30mm。

（4）具有冻融循环次数要求的砌筑砂浆，经冻融试验后，质量损失率不得大于5%，抗压强度损失率不得大于25%。

6.2 砌筑砂浆配合比设计

6.2.1 现场配制砌筑砂浆的试配要求

1. 现场配制砌筑砂浆的试配要求

（1）配合比应按下列步骤进行计算：

1）计算砂浆试配强度$f_{m,0}$。

2）计算每立方米砂浆中的水泥用量Q_c。

3）计算每立方米砂浆中石灰膏用量Q_D。

4）确定每立方米砂浆中的砂用量Q_s。

5）按砂浆稠度选每立方米砂浆用水量Q_W。

（2）试配强度计算。砂浆的试配强度应按下式计算：

$$f_{m,0}=kf_2 \tag{6-1}$$

式中：$f_{m,0}$——砂浆的试配强度（MPa），应精确至0.1MPa；

f_2——砂浆强度等级值（MPa），应精确至0.1MPa；

k——系数，按表6-5取值。

表6-5 砂浆强度标准差σ及k值

强度等级 施工水平	强度标准差σ（MPa）							k
	M5	M7.5	M10	M15	M20	M25	M30	
优良	1.00	1.50	2.00	3.00	4.00	5.00	6.00	1.15
一般	1.25	1.88	2.50	3.75	5.00	6.25	7.50	1.20
较差	1.50	2.25	3.00	4.50	6.00	7.50	9.00	1.25

（3）砂浆强度标准差的确定应符合下列规定：

1）当有统计资料时，砂浆强度标准差σ应按下式计算：

$$\sigma = \sqrt{\frac{\sum_{i=1}^{n} f_{m,i}^{2} - n\mu_{fm}^{2}}{n-1}} \qquad (6-2)$$

式中：$f_{m,i}$——统计周期内同一品种砂浆第i组试件的强度（MPa）；

μ_{fm}——统计周期内同一品种砂浆n组试件强度的平均值（MPa）；

n——统计周期内同一品种砂浆试件的总组数，$n \geqslant 25$。

2）当无统计资料时，砂浆强度标准差可按表6-5取值。

（4）水泥用量的计算应符合下列规定：

1）每立方米砂浆中的水泥用量，应按下式计算：

$$Q_c = 1000\ (f_{m,0} - \beta)\ /\ (\alpha \cdot f_{cr}) \qquad (6-3)$$

式中：Q_c——每立方米砂浆的水泥用量（kg），应精确至1kg；

f_{cr}——水泥的实测强度（MPa），应精确至0.1MPa；

α、β——砂浆的特征系数，其中取3.03，取-15.09。

注：各地区也可用本地区试验资料确定α、β值，统计用的试验组数不得少于30组。

2）在无法取得水泥的实测强度值时，可按下式计算：

$$f_{cr} = \gamma_c \cdot f_{cr,K} \qquad (6-4)$$

式中：$f_{cr,K}$——水泥强度等级值（MPa）；

γ_c——水泥强度等级值的富余系数，宜按实际统计资料确定；无统计资料时可取1.0。

（5）石灰膏用量应按下式计算：

$$Q_D = Q_A - Q_c \qquad (6-5)$$

式中：Q_D——每立方米砂浆的石灰膏用量（kg），应精确至1kg；石灰膏使用时的稠度宜为（120±5）mm；

Q_c——每立方米砂浆的水泥用量（kg），应精确至1kg；

Q_A——每立方米砂浆中水泥和石灰膏总量，应精确至1kg，可为350kg。

（6）每立方米砂浆中的砂用量，应按干燥状态（含水率小于0.5%）的堆积密度值作为计算值（kg）。

（7）每立方米砂浆中的用水量，可根据砂浆稠度等要求选用210~310kg。

注：1. 混合砂浆中的用水量，不包括石灰膏中的水。
2. 当采用细砂或粗砂时，用水量分别取上限或下限。
3. 稠度小于70mm时，用水量可小于下限。
4. 施工现场气候炎热或干燥季节，可酌量增加用水量。

2. 现场配置水泥砂浆的试配规定

(1) 水泥砂浆的材料用量可按表6-6选用。

表6-6 每立方米水泥砂浆材料用量（kg/m³）

<table>
<tr><th>强度等级</th><th>水泥</th><th>砂</th><th>用水量</th></tr>
<tr><td>M5</td><td>200~230</td><td rowspan="7">砂的堆积密度值</td><td rowspan="7">270~330</td></tr>
<tr><td>M7.5</td><td>230~260</td></tr>
<tr><td>M10</td><td>260~290</td></tr>
<tr><td>M15</td><td>290~330</td></tr>
<tr><td>M20</td><td>340~400</td></tr>
<tr><td>M25</td><td>360~410</td></tr>
<tr><td>M30</td><td>430~480</td></tr>
</table>

注：1. M15及M15以下强度等级水泥砂浆，水泥强度等级为32.5级；M15以上强度等级水泥砂浆，水泥强度等级为42.5级。
2. 当采用细砂或粗砂时，用水量分别取上限或下限。
3. 稠度小于70mm时，用水量可小于下限。
4. 施工现场气候炎热或干燥季节，可酌量增加用水量。
5. 试配强度应按公式（6-1）计算。

(2) 水泥粉煤灰砂浆材料用量可按表6-7选用。

表6-7 每立方米水泥粉煤灰砂浆材料用量（kg/m³）

<table>
<tr><th>强度等级</th><th>水泥和粉煤灰总量</th><th>粉煤灰</th><th>砂</th><th>用水量</th></tr>
<tr><td>M5</td><td>210~240</td><td rowspan="4">粉煤灰掺量可占胶凝材料总量的15~25%</td><td rowspan="4">砂的堆积密度值</td><td rowspan="4">270~330</td></tr>
<tr><td>M7.5</td><td>240~270</td></tr>
<tr><td>M10</td><td>270~300</td></tr>
<tr><td>M15</td><td>300~330</td></tr>
</table>

注：1. 表中水泥强度等级为32.5级。
2. 当采用细砂或粗砂时，用水量分别取上限或下限。
3. 稠度小于70mm时，用水量可小于下限。
4. 施工现场气候炎热或干燥季节，可酌量增加用水量。
5. 试配强度应按公式（6-1）计算。

6.2.2 预拌砌筑砂浆的试配要求

1. 预拌砌筑砂浆的技术要求

(1) 在确定湿拌砌筑砂浆稠度时应考虑砂浆在运输和储存过程中的稠度损失。

（2）湿拌砌筑砂浆应根据凝结时间要求确定外加剂掺量。

（3）干混砌筑砂浆应明确拌制时的加水量范围。

（4）预拌砌筑砂浆的搅拌、运输、储存等应符合现行行业标准《预拌砂浆》GB/T 25181—2010 的要求。

（5）预拌砌筑砂浆性能应符合现行行业标准《预拌砂浆》GB/T 25181—2010 的规定。

2．预拌砌筑砂浆的试配规定

（1）预拌砌筑砂浆生产前应进行试配，试配强度应按式（6－1）计算确定，试配时稠度取 70～80mm。

（2）预拌砌筑砂浆中可掺入保水增稠材料、外加剂等，掺量应经试配后确定。

6.2.3　砌筑砂浆配合比试配、调整与确定

（1）砌筑砂浆试配时应考虑工程实际要求，应采用机械搅拌，搅拌时间应自开始加水算起，并应符合下列规定：

1）对水泥砂浆和水泥混合砂浆，搅拌时间不得少于 120s。

2）对预拌砌筑砂浆和掺有粉煤灰、外加剂、保水增稠材料等的砂浆，搅拌时间不得少于 180s。

（2）按计算或查表所得配合比进行试拌时，应按现行行业标准《建筑砂浆基本性能试验方法标准》JGJ/T 70—2009 测定砌筑砂浆拌合物的稠度和保水率。当稠度和保水率不能满足要求时，应调整材料用量，直到符合要求为止，然后确定为试配时的砂浆基准配合比。

（3）试配时至少应采用三个不同的配合比，其中一个配合比应为按本规程得出的基准配合比，其余两个配合比的水泥用量应按基准配合比分别增加及减少 10%。在保证稠度、保水率合格的条件下，可将用水量、石灰膏、保水增稠材料或粉煤灰等活性掺合料用量作相应调整。

（4）砌筑砂浆试配时稠度应满足施工要求，并应按现行行业标准《建筑砂浆基本性能试验方法标准》JGJ/T 70—2009 分别测定不同配合比砂浆的表观密度及强度；并应选定符合试配强度及和易性要求、水泥用量最低的配合比作为砂浆的试配配合比。

（5）砌筑砂浆试配配合比尚应按下列步骤进行校正：

1）应根据第（4）确定的砂浆配合比材料用量，按下式计算砂浆的理论表观密度值：

$$\rho_t = Q_c + Q_D + Q_S + Q_W \tag{6-6}$$

式中：ρ_t——砂浆的理论表观密度值（kg/m^3），应精确至 $10kg/m^3$。

2）应按下式计算砂浆配合比校正系数占：

$$\xi = \rho_c / \rho_t \tag{6-7}$$

式中：ρ_c——砂浆的实测表观密度值（kg/m^3），应精确至 $10kg/m^3$。

3）当砂浆的实测表观密度值与理论表观密度值之差的绝对值不超过理论值的 2% 时，可将按第（4）得出的试配配合比确定为砂浆设计配合比；当超过 2% 时，应将试配配合比中每项材料用量均乘以校正系数 δ 后，确定为砂浆设计配合比。

（6）预拌砌筑砂浆生产前应进行试配、调整与确定，并应符合现行行业标准《预拌砂浆》GB/T 25181—2010 的规定。

6.3 砌筑砂浆性能试验

6.3.1 砂浆取样及试样制备

1. 取样

（1）建筑砂浆试验用料应从同一盘砂浆或同一车砂浆中取样。取样量不应少于试验所需量的4倍。

（2）当施工过程中进行砂浆试验时，砂浆取样方法应按相应的施工验收规范执行，并宜在现场搅拌点或预拌砂浆卸料点的至少3个不同部位及时取样。对于现场取得的试样，试验前应人工搅拌均匀。

（3）从取样完毕到开始进行各项性能试验，不宜超过15min。

2. 试样的制备

（1）在试验室制备砂浆试样时，所用材料应提前24h运入室内。拌和时，试验室的温度应保持在（20±5）℃。当需要模拟施工条件下所用的砂浆时，所用原材料的温度宜与施工现场保持一致。

（2）试验所用原材料应与现场使用材料一致。砂应通过4.75mm筛。

（3）试验室拌制砂浆时，材料用量应以质量计。水泥、外加剂、掺合料等的称量精度应为±0.5%，细骨料的称量精度应为±1%。

（4）在试验室搅拌砂浆时应采用机械搅拌，搅拌机应符合现行行业标准《试验用砂浆搅拌机》JG/T 3033—1996的规定，搅拌的用量宜为搅拌机容量的30~70%，搅拌时间不应少于120s。掺有掺合料和外加剂的砂浆，其搅拌时间不应少于180s。

6.3.2 砂浆施工性能试验

1. 砂浆稠度试验

（1）本方法适用于确定砂浆的配合比或施工过程中控制砂浆的稠度。

（2）稠度试验应使用下列仪器：

1）砂浆稠度仪：应由试锥、容器和支座三部分组成。试锥应由钢材或铜材制成，试锥高度应为145mm，锥底直径应为75mm，试锥连同滑竿的质量应为（300±2）g；盛浆容器应由钢板制成，筒高应为180mm，锥底内径应为150mm；支座应包括底座、支架及刻度显示三个部分，应由铸铁、钢或其他金属制成，如图6-1所示。

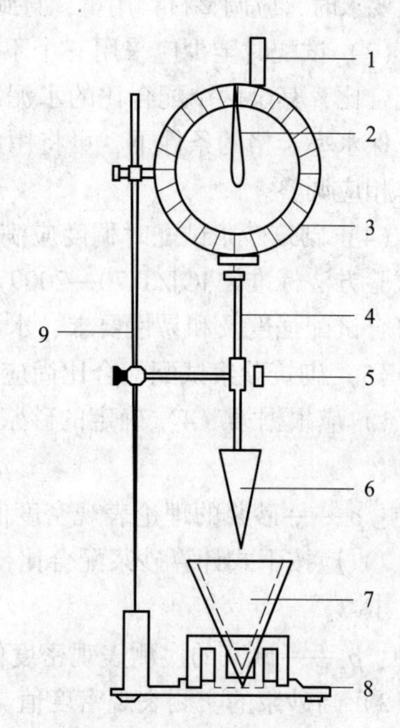

图6-1 砂浆稠度测定仪

1—齿条测杆；2—指针；3—刻度盘；4—滑竿；5—制动螺丝；6—试锥；7—盛浆容器；8—底座；9—支架

2）钢制捣棒：直径为10mm、长度为350mm，端部磨圆。

3）秒表。

（3）稠度试验应按下列步骤进行：

1）应先采用少量润滑油轻擦滑竿，再将滑竿上多余的油用吸油纸擦净，使滑竿能自由滑动。

2）应先采用湿布擦净盛浆容器和试锥表面，再将砂浆拌合物一次装入容器；砂浆表面宜低于容器口10mm，用捣棒自容器中心向边缘均匀地插捣25次，然后轻轻地将容器摇动或敲击5～6下，使砂浆表面平整，随后将容器置于稠度测定仪的底座上。

3）拧开制动螺丝，向下移动滑竿，当试锥尖端与砂浆表面刚接触时，应拧紧制动螺丝，使齿条测杆下端刚接触滑竿上端，并将指针对准零点上。

4）拧开制动螺丝，同时计时，10s时立即拧紧螺丝，将齿条测杆下端接触滑竿上端，从刻度盘上读出下沉深度（精确至1mm），即为砂浆的稠度值。

5）盛浆容器内的砂浆，只允许测定一次稠度，重复测定时，应重新取样测定。

（4）稠度试验结果应按下列要求确定：

1）同盘砂浆应取两次试验结果的算术平均值作为测定值，并应精确至1mm。

2）当两次试验值之差大于10mm时，应重新取样测定。

2．砂浆分层度试验

（1）本方法适用于测定砂浆拌合物的分层度，以确定在运输及停放时砂浆拌合物的稳定性。

（2）分层度试验应使用下列仪器：

1）砂浆分层度筒，如图6－2所示，应由钢板制成，内径应为150mm，上节高度应为200mm，下节带底净高应为100mm，两节的连接处应加宽3～5mm，并应设有橡胶垫圈。

2）振动台：振幅应为（0.5±0.05）mm，频率应为（50±3）Hz。

3）砂浆稠度仪、木槌等。

（3）分层度的测定可采用标准法和快速法。当发生争议时，应以标准法的测定结果为准。

（4）标准法测定分层度应按下列步骤进行：

1）应按照“砂浆稠度试验”的规定测定砂浆拌合物的稠度。

2）应将砂浆拌合物一次装入分层筒内，待装满后，用木槌在分层筒周围距离大致相等的四个不同部位轻轻敲击1～2下；当砂浆沉落到低于筒口时，应随时添加，然后刮去多余的砂浆并用抹刀抹平。

3）静置30min后，去掉上节200mm砂浆，然后将剩余的100mm砂浆倒在拌和锅内拌2min，再按照“砂浆稠度试验”的规定测其稠度。前后测得的稠度之差即为该砂浆的分层度值。

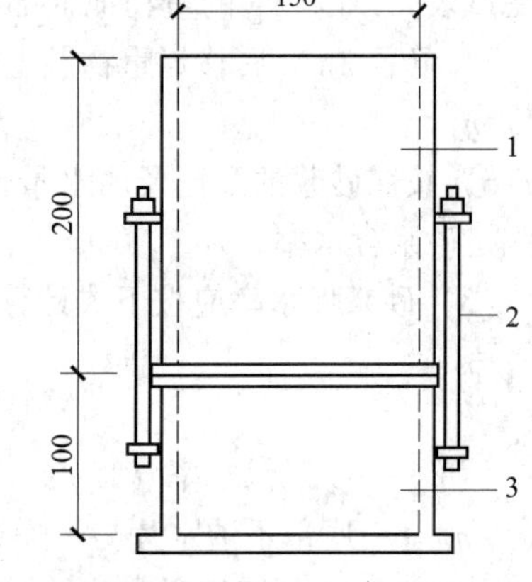

图6－2　砂浆分层度测定仪

1—无底圆筒；2—连接螺栓；3—有底圆筒

（5）快速法测定分层度应按下列步骤进行：

1）应按照“砂浆稠度试验”的规定测定砂浆拌合物的稠度。

2）应将分层度筒预先固定在振动台上，砂浆一次装入分层度筒内，振动20s。

3）去掉上节200mm砂浆，剩余100mm砂浆倒出放在拌和锅内拌2min，再按“砂浆稠度试验”方法测其稠度，前后测得的稠度之差即为该砂浆的分层度值。

（6）分层度试验结果应按下列要求确定：

1）应取两次试验结果的算术平均值作为该砂浆的分层度值，精确至1mm。

2）当两次分层度试验值之差大于10mm时，应重新取样测定。

3．砂浆保水性试验

（1）保水性试验应使用下列仪器和材料：

1）金属或硬塑料圆环试模：内径应为100mm，内部高度应为25mm。

2）可密封的取样容器：应清洁、干燥。

3）2kg的重物。

4）金属滤网：网格尺寸为45μm，圆形，直径为（110±1）mm。

5）超白滤纸：应采用现行国家标准《化学分析滤纸》GB/T 1914—2007规定的中速定性滤纸，直径应为110mm，单位面积质量应为200g/m²。

6）2片金属或玻璃的方形或圆形不透水片，边长或直径应大于110mm。

7）天平：量程为200g，感量应为0.1g；量程为2000g，感量应为1g。

8）烘箱。

（2）保水性试验应按下列步骤进行：

1）称量底部不透水片与干燥试模质量 m_1 和15片中速定性滤纸质量 m_2。

2）将砂浆拌合物一次性装入试模，并用抹刀插捣数次，当装入的砂浆略高于试模边缘时，用抹刀以45°角一次性将试模表面多余的砂浆刮去，然后再用抹刀以较平的角度在试模表面反方向将砂浆刮平。

3）抹掉试模边的砂浆，称量试模、底部不透水片与砂浆总质量 m_3。

4）用金属滤网覆盖在砂浆表面，再在滤网表面放上15片滤纸，用上部不透水片盖在滤纸表面，以2kg的重物把上部不透水片压住。

5）静置2min后移走重物及上部不透水片，取出滤纸（不包括滤网），迅速称量滤纸质量 m_4。

6）按照砂浆的配比及加水量计算砂浆的含水率。当无法计算时，可按照（4）的规定测定砂浆含水率。

（3）砂浆保水率应按下式计算：

$$W = \left[1 - \frac{m_4 - m_2}{\alpha \times (m_3 - m_1)}\right] \times 100 \tag{6-8}$$

式中：W——砂浆保水率（%）；

m_1——底部不透水片与干燥试模质量（g），精确至1g；

m_2——15片滤纸吸水前的质量（g），精确至0.1g；

m_3——试模、底部不透水片与砂浆总质量（g），精确至1g；

m_4——15 片滤纸吸水后的质量（g），精确至 0.1g；

α——砂浆含水率（%）。

取两次试验结果的算术平均值作为砂浆的保水率，精确至 0.1%，且第二次试验应重新取样测定。当两个测定值之差超过 2% 时，此组试验结果应为无效。

（4）测定砂浆含水率时，应称取（100 ± 10）g 砂浆拌合物试样，置于一干燥并已称重的盘中，在（105 ± 5）℃的烘箱中烘干至恒重。砂浆含水率应按下式计算：

$$\alpha = \frac{m_6 - m_5}{m_6} \times 100 \tag{6-9}$$

式中：α——砂浆含水率（%）；

m_5——烘干后砂浆样本的质量（g），精确至 1g；

m_6——砂浆样本的总质量（g），精确至 1g。

取两次试验结果的平均值作为砂浆的含水率，精确至 0.1%。当两个测定值之差超过 2% 时，此组试验结果应为无效。

4. 砂浆凝结时间试验

（1）本方法适用于采用贯入阻力法确定砂浆拌合物的凝结时间。

（2）凝结时间试验应使用下列仪器：

1）砂浆凝结时间测定仪：应由试针、容器、压力表和支座四部分组成，并应符合下列规定（图 6－3）：

①试针：应由不锈钢制成，截面积为 30mm²。

②盛浆容器：应由钢制成，内径应为 140mm，高度应为 75mm。

③压力表：测量精度应为 0.5N。

④立座：应分底座、支架及操作杆三部分，应由铸铁或钢制成。

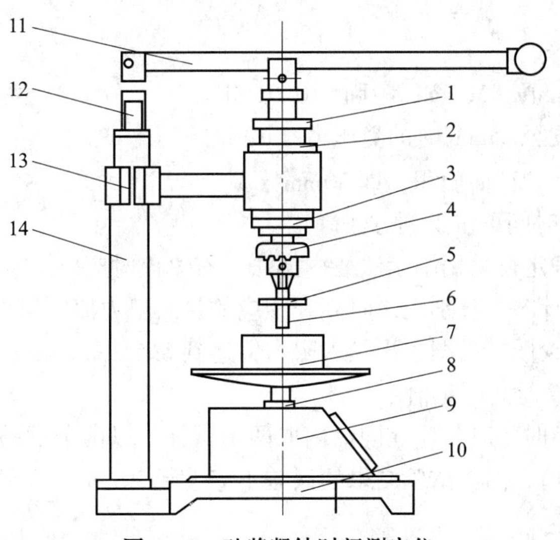

图 6－3 砂浆凝结时间测定仪

1、2、3、8—调节螺母；4—夹头；5—垫片；6—试针；7—盛浆容器；9—压力表座；10—底座；11—操作杆；12—调节杆；13—立架；14—立柱

2）定时钟。

（3）凝结时间试验应按下列步骤进行：

1）将制备好的砂浆拌合物装入盛浆容器内，砂浆应低于容器上口 10mm，轻轻敲击容器，并予以抹平，盖上盖子，放在（20±2）℃的试验条件下保存。

2）砂浆表面的泌水不得清除，将容器放到压力表座上，然后通过下列步骤来调节测定仪：

①调节螺母 3，使贯入试针与砂浆表面接触。

②拧松调节螺母 2，再调节螺母 1，以确定压入砂浆内部的深度为 25mm 后再拧紧螺母 2。

③旋动调节螺母 8，使压力表指针调到零位。

3）测定贯入阻力值，用截面为 $30mm^2$ 的贯入试针与砂浆表面接触，在 10s 内缓慢而均匀地垂直压入砂浆内部 25mm 深，每次贯入时记录仪表读数 N_p，贯入杆离开容器边缘或已贯入部位应至少为 12mm。

4）在（20±2）℃的试验条件下，实际贯入阻力值应在成型后 2h 开始测定，并应每隔 30min 测定一次；当贯入阻力值达到 0.3MPa 时，应改为每 15min 测定一次，直至贯入阻力值达到 0.7MPa 为止。

（4）在施工现场测定凝结时间应符合下列规定：

1）当在施工现场测定砂浆的凝结时间时，砂浆的稠度、养护和测定的温度应与现场相同。

2）在测定湿拌砂浆的凝结时间时，时间间隔可根据实际情况定为受检砂浆预测凝结时间的 1/4、1/2、3/4 等来测定，当接近凝结时间时可每 15min 测定一次。

（5）砂浆贯入阻力值应按下式计算：

$$f_p = \frac{N_p}{A_p} \tag{6-10}$$

式中：f_p——贯入阻力值（MPa），精确至 0.01MPa；

N_p——贯入深度至 25mm 时的静压力（N）；

A_p——贯入试针的截面面积，即 $30mm^2$。

（6）砂浆的凝结时间可按下列方法确定：

1）凝结时间的确定可采用图示法或内插法，有争议时应以图示法为准。

从加水搅拌开始计时，分别记录时间和相应的贯入阻力值，根据试验所得各阶段的贯入阻力与时间的关系绘图，由图求出贯入阻力值达到 0.5MPa 的所需时间 t_s（min），此时的 t_s 值即为砂浆的凝结时间测定值。

2）测定砂浆凝结时间时，应在同盘内取两个试样，以两个试验结果的算术平均值作为该砂浆的凝结时间值，两次试验结果的误差不应大于 30min，否则应重新测定。

6.3.3 砂浆强度试验

1. 立方体抗压强度试验

（1）立方体抗压强度试验应使用下列仪器设备：

1）试模：应为70.7mm×70.7mm×70.7mm的带底试模，应符合现行行业标准《混凝土试模》JG 237—2008的规定选择，应具有足够的刚度并拆装方便。试模的内表面应机械加工，其不平度应为每100mm不超过0.05mm，组装后各相邻面的不垂直度不应超过±0.5°。

2）钢制捣棒：直径为10mm，长度为350mm，端部磨圆。

3）压力试验机：精度应为1%，试件破坏荷载应不小于压力机量程的20%，且不应大于全量程的80%。

4）垫板：试验机上、下压板及试件之间可垫以钢垫板，垫板的尺寸应大于试件的承压面，其不平度应为每100mm不超过0.02mm。

5）振动台：空载中台面的垂直振幅应为（0.5±0.05）mm，空载频率应为（50±3）Hz，空载台面振幅均匀度不应大于10%，一次试验应至少能固定3个试模。

（2）立方体抗压强度试件的制作及养护应按下列步骤进行：

1）应采用立方体试件，每组试件应为3个。

2）应采用黄油等密封材料涂抹试模的外接缝，试模内应涂刷薄层机油或隔离剂。应将拌制好的砂浆一次性装满砂浆试模，成型方法应根据稠度而确定。当稠度大于50mm时，宜采用人工插捣成型，当稠度不大于50mm时，宜采用振动台振实成型：

①人工插捣：应采用捣棒均匀地由边缘向中心按螺旋方式插捣25次，插捣过程中当砂浆沉落低于试模口时，应随时添加砂浆，可用油灰刀插捣数次，并用手将试模一边抬高5～10mm各振动5次，砂浆应高出试模顶面6～8mm。

②机械振动：将砂浆一次装满试模，放置到振动台上，振动时试模不得跳动，振动5～10s或持续到表面泛浆为止，不得过振。

3）应待表面水分稍干后，再将高出试模部分的砂浆沿试模顶面刮去并抹平。

4）试件制作后应在温度为（20±5）℃的环境下停置（24±2）h，对试件进行编号、拆模。当气温较低时，或者凝结时间大于24h的砂浆，可适当延长时间，但不应超过2d。试件拆模后应立即放入温度为（20±2）℃、相对湿度为90%以上的标准养护室中养护。养护期间，试件彼此间隔不得小于10mm，混合砂浆、湿拌砂浆试件上面应覆盖，防止有水滴在试件上。

5）从搅拌加水开始计时，标准养护龄期应为28d，也可根据相关标准要求增加7d或14d。

（3）立方体抗压强度试验应按下列步骤进行：

1）试件从养护地点取出后应及时进行试验。试验前应将试件表面擦拭干净，测量尺寸，并检查其外观，并应计算试件的承压面积。当实测尺寸与公称尺寸之差不超过1mm时，可按照公称尺寸进行计算。

2）将试件安放在试验机的下压板或下垫板上，试件的承压面应与成型时的顶面垂直，试件中心应与试验机下压板或下垫板中心对准。开动试验机，当上压板与试件或上垫板接近时，调整球座，使接触面均衡受压。承压试验应连续而均匀地加荷，加荷速度应为0.25～1.5kN/s；砂浆强度不大于2.5MPa时，宜取下限。当试件接近破坏而开始迅速变形时，停止调整试验机油门，直至试件破坏，然后记录破坏荷载。

（4）砂浆立方体抗压强度应按下式计算：

$$f_{m,cu}=K\frac{N_u}{A} \tag{6-11}$$

式中：$f_{m,cu}$——砂浆立方体试件抗压强度（MPa），应精确至0.1MPa；

N_u——试件破坏荷载（N）；

A——试件承压面积（mm^2）；

K——换算系数，取1.35。

（5）立方体抗压强度试验的试验结果应按下列要求确定：

1）应以三个试件测值的算术平均值作为该组试件的砂浆立方体抗压强度平均值 f_2，精确至0.1MPa。

2）当三个测值的最大值或最小值中有一个与中间值的差值超过中间值的15%时，应把最大值及最小值一并舍去，取中间值作为该组试件的抗压强度值。

3）当两个测值与中间值的差值均超过中间值的15%时，该组试验结果应为无效。

2. 砂浆拉伸粘结强度试验

（1）砂浆拉伸粘结强度试验条件应符合下列规定：

1）温度应为（20±5）℃。

2）相对湿度应为45~75%。

（2）拉伸粘结强度试验应使用下列仪器设备：

1）拉力试验机：破坏荷载应在其量程的20~80%范围内，精度应为1%，最小示值应为1N。

2）拉伸专用夹具：如图6-4、图6-5所示，应符合现行行业标准《建筑室内用腻子》JG/T 298—2010的规定。

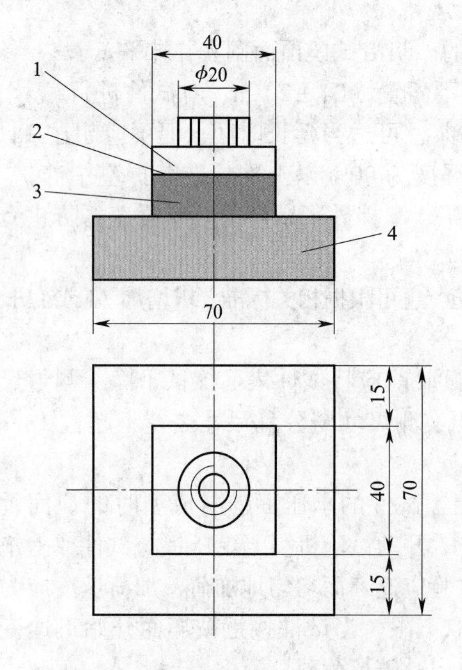

图6-4 拉伸粘结强度用钢制上夹具

1—拉伸用钢制上夹具；2—胶粘剂；
3—检验砂浆；4—水泥砂浆块

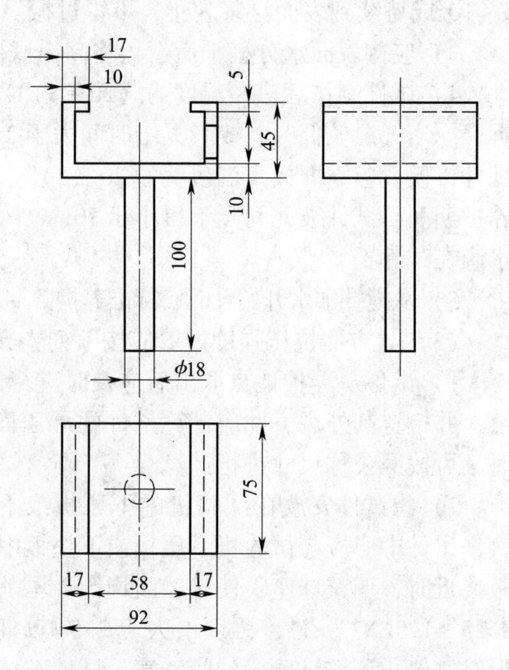

图6-5 拉伸粘结强度用钢制下夹具

3）成型框：外框尺寸应为70mm×70mm，内框尺寸应为40mm×40mm，厚度应为6mm，材料应为硬聚氯乙烯或金属。

4）钢制垫板：外框尺寸应为70mm×70mm，内框尺寸应为43mm×43mm，厚度应为3mm。

（3）基底水泥砂浆块的制备应符合下列规定：

1）原材料：水泥应采用符合现行国家标准《通用硅酸盐水泥》GB 175—2007 规定的42.5级水泥；砂应采用符合现行行业标准《普通混凝土用砂、石质量及检验方法标准》JGJ 52—2006 规定的中砂；水应采用符合现行行业标准《混凝土用水标准》JGJ 63—2006 规定的用水。

2）配合比：水泥:砂:水=1:3:0.5（质量比）。

3）成型：将制成的水泥砂浆倒入70mm×70mm×20mm的硬聚氯乙烯或金属模具中，振动成型或用抹灰刀均匀插捣15次，人工颠实5次，转90°，再颠实5次，然后用刮刀以45°方向抹平砂浆表面；试模内壁事先宜涂刷水性隔离剂，待干、备用。

4）应在成型24h后脱模，并放入（20±2）℃水中养护6d，再在试验条件下放置21d以上。试验前，应用200号砂纸或磨石将水泥砂浆试件的成型面磨平，备用。

（4）砂浆料浆的制备应符合下列规定：

1）干混砂浆料浆的制备。

①待检样品应在试验条件下放置24h以上。

②应称取不少于10kg的待检样品，并按产品制造商提供比例进行水的称量；当产品制造商提供比例是一个值域范围时，应采用平均值。

③应先将待检样品放入砂浆搅拌机中，再启动机器，然后徐徐加入规定量的水，搅拌3~5min。搅拌好的料应在2h内用完。

2）现拌砂浆料浆的制备。

①待检样品应在试验条件下放置24h以上。

②应按设计要求的配合比进行物料的称量，且干物料总量不得少于10kg。

③应先将称好的物料放入砂浆搅拌机中，再启动机器，然后徐徐加入规定量的水，搅拌3~5min。搅拌好的料应在2h内用完。

（5）拉伸粘结强度试件的制备应符合下列规定：

1）将制备好的基底水泥砂浆块在水中浸泡24h，并提前5~10min取出，用湿布擦拭其表面。

2）将成型框放在基底水泥砂浆块的成型面上，再将按照（4）的规定制备好的砂浆料浆或直接从现场取来的砂浆试样倒入成型框中，用抹灰刀均匀插捣15次，人工颠实5次，转90°，再颠实5次，然后用刮刀以45°方向抹平砂浆表面，24h内脱模。在温度为（20±2）℃、相对湿度为60%~80%的环境中养护至规定龄期。

3）每组砂浆试样应制备10个试件。

（6）拉伸粘结强度试验应符合下列规定：

1）应先将试件在标准试验条件下养护13d，再在试件表面以及上夹具表面涂上环氧树脂等高强度胶粘剂，然后将上夹具对正位置放在胶粘剂上，并确保上夹具不歪斜，除去周围溢出的胶粘剂，继续养护24h。

2）测定拉伸粘结强度时，应先将钢制垫板套入基底砂浆块上，再将拉伸粘结强度夹具安装到试验机上，然后将试件置于拉伸夹具中，夹具与试验机的连接宜采用球铰活动连接，以（5±1）mm/min速度加荷至试件破坏。

3）当破坏形式为拉伸夹具与胶粘剂破坏时，试验结果应无效。

（7）拉伸粘结强度应按下式计算：

$$f_{at}=\frac{F}{A_z} \tag{6-12}$$

式中：f_{at}——砂浆拉伸粘结强度（MPa）；

F——试件破坏时的荷载（N）；

A_z——粘结面积（mm^2）。

（8）拉伸粘结强度试验结果应按下列要求确定：

1）应以10个试件测值的算术平均值作为拉伸粘结强度的试验结果。

2）当单个试件的强度值与平均值之差大于20%时，应逐次舍弃偏差最大的试验值，直至各试验值与平均值之差不超过20%；当10个试件中有效数据不少于6个时，取有效数据的平均值为试验结果，结果精确至0.01MPa。

3）当10个试件中有效数据不足6个时，此组试验结果应为无效，并应重新制备试件进行试验。

（9）对于有特殊条件要求的拉伸粘结强度，应先按照特殊要求条件处理后，再进行试验。

6.3.4 砂浆耐久性能试验

1. 砂浆抗冻性能试验

（1）本方法可用于检验强度等级大于M2.5的砂浆的抗冻性能。

（2）砂浆抗冻试件的制作及养护应按下列要求进行：

1）砂浆抗冻试件应采用70.7mm×70.7mm×70.7mm的立方体试件，并应制备两组、每组3块，分别作为抗冻和与抗冻试件同龄期的对比抗压强度检验试件。

2）砂浆试件的制作与养护方法应符合6.3.3中1款（2）的规定。

（3）抗冻性能试验应使用下列仪器设备：

1）冷冻箱（室）：装入试件后，箱（室）内的温度应能保持在-20～-15℃。

2）篮筐：应采用钢筋焊成，其尺寸应与所装试件的尺寸相适应。

3）天平或案秤：称量应为2kg，感量应为1g。

4）融解水槽：装入试件后，水温应能保持在15～20℃。

5）压力试验机：精度应为1%，量程应不小于压力机量程的20%，且不应大于全量程的80%。

（4）砂浆抗冻性能试验应符合下列规定：

1）当无特殊要求时，试件应在28d龄期进行冻融试验。试验前两天，应把冻融试件和对比试件从养护室取出，进行外观检查并记录其原始状况，随后放入15～20℃的水中浸泡，浸泡的水面应至少高出试件顶面 20mm。冻融试件应在浸泡两天后取出，并用拧干的湿毛巾轻轻擦去表面水分，然后对冻融试件进行编号，称其质量，然后置入篮筐进行冻融试验。对比试件则放回标准养护室中继续养护，直到完成冻融循环后，与冻融试件同时试压。

2）冻或融时，篮筐与容器底面或地面应架高 20mm，篮筐内各试件之间应至少保持 500mm 的间隙。

3）冷冻箱（室）内的温度均应以其中心温度为准。试件冻结温度应控制在 −20 ~ −15℃。当冷冻箱（室）内温度低于 −15℃时，试件方可放入。当试件放入之后，温度高于 −15℃时，应以温度重新降至 −15℃时计算试件的冻结时间。从装完试件至温度重新降至 −15℃的时间不应超过 2h。

4）每次冻结时间应为 4h，冻结完成后应立即取出试件，并应立即放入能使水温保持在 15 ~ 20℃的水槽中进行融化。槽中水面应至少高出试件表面 20mm，试件在水中融化的时间不应小于 4h。融化完毕即为一次冻融循环。取出试件，并应用拧干的湿毛巾轻轻擦去表面水分，送入冷冻箱（室）进行下一次循环试验，依此连续进行直至设计规定次数或试件破坏为止。

5）每五次循环，应进行一次外观检查，并记录试件的破坏情况；当该组试件中有 2 块出现明显分层、裂开、贯通缝等破坏时，该组试件的抗冻性能试验应终止。

6）冻融试验结束后，将冻融试件从水槽取出，用拧干的湿布轻轻擦去试件表面水分，然后称其质量。对比试件应提前两天浸水。

7）应将冻融试件与对比试件同时进行抗压强度试验。

（5）砂浆冻融试验后应分别按下列公式计算其强度损失率和质量损失率。

1）砂浆试件冻融后的强度损失率应按下式计算：

$$\Delta f_{m} = \frac{f_{m1} - f_{m2}}{f_{m1}} \times 100 \tag{6-13}$$

式中：Δf_{m}——n 次冻融循环后砂浆试件的砂浆强度损失率（%），精确至 1%；

f_{m1}——对比试件的抗压强度的算术平均值（MPa）；

f_{m2}——经 n 次冻融循环后的 3 块试件抗压强度的算术平均值（MPa）。

2）砂浆试件冻融后的质量损失率应按下式计算：

$$\Delta m_{n} = \frac{m_{0} - m_{n}}{m_{0}} \times 100 \tag{6-14}$$

式中：Δm_{n}——n 次冻融循环后砂浆试件的质量损失率，以 3 块试件的算术平均值计算（%），精确至 1%；

m_{0}——冻融循环试验前的试件质量（g）；

m_{n}——n 次冻融循环后的试件质量（g）。

当冻融试件的抗压强度损失率不大于 25%，且质量损失率不大于 5% 时，则该组砂浆试块在相应标准要求的冻融循环次数下，抗冻性能可判为合格，否则应判为不合格。

2. 砂浆抗渗性能试验

（1）抗渗性能试验应使用下列仪器：

1）金属试模：应采用截头圆锥形带底金属试模，上口直径应为70mm，下口直径应为80mm，高度应为30mm。

2）砂浆渗透仪。

（2）抗渗试验应按下列步骤进行：

1）应将拌和好的砂浆一次装入试模中，并用抹灰刀均匀插捣15次，再颠实5次，当填充砂浆略高于试模边缘时，应用抹刀以45°角一次性将试模表面多余的砂浆刮去，然后再用抹刀以较平的角度在试模表面反方向将砂浆刮平。应成型6个试件。

2）试件成型后，应在室温（20±5）℃的环境下，静置（24±2）h后再脱模。试件脱模后，应放入温度为（20±2）℃、相对湿度90%以上的养护室养护至规定龄期。试件取出待表面干燥后，应采用密封材料密封装入砂浆渗透仪中进行抗渗试验。

3）抗渗试验时，应从0.2MPa开始加压，恒压2h后增至0.3MPa，以后每隔1h增加0.1MPa。当6个试件中有3个试件表面出现渗水现象时，应停止试验，记下当时水压。在试验过程中，当发现水从试件周边渗出时，应停止试验，重新密封后再继续试验。

（3）砂浆抗渗压力值应以每组6个试件中4个试件未出现渗水时的最大压力值，并应按下式计算：

$$P = H - 0.1 \tag{6-15}$$

式中：P——砂浆抗渗压力值（MPa），精确至0.1MPa；

H——6个试件中3个试件出现渗水时的水压力（MPa）。

7 混凝土试验

7.1 普通混凝土的配合比设计

7.1.1 基本规定

（1）混凝土配合比设计应满足混凝土配制强度及其他力学性能、拌合物性能、长期性能和耐久性能的设计要求。混凝土拌合物性能、力学性能、长期性能和耐久性能的试验方法应分别符合现行国家标准《普通混凝土拌合物性能试验方法标准》GB/T 50080—2002、《普通混凝土力学性能试验方法标准》GB/T 50081—2002 和《混凝土长期性能和耐久性能试验方法标准》GB/T 50082—2009 的规定。

（2）混凝土配合比设计应采用工程实际使用的原材料；配合比设计所采用的细骨料含水率应小于0.5%，粗骨料含水率应小于0.2%。

（3）混凝土的最大水胶比应符合现行国家标准《混凝土结构设计规范》GB 50010—2010 的规定。

（4）除配制 C15 及其以下强度等级的混凝土外，混凝土的最小胶凝材料用量应符合表7-1的规定。

表7-1 混凝土的最小胶凝材料用量

最大水胶比	最小胶凝材料用量（kg/m^3）		
	素混凝土	钢筋混凝土	预应力混凝土
0.60	250	280	300
0.55	280	300	300
0.50	320		
≤0.45	330		

（5）矿物掺合料在混凝土中的掺量应通过试验确定。采用硅酸盐水泥或普通硅酸盐水泥时，钢筋混凝土中矿物掺合料最大掺量宜符合表7-2的规定，预应力混凝土中矿物掺合料最大掺量宜符合表7-3的规定。对基础大体积混凝土，粉煤灰、粒化高炉矿渣粉和复合掺合料的最大掺量可增加5%。采用掺量大于30%的C类粉煤灰的混凝土应以实际使用的水泥和粉煤灰掺量进行安定性检验。

表 7-2 钢筋混凝土中矿物掺合料最大掺量

矿物掺合料种类	水胶比	最大掺量（%）	
		采用硅酸盐水泥时	采用普通硅酸盐水泥时
粉煤灰	≤0.40	45	35
	>0.40	40	30
粒化高炉矿渣粉	≤0.40	65	55
	>0.40	55	45
钢渣粉	—	30	20
磷渣粉	—	30	20
硅灰	—	10	10
复合掺合料	≤0.40	65	55
	>0.40	55	45

注：1. 采用其他通用硅酸盐水泥时，宜将水泥混合材掺量20%以上的混合材量计入矿物掺合料。
2. 复合掺合料各组分的掺量不宜超过单掺时的最大掺量。
3. 在混合使用两种或两种以上矿物掺合料时，矿物掺合料总掺量应符合表中复合掺合料的规定。

表 7-3 预应力混凝土中矿物掺合料最大掺量

矿物掺合料种类	水胶比	最大掺量（%）	
		采用硅酸盐水泥时	采用普通硅酸盐水泥时
粉煤灰	≤0.40	35	30
	>0.40	25	20
粒化高炉矿渣粉	≤0.40	55	45
	>0.40	45	35
钢渣粉	—	20	10
磷渣粉	—	20	10
硅灰	—	10	10
复合掺合料	≤0.40	55	45
	>0.40	45	35

注：1. 采用其他通用硅酸盐水泥时，宜将水泥混合材掺量20%以上的混合材掺量计入矿物掺合料。
2. 复合掺合料各组分的掺量不宜超过单掺时的最大掺量。
3. 在混合使用两种或两种以上矿物掺合料时，矿物掺合料总掺量应符合表中复合掺合料的规定。

（6）混凝土拌合物中水溶性氯离子最大含量应符合表7-4的规定，其测试方法应符合现行行业标准《水运工程混凝土试验规程》JTJ 270—1998中混凝土拌合物中氯离子含量的快速测定方法的规定。

表 7-4 混凝土拌合物中水溶性氯离子最大含量

环境条件	水溶性氯离子最大含量（水泥用量的质量百分比,%）		
	钢筋混凝土	预应力混凝土	素混凝土
干燥环境	0.30	0.06	1.00
潮湿但不含氯离子的环境	0.20		
潮湿且含有氯离子的环境、盐渍土环境	0.10		
除冰盐等侵蚀性物质的腐蚀环境	0.06		

（7）长期处于潮湿或水位变动的寒冷和严寒环境以及盐冻环境的混凝土应掺用引气剂。引气剂掺量应根据混凝土含气量要求经试验确定，混凝土最小含气量应符合表 7-5 的规定，最大不宜超过 7.0%。

表 7-5 混凝土最小含气量

粗骨料最大公称粒径（mm）	混凝土最小含气量（%）	
	潮湿或水位变动的寒冷和严寒环境	盐冻环境
40.0	4.5	5.0
25.0	5.0	5.5
20.0	5.5	6.0

注：含气量为气体占混凝土体积的百分比。

（8）对于有预防混凝土碱骨料反应设计要求的工程，宜掺用适量粉煤灰或其他矿物掺合料，混凝土中最大碱含量不应大于 3.0kg/m^3；对于矿物掺合料碱含量，粉煤灰碱含量可取实测值的 1/6，粒化高炉矿渣粉碱含量可取实测值的 1/2。

7.1.2 混凝土配制强度的确定

（1）混凝土的配制强度应按下列规定确定：

1）当混凝土的设计强度等级小于 C60 时，配制强度应按下式确定：

$$f_{cu,0} \geqslant f_{cu,k} + 1.645\sigma \tag{7-1}$$

式中：$f_{cu,0}$——混凝土配制强度（MPa）；

$f_{cu,k}$——混凝土立方体抗压强度标准值，这里取混凝土的设计强度等级值（MPa）；

σ——混凝土强度标准差（MPa）。

2）当设计强度等级不小于 C60 时，配制强度应按下式确定：

$$f_{cu,0} \geqslant 1.15 f_{cu,k} \tag{7-2}$$

（2）混凝土强度标准差应按下列规定确定：

1）当具有近 1~3 个月的同一品种、同一强度等级混凝土的强度资料，且试件组数不小于 30 时，其混凝土强度标准差 σ 应按下式计算：

$$\sigma=\sqrt{\frac{\sum_{i=1}^{n}f_{cu,i}^{2}-nm_{fcu}^{2}}{n-1}} \tag{7-3}$$

式中：σ——混凝土强度标准差；

$f_{cu,i}$——第 i 组的试件强度（MPa）；

m_{fcu}——n 组试件的强度平均值（MPa）；

n——试件组数。

对于强度等级不大于 C30 的混凝土，当混凝土强度标准差计算值不小于 3.0MPa 时，应按式（7-3）计算结果取值；当混凝土强度标准差计算值小于 3.0MPa 时，应取 3.0MPa。

对于强度等级大于 C30 且小于 C60 的混凝土，当混凝土强度标准差计算值不小于 4.0MPa 时，应按式（7-3）计算结果取值；当混凝土强度标准差计算值小于 4.0MPa 时，应取 4.0MPa。

2）当没有近期的同一品种、同一强度等级混凝土强度资料时，其强度标准差 σ 可按表 7-6 取值。

表 7-6 标准差 σ 值（MPa）

混凝土强度标准值	≤C20	C25 ~ C45	C50 ~ C55
σ	4.0	5.0	6.0

7.1.3 混凝土配合比计算

1. 水胶比

（1）当混凝土强度等级小于 C60 时，混凝土水胶比宜按下式计算：

$$W/B=\frac{\alpha_a f_b}{f_{cu,0}+\alpha_a\alpha_b f_b} \tag{7-4}$$

式中：W/B——混凝土水胶比；

α_a、α_b——回归系数，按（2）的规定取值；

f_b——胶凝材料 28d 胶砂抗压强度（MPa），可实测，且试验方法应按现行国家标准《水泥胶砂强度检验方法（ISO 法）》GB/T 17671—1999 执行；也可按（3）确定。

（2）回归系数（α_a、α_b）宜按下列规定确定：

1）根据工程所使用的原材料，通过试验建立的水胶比与混凝土强度关系式来确定。

2）当不具备上述试验统计资料时，可按表 7-7 选用。

表 7-7 回归系数（α_a、α_b）取值表

系数 \ 粗骨料品种	碎 石	卵 石
α_a	0.53	0.49
α_b	0.20	0.13

（3）当胶凝材料28d胶砂抗压强度值f_b无实测值时，可按下式计算：

$$f_b = \gamma_f \gamma_s f_{ce} \tag{7-5}$$

式中：γ_f、γ_s——粉煤灰影响系数和粒化高炉矿渣粉影响系数，可按表7-8选用；

f_{ce}——水泥28d胶砂抗压强度（MPa），可实测，也可按（4）确定。

表7-8 粉煤灰影响系数γ_f和粒化高炉矿渣粉影响系数γ_s

种类 掺量（%）	粉煤灰影响系数γ_f	粒化高炉矿渣粉影响系数γ_s
0	1.00	1.00
10	0.85~0.95	1.00
20	0.75~0.85	0.95~1.00
30	0.65~0.75	0.90~1.00
40	0.55~0.65	0.80~0.90
50	—	0.70~0.85

注：1. 采用Ⅰ级、Ⅱ级粉煤灰宜取上限值。

2. 采用S75级粒化高炉矿渣粉宜取下限值，采用S95级粒化高炉矿渣粉宜取上限值，采用S105级粒化高炉矿渣粉可取上限值加0.05。

3. 当超出表中的掺量时，粉煤灰和粒化高炉砂渣粉影响系数应经试验确定。

（4）当水泥28d胶砂抗压强度f_{ce}无实测值时，可按下式计算：

$$f_{ce} = \gamma_c f_{ce,g} \tag{7-6}$$

式中：γ_c——水泥强度等级值的富余系数，可按实际统计资料确定；当缺乏实际统计资料时，也可按表7-9选用；

$f_{ce,g}$——水泥强度等级值（MPa）。

表7-9 水泥强度等级值的富余系数γ_c

水泥强度等级值	32.5	42.5	52.5
富余系数	1.12	1.16	1.10

2. 用水量和外加剂用量

（1）每立方米干硬性或塑性混凝土的用水量m_{w0}应符合下列规定：

1）混凝土水胶比在0.40~0.80范围时，可按表7-10和表7-11选取。

表7-10 干硬性混凝土的用水量（kg/m^3）

拌合物稠度		卵石最大公称粒径（mm）			碎石最大公称粒径（mm）		
项目	指标	10.0	20.0	40.0	16.0	20.0	40.0
维勃稠度（s）	16~20	175	160	145	180	170	155
	11~15	180	165	150	185	175	160
	5~10	185	170	155	190	180	165

表7-11 塑性混凝土的用水量（kg/m^3）

拌合物稠度		卵石最大公称粒径（mm）				碎石最大公称粒径（mm）			
项目	指标	10.0	20.0	31.5	40.0	16.0	20.0	31.5	40.0
坍落度（mm）	10~30	190	170	160	150	200	185	175	165
	35~50	200	180	170	160	210	195	185	175
	55~70	210	190	180	170	220	205	195	185
	75~90	215	195	185	175	230	215	205	195

2）混凝土水胶比小于0.40时，可通过试验确定。

（2）掺外加剂时，每立方米流动性或大流动性混凝土的用水量m_{w0}可按下式计算：

$$m_{w0}=m'_{w0}(1-\beta) \tag{7-7}$$

式中：m_{w0}——计算配合比每立方米混凝土的用水量（kg/m^3）；

m'_{w0}——未掺外加剂时推定的满足实际坍落度要求的每立方米混凝土用水量（kg/m^3），以表7-11中90mm坍落度的用水量为基础，按每增大20mm坍落度相应增加5kg/m^3用水量来计算，当坍落度增大到180mm以上时，随坍落度相应增加的用水量可减少；

β——外加剂的减水率（%），应经混凝土试验确定。

（3）每立方米混凝土中外加剂用量m_{a0}应按下式计算：

$$m_{a0}=m_{b0}\beta_a \tag{7-8}$$

式中：m_{a0}——计算配合比每立方米混凝土中外加剂用量（kg/m^3）；

m_{b0}——计算配合比每立方米混凝土中胶凝材料用量（kg/m^3），计算应符合式(7-9)的规定；

β_a——外加剂掺量（%），应经混凝土试验确定。

3. 胶凝材料、矿物掺合料和水泥用量

（1）每立方米混凝土的胶凝材料用量m_{b0}应按式（7-9）计算，并应进行试拌调整，在拌合物性能满足的情况下，取经济合理的胶凝材料用量。

$$m_{b0}=\frac{m_{w0}}{W/B} \tag{7-9}$$

式中：m_{b0}——计算配合比每立方米混凝土中胶凝材料用量（kg/m^3）；

m_{w0}——计算配合比每立方米混凝土的用水量（kg/m^3）；

W/B——混凝土水胶比。

（2）每立方米混凝土的矿物掺合料用量m_{f0}应按下式计算：

$$m_{f0}=m_{b0}\beta_f \tag{7-10}$$

式中：m_{f0}——计算配合比每立方米混凝土中矿物掺合料用量（kg/m^3）；

β_f——矿物掺合料掺量（%），可结合7.1.1中（5）和1款中（1）的规定确定。

（3）每立方米混凝土的水泥用量m_{c0}应按下式计算：

$$m_{c0} = m_{b0} - m_{f0} \tag{7-11}$$

式中：m_{c0}——计算配合比每立方米混凝土中水泥用量（kg/m³）。

4．砂率

（1）砂率 β_s 应根据骨料的技术指标、混凝土拌合物性能和施工要求，参考既有历史资料确定。

（2）当缺乏砂率的历史资料时，混凝土砂率的确定应符合下列规定：

1）坍落度小于10mm的混凝土，其砂率应经试验确定。

2）坍落度为10～60mm的混凝土，其砂率可根据粗骨料品种、最大公称粒径及水胶比按表7－12选取。

3）坍落度大于60mm的混凝土，其砂率可经试验确定，也可在表7－12的基础上，按坍落度每增大20mm、砂率增大1%的幅度予以调整。

表7－12 混凝土的砂率（%）

水胶比	卵石最大公称粒径（mm）			碎石最大公称粒径（mm）		
	10.0	20.0	40.0	16.0	20.0	40.0
0.40	26～32	25～31	24～30	30～35	29～34	27～32
0.50	30～35	29～34	28～33	33～38	32～37	30～35
0.60	33～38	32～37	31～36	36～41	35～40	33～38
0.70	36～41	35～40	34～39	39～44	38～43	36～41

注：1．本表数值系中砂的选用砂率，对细砂或粗砂，可相应地减小或增大砂率。
2．采用人工砂配制混凝土时，砂率可适当增大。
3．只用一个单粒级粗骨料配制混凝土时，砂率应适当增大。

5．粗、细骨料用量

（1）当采用质量法计算混凝土配合比时，粗、细骨料用量应按式（7－12）计算；砂率应按式（7－13）计算。

$$m_{f0} + m_{c0} + m_{g0} + m_{s0} + m_{w0} = m_{cp} \tag{7-12}$$

$$\beta_s = \frac{m_{s0}}{m_{g0} + m_{s0}} \times 100\% \tag{7-13}$$

式中：m_{g0}——计算配合比每立方米混凝土的粗骨料用量（kg/m³）；
m_{s0}——计算配合比每立方米混凝土的细骨料用量（kg/m³）；
β_s——砂率（%）；
m_{cp}——每立方米混凝土拌合物的假定质量（kg），可取2350～2450kg/m³。

（2）当采用体积法计算混凝土配合比时，砂率应按公式（7－13）计算，粗、细骨料用量应按公式（7－14）计算。

$$\frac{m_{c0}}{\rho_c} + \frac{m_{f0}}{\rho_f} + \frac{m_{g0}}{\rho_g} + \frac{m_{s0}}{\rho_s} + \frac{m_{w0}}{\rho_w} + 0.01\alpha = 1 \tag{7-14}$$

式中：ρ_c——水泥密度（kg/m³），可按现行国家标准《水泥密度测定方法》GB/T 208—

2014 测定，也可取 2900 ~ 3100kg/m^3；

ρ_f——矿物掺合料密度（kg/m^3），可按现行国家标准《水泥密度测定方法》GB/T 208—2014 测定；

ρ_g——粗骨料的表观密度（kg/m^3），应按现行行业标准《普通混凝土用砂、石质量及检验方法标准》JGJ 52—2006 测定；

ρ_s——细骨料的表观密度（kg/m^3），应按现行行业标准《普通混凝土用砂、石质量及检验方法标准》JGJ 52—2006 测定；

ρ_w——水的密度（kg/m^3），可取 1000kg/m^3；

α——混凝土的含气量百分数，在不使用引气剂或引气型外加剂时，α 可取 1。

7.1.4 混凝土配合比的试配、调整与确定

1. 试配

（1）混凝土试配应采用强制式搅拌机进行搅拌，并应符合现行行业标准《混凝土试验用搅拌机》JG 244—2009 的规定，搅拌方法宜与施工采用的方法相同。

（2）试验室成型条件应符合现行国家标准《普通混凝土拌合物性能试验方法标准》GB/T 50080—2002 的规定。

（3）每盘混凝土试配的最小搅拌量应符合表 7 - 13 的规定，并不应小于搅拌机公称容量的 1/4，且不应大于搅拌机公称容量。

表 7 - 13 混凝土试配的最小搅拌量

粗骨料最大公称粒径（mm）	拌和物数量（L）
≤31.5	20
40.0	25

（4）在计算配合比的基础上应进行试拌。计算水胶比宜保持不变，并应通过调整配合比其他参数使混凝土拌合物性能符合设计和施工要求，然后修正计算配合比，提出试拌配合比。

（5）在试拌配合比的基础上应进行混凝土强度试验，并应符合下列规定：

1）应采用三个不同的配合比，其中一个应为（4）确定的试拌配合比，另外两个配合比的水胶比宜较试拌配合比分别增加和减少 0.05，用水量应与试拌配合比相同，砂率可分别增加和减少 1%。

2）进行混凝土强度试验时，拌合物性能应符合设计和施工要求。

3）进行混凝土强度试验时，每个配合比应至少制作一组试件，并应标准养护到 28d 或设计规定龄期时试压。

2. 配合比的调整与确定

（1）配合比调整应符合下列规定：

1）根据 1 款中（5）混凝土强度试验结果，宜绘制强度和胶水比的线性关系图或插值法确定略大于配制强度对应的胶水比。

2）在试拌配合比的基础上，用水量 m_w 和外加剂用量 m_a 应根据确定的水胶比作调整。

3）胶凝材料用量 m_b 应以用水量乘以确定的胶水比计算得出。

4）粗骨料和细骨料用量 m_g 和 m_s 应根据用水量和胶凝材料用量进行调整。

（2）混凝土拌合物表观密度和配合比校正系数的计算应符合下列规定：

1）配合比调整后的混凝土拌合物的表观密度应按下式计算：

$$\rho_{c,c} = m_c + m_f + m_g + m_s + m_w \tag{7-15}$$

式中：$\rho_{c,c}$——混凝土拌合物的表观密度计算值（kg/m^3）；

m_c——每立方米混凝土的水泥用量（kg/m^3）；

m_f——每立方米混凝土的矿物掺合料用量（kg/m^3）；

m_g——每立方米混凝土的粗骨料用量（kg/m^3）；

m_s——每立方米混凝土的细骨料用量（kg/m^3）；

m_w——每立方米混凝土的用水量（kg/m^3）。

2）混凝土配合比校正系数应按下式计算：

$$\delta = \frac{\rho_{c,t}}{\rho_{c,c}} \tag{7-16}$$

式中：δ——混凝土配合比校正系数；

$\rho_{c,t}$——混凝土拌合物的表观密度实测值（kg/m^3）。

（3）当混凝土拌合物表观密度实测值与计算值之差的绝对值不超过计算值的 2% 时，按（1）调整的配合比可维持不变；当二者之差超过 2% 时，应将配合比中每项材料用量均乘以校正系数 δ。

（4）配合比调整后，应测定拌合物水溶性氯离子含量，试验结果应符合表 7-4 的规定。

（5）对耐久性有设计要求的混凝土应进行相关耐久性试验验证。

（6）生产单位可根据常用材料设计出常用的混凝土配合比备用，并应在启用过程中予以验证或调整。遇有下列情况之一时，应重新进行配合比设计：

1）对混凝土性能有特殊要求时。

2）水泥、外加剂或矿物掺合料等原材料品种、质量有显著变化时。

7.2 普通混凝土力学性能试验

7.2.1 普通混凝土抗压强度试验

1. 试验目的

测定混凝土立方体抗压强度和轴心抗压强度。

2. 试验仪器

（1）压力试验机。除应符合《液压式万能试验机》GB/T 3159—2008 及《试验机通用技术要求》GB/T 2611—2007 中技术要求外，其测量精度为 ±1%，试件破坏荷载应大于压力机全量程的 20% 且小于压力机全量程的 80%。应具有加荷速度指示装置或加荷速度控制装置，并应能均匀、连续地加荷。应具有有效期内的计量检定证书。

（2）钢垫板。钢垫板的平面尺寸应不小于试件的承压面积，厚度应不小于25mm。钢垫板应机械加工，承压面的平面度公差为0.04mm；表面硬度不小于55HRC；硬化层厚度约为5mm。

3．试验步骤

（1）立方体抗压强度试验。

1）试件从养护地点取出后应及时进行试验，将试件表面与上下承压板面擦干净。

2）将试件安放在试验机的下压板或垫板上，试件的承压面应与成型时的顶面垂直。试件的中心应与试验机下压板中心对准，开动试验机，当上压板与试件或钢垫板接近时，调整球座，使接触均衡。

3）在试验过程中应连续均匀地加荷，混凝土强度等级＜C30时，加荷速度取每秒钟0.3～0.5MPa；混凝土强度等级≥C30且＜C60时，取每秒钟0.5～0.8MPa；混凝土强度等级≥C60时，取每秒钟0.8～1.0MPa。

4）当试件接近破坏开始急剧变形时，应停止调整试验机油门，直至破坏。然后记录破坏荷载。

（2）轴心抗压强度试验。

1）试件从养护地点取出后应及时进行试验，用干毛巾将试件表面与上下承压板面擦干净。

2）将试件直立放置在试验机的下压板或钢垫板上，并使试件轴心与下压板中心对准。

3）开动试验机，当上压板与试件或钢垫板接近时，调整球座，使接触均衡。

4）应连续均匀地加荷，不得有冲击。混凝土强度等级＜C30时，加荷速度取每秒钟0.3～0.5MPa；混凝土强度等级≥C30且＜C60时，取每秒钟0.5～0.8MPa；混凝土强度等级≥C60时，取每秒钟0.8～1.0MPa。

5）试件接近破坏而开始急剧变形时，应停止调整试验机油门，直至破坏。然后记录破坏荷载。

4．试验结果处理

（1）立方体抗压试验。

1）混凝土立方体抗压强度按下式计算：

$$f_{cc}=\frac{F}{A} \tag{7-17}$$

式中：f_{cc}——混凝土立方体试件抗压强度（MPa）；

F——试件破坏荷载（N）；

A——试件承压面积（mm^2）。

混凝土立方体抗压强度计算应精确至0.1MPa。

2）强度值的确定应符合下列规定：

①三个试件值的算术平均值作为该组试件的强度值（精确至0.1MPa）。

②三个测值中的最大值或最小值中如有一个与中间值的差值超过中间值的15%时，

则把最大及最小值一并舍除，取中间值作为该组试件的抗压强度值。

③如最大值和最小值与中间值的差均超过中间值的 15%，则该组试件的试验结果无效。

3）混凝土强度等级 < C60 时，用非标准试件测得的强度值均应乘以尺寸换算系数，其值为对 200mm × 200mm × 200mm 试件为 1.05；对 100mm × 100mm × 100mm 试件为 0.95。当混凝土强度等级≥C60 时，宜采用标准试件；使用非标准试件时，尺寸换算系数应由试验确定。

（2）轴心抗压强度试验。

1）混凝土试件轴心抗压强度应按下式计算：

$$f_{cp} = \frac{F}{A} \tag{7-18}$$

式中：f_{cp}——混凝土轴心抗压强度（MPa）；

F——试件破坏荷载（N）；

A——试件承压面积（mm^2）。

混凝土轴心抗压强度计算值应精确至 0.1MPa。

2）混凝土轴心抗压强度值的确定应符合（1）中 2）的规定。

3）混凝土强度等级 < C60 时，用非标准试件测得的强度值均应乘以尺寸换算系数，其值为对 200mm × 200mm × 400mm 试件为 1.05；对 100mm × 100mm × 300mm 试件为 0.95。当混凝土强度等级≥C60 时，宜采用标准试件；使用非标准试件时，尺寸换算系数应由试验确定。

7.2.2 普通混凝土劈裂抗拉强度试验

1. 试验目的

测定混凝土立方体试件的劈裂抗拉强度。

2. 试验仪器

（1）压力试验机。除应符合《液压式万能试验机》GB/T 3159—2008 及《试验机通用技术要求》GB/T 2611—2007 中技术要求外，其测量精度为 ±1%，试件破坏荷载应大于压力机全量程的 20% 且小于压力机全量程的 80%。应具有加荷速度指示装置或加荷速度控制装置，并应能均匀、连续地加荷。应具有有效期内的计量检定证书。

（2）垫块。劈裂抗拉强度试验应采用半径为 75mm 的钢制弧形垫块，其横截面尺寸如图 7-1 所示，垫块的长度与试件相同。

（3）垫条。垫条为三层胶合板制成，宽度为 20mm，厚度为 3 ~ 4mm，长度不小于试件长度，垫条不得重复使用。

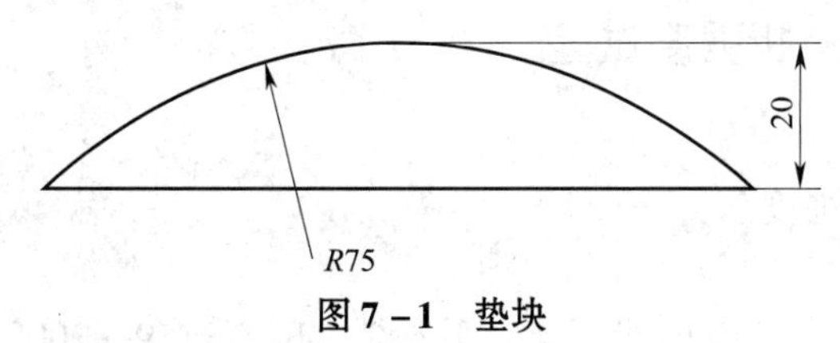

图 7-1 垫块

（4）支架。支架为钢支架，如图 7－2 所示。

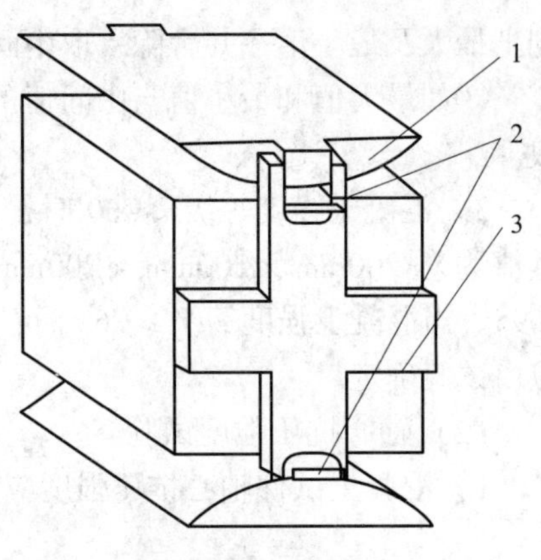

图 7－2　支架示意图

1—垫块；2—垫条；3—支架

3．试验步骤

（1）试件从养护地点取出后应及时进行试验，将试件表面与上下承压板面擦干净。

（2）将试件放在试验机下压板的中心位置，劈裂承压面和劈裂面应与试件成型时的顶面垂直；在上、下压板与试件之间垫以圆弧形垫块及垫条各一条，垫块与垫条应与试件上、下面的中心线对准并与成型时的顶面垂直。宜把垫条及试件安装在定位架上使用，如图 7－2 所示。

（3）开动试验机，当上压板与圆弧形垫块接近时，调整球座，使接触均衡。加荷应连续均匀，当混凝土强度等级 < C30 时，加荷速度取每秒钟 0.02 ~ 0.05MPa；当混凝土强度等级 ≥ C30 且 < C60 时，取每秒钟 0.05 ~ 0.08MPa；当混凝土强度等级 ≥ C60 时，取每秒钟 0.08 ~ 0.10MPa，至试件接近破坏时，应停止调整试验机油门，直至试件破坏，然后记录破坏荷载。

4．试验结果处理

（1）混凝土劈裂抗拉强度应按下式计算：

$$f_{ts}=\frac{2F}{\pi A}=0.637\frac{F}{A} \tag{7-19}$$

式中：f_{ts}——混凝土劈裂抗拉强度（MPa）；

F——试件破坏荷载（N）；

A——试件劈裂面面积（mm^2）。

劈裂抗拉强度计算精确到 0.01MPa。

（2）强度值的确定应符合下列规定：

1）三个试件测值的算术平均值作为该组试件的强度值（精确至 0.01MPa）。

2）三个测值中的最大值或最小值中如有一个与中间值的差值超过中间值的 15% 时，则把最大及最小值一并舍除，取中间值作为该组试件的抗压强度值。

3）如最大值和最小值与中间值的差均超过中间值的 15%，则该组试件的试验结果无效。

（3）采用 100mm × 100mm × 100mm 非标准试件测得的劈裂抗拉强度值，应乘以尺寸换算系数 0.85；当混凝土强度等级 ≥ C60 时，宜采用标准试件；使用非标准试件时，尺寸换算系数应由试验确定。

7.2.3　普通混凝土抗折强度试验

1．试验目的

测定混凝土的抗折强度。

2．试验设备

（1）试验机除应符合《液压式万能试验机》GB/T 3159—2008 及《试验机通用技术

要求》GB/T 2611—2007 中技术要求外，其测量精度为±1%，试件破坏荷载应大于压力机全量程的20%且小于压力机全量程的80%。应具有加荷速度指示装置或加荷速度控制装置，并应能均匀、连续地加荷。应具有有效期内的计量检定证书。

（2）试验机应能施加均匀、连续、速度可控的荷载，并带有能使二个相等荷载同时作用在试件跨度3分点处的抗折试验装置，如图7-3所示。

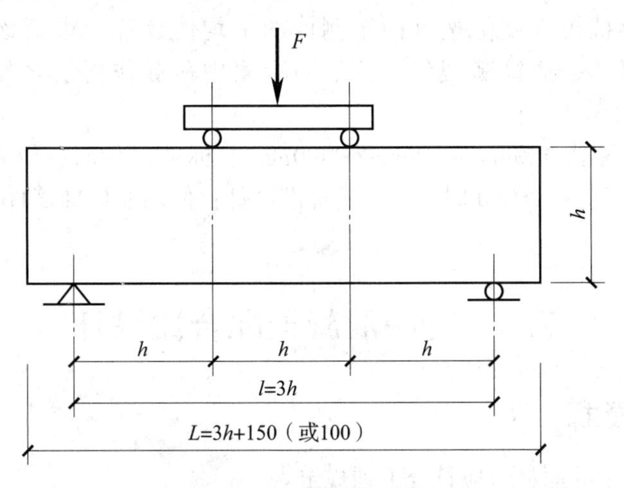

图7-3 抗折试验装置

（3）试件的支座和加荷头应采用直径为20~40mm、长度不小于 $b+10$mm 的硬钢圆柱，为立脚点固定铰支，其他应为滚动支点。

3. 试验步骤

（1）试件从养护地取出后应及时进行试验，将试件表面擦干净。

（2）按图7-3装置试件，安装尺寸偏差不得大于1mm。试件的承压面应为试件成型时的侧面。支座及承压面与圆柱的接触面应平稳、均匀，否则应垫平。

（3）施加荷载应保持均匀、连续。当混凝土强度等级<C30时，加荷速度取每秒0.02~0.05MPa；当混凝土强度等级≥C30且<C60时，取每秒钟0.05~0.08MPa；当混凝土强度等级≥C60时，取每秒钟0.08~0.10MPa，至试件接近破坏时，应停止调整试验机油门，直至试件破坏，然后记录破坏荷载。

（4）记录试件破坏荷载的试验机示值及试件下边缘断裂位置。

4. 试验结果处理

（1）若试件下边缘断裂位置处于二个集中荷载作用线之间，则试件的抗折强度 f_f（MPa）按下式计算：

$$f_f = \frac{Fl}{bh^2} \qquad (7-20)$$

式中：f_f——混凝土抗折强度（MPa）；

F——试件破坏荷载（N）；

l——支座间跨度（mm）；

b——试件截面宽度（mm）；

h——试件截面高度（mm）。

抗折强度计算应精确至0.1MPa。

（2）抗折强度值的确定应符合7.2.1中4款（1）中2）的规定。

（3）三个试件中若有一个折断面位于两个集中荷载之外，则混凝土抗折强度值按另两个试件的试验结果计算。若这两个测值的差值不大于这两个测值的较小值的15%时，则该组试件的抗折强度值按这两个测值的平均值计算，否则该组试件的试验无效。若有两个试件的下边缘断裂位置位于两个集中荷载作用线之外，则该组试件试验无效。

（4）当试件尺寸为100mm×100mm×400mm非标准试件时，应乘以尺寸换算系数0.85；当混凝土强度等级≥C60时，宜采用标准试件；使用非标准试件时，尺寸换算系数应由试验确定。

7.3 特种混凝土配合比设计

7.3.1 抗渗混凝土

（1）抗渗混凝土的原材料应符合下列规定：

1）水泥宜采用普通硅酸盐水泥。

2）粗骨料宜采用连续级配，其最大公称粒径不宜大于40.0mm，含泥量不得大于1.0%，泥块含量不得大于0.5%。

3）细骨料宜采用中砂，含泥量不得大于3.0%，泥块含量不得大于1.0%。

4）抗渗混凝土宜掺用外加剂和矿物掺合料，粉煤灰等级应为Ⅰ级或Ⅱ级。

（2）抗渗混凝土配合比应符合下列规定：

1）最大水胶比应符合表7－14的规定。

表7－14 抗渗混凝土最大水胶比

设计抗渗等级	最大水胶比	
	C20～C30	C30以上
P6	0.60	0.55
P8～P12	0.55	0.50
>P12	0.50	0.45

2）每立方米混凝土中的胶凝材料用量不宜小于320kg。

3）砂率宜为35～45%。

（3）配合比设计中混凝土抗渗技术要求应符合下列规定：

1）配制抗渗混凝土要求的抗渗水压值应比设计值提高0.2MPa。

2）抗渗试验结果应满足下式要求：

$$P_t \geqslant \frac{P}{10} + 0.2 \tag{7-21}$$

式中：P_t——6 个试件中不少于 4 个未出现渗水时的最大水压值（MPa）；

P——设计要求的抗渗等级值。

（4）掺用引气剂或引气型外加剂的抗渗混凝土，应进行含气量试验，含气量宜控制在 3.0 ~5.0%。

7.3.2 抗冻混凝土

（1）抗冻混凝土所用原材料应符合以下规定：

1）水泥应采用硅酸盐水泥或普通硅酸盐水泥。

2）粗骨料宜选用连续级配，其含泥量不得大于 1.0%，泥块含量不得大于 0.5%。

3）细骨料含泥量不得大于 3.0%，泥块含量不得大于 1.0%。

4）粗、细骨料均应进行坚固性试验，并应符合现行行业标准《普通混凝土用砂、石质量及检验方法标准》JGJ 52—2006 的规定。

5）抗冻等级不小于 F100 的抗冻混凝土宜掺用引气剂。

6）在钢筋混凝土和预应力混凝土中不得掺用含有氯盐的防冻剂；在预应力混凝土中不得掺用含有亚硝酸盐或碳酸盐的防冻剂。

（2）抗冻混凝土配合比应符合下列规定：

1）最大水胶比和最小胶凝材料用量应符合表 7 -15 的规定。

表 7 -15 最大水胶比和最小胶凝材料用量

设计抗冻等级	最大水胶比		最小胶凝材料用量（kg/m³）
	无引气剂时	掺引气剂时	
F50	0.55	0.60	300
F100	0.50	0.55	320
不低于 F150	—	0.50	350

2）复合矿物掺合料掺量宜符合表 7 -16 的规定；其他矿物掺合料掺量宜符合表 7 -2 的规定。

表 7 -16 复合矿物掺合料最大掺量

水胶比	最大掺量（%）	
	采用硅酸盐水泥时	采用普通硅酸盐水泥时
≤0.40	60	50
>0.40	50	40

注：1. 采用其他通用硅酸盐水泥时，可将水泥混合材掺量 20% 以上的混合材量计入矿物掺合料。

2. 复合矿物掺合料中各矿物掺合料组分的掺量不宜超过表 7 -2 中单掺时的限量。

3）掺用引气剂的混凝土最小含气量应符合表7－5的规定。

7.3.3 高强混凝土

（1）高强混凝土的原材料应符合下列规定：

1）水泥应选用硅酸盐水泥或普通硅酸盐水泥。

2）粗骨料宜采用连续级配，其最大公称粒径不宜大于25.0mm，针片状颗粒含量不宜大于5.0%，含泥量不应大于0.5%，泥块含量不应大于0.2%。

3）细骨料的细度模数宜为2.6～3.0，含泥量不应大于2.0%，泥块含量不应大于0.5%。

4）宜采用减水率不小于25%的高性能减水剂。

5）宜复合掺用粒化高炉矿渣粉、粉煤灰和硅灰等矿物掺合料；粉煤灰等级不应低于Ⅱ级；对强度等级不低于C80的高强混凝土宜掺用硅灰。

（2）高强混凝土配合比应经试验确定，在缺乏试验依据的情况下，配合比设计宜符合下列规定：

1）水胶比、胶凝材料用量和砂率可按表7－17选取，并应经试配确定。

表7－17 水胶比、胶凝材料用量和砂率

强度等级	水胶比	胶凝材料用量（kg/m^3）	砂率（%）
≥C60，＜C80	0.28～0.34	480～560	35～42
≥C80，＜C100	0.26～0.28	520～580	
C100	0.24～0.26	550～600	

2）外加剂和矿物掺合料的品种、掺量，应通过试配确定；矿物掺合料掺量宜为25～40%；硅灰掺量不宜大于10%。

3）水泥用量不宜大于500kg/m^3。

（3）在试配过程中，应采用三个不同的配合比进行混凝土强度试验，其中一个可为依据表7－17计算后调整拌合物的试拌配合比，另外两个配合比的水胶比，宜较试拌配合比分别增加和减少0.02。

（4）高强混凝土设计配合比确定后，尚应采用该配合比进行不少于三盘混凝土的重复试验，每盘混凝土应至少成型一组试件，每组混凝土的抗压强度不应低于配制强度。

（5）高强混凝土抗压强度测定宜采用标准尺寸试件，使用非标准尺寸试件时，尺寸折算系数应经试验确定。

7.3.4 泵送混凝土

（1）泵送混凝土所采用的原材料应符合下列规定：

1）水泥宜选用硅酸盐水泥、普通硅酸盐水泥、矿渣硅酸盐水泥和粉煤灰硅酸盐水泥。

2）粗骨料宜采用连续级配，其针片状颗粒含量不宜大于10%；粗骨料的最大公称粒径与输送管径之比宜符合表7－18的规定。

表7－18 粗骨料的最大公称粒径与输送管径之比

粗骨料品种	泵送高度（m）	粗骨料最大公称粒径与输送管径之比
碎石	<50	≤1:3.0
	50～100	≤1:4.0
	>100	≤1:5.0
卵石	<50	≤1:2.5
	50～100	≤1:3.0
	>100	≤1:4.0

3）细骨料宜采用中砂，其通过公称直径为315μm筛孔的颗粒含量不宜少于15%。

4）泵送混凝土应掺用泵送剂或减水剂，并宜掺用矿物掺合料。

（2）泵送混凝土配合比应符合下列规定：

1）胶凝材料用量不宜小于300kg/m³。

2）砂率宜为35～45%。

（3）泵送混凝土试配时应考虑坍落度经时损失。

7.3.5 大体积混凝土

（1）大体积混凝土所用的原材料应符合下列规定：

1）水泥宜采用中、低热硅酸盐水泥或低热矿渣硅酸盐水泥，水泥的3d和7d水化热应符合现行国家标准《中热硅酸盐水泥 低热硅酸盐水泥 低热矿渣硅酸盐水泥》GB 200—2003的规定。当采用硅酸盐水泥或普通硅酸盐水泥时，应掺加矿物掺合料，胶凝材料的3d和7d水化热分别不宜大于240kJ/kg和270kJ/kg。水化热试验方法应按现行国家标准《水泥水化热测定方法》GB/T 12959—2008执行。

2）粗骨料宜为连续级配，最大公称粒径不宜小于31.5mm，含泥量不应大于1.0%。

3）细骨料宜采用中砂，含泥量不应大于3.0%。

4）宜掺用矿物掺合料和缓凝型减水剂。

（2）当采用混凝土60d或90d龄期的设计强度时，宜采用标准尺寸试件进行抗压强度试验。

（3）大体积混凝土配合比应符合下列规定：

1）水胶比不宜大于0.55，用水量不宜大于175kg/m³。

2）在保证混凝土性能要求的前提下，宜提高每立方米混凝土中的粗骨料用量；砂率宜为38～42%。

3）在保证混凝土性能要求的前提下，应减少胶凝材料中的水泥用量，提高矿物掺合料掺量，矿物掺合料掺量应符合7.1.1中（5）的规定。

（4）在配合比试配和调整时，控制混凝土绝热温升不宜大于50℃。

（5）大体积混凝土配合比应满足施工对混凝土凝结时间的要求。

8 混凝土外加剂试验

8.1 混凝土外加剂性能指标

（1）掺外加剂混凝土的性能应符合表 8－1 的要求。

表 8－1 受检混凝土性能指标

<table>
<tr><th colspan="2" rowspan="3">项目</th><th colspan="13">外加剂品种</th></tr>
<tr><th colspan="3">高性能减水剂 HPWR</th><th colspan="2">高效减水剂 HWR</th><th colspan="3">普通减水剂 WR</th><th rowspan="2">引气减水剂 AEWR</th><th rowspan="2">泵送剂 PA</th><th rowspan="2">早强剂 Ac</th><th rowspan="2">缓凝剂 Re</th><th rowspan="2">引气剂 AE</th></tr>
<tr><th>早强型 HPWR－A</th><th>标准型 HPWR－S</th><th>缓凝型 HPWR－R</th><th>标准型 HWR－S</th><th>缓凝型 HWR－R</th><th>早强型 WR－A</th><th>标准型 WR－S</th><th>缓凝型 WR－R</th></tr>
<tr><td colspan="2">减水率（%），不小于</td><td>25</td><td>25</td><td>25</td><td>14</td><td>14</td><td>8</td><td>8</td><td>8</td><td>10</td><td>12</td><td>—</td><td>—</td><td>6</td></tr>
<tr><td colspan="2">泌水率比（%），不大于</td><td>50</td><td>60</td><td>70</td><td>90</td><td>100</td><td>95</td><td>100</td><td>100</td><td>70</td><td>70</td><td>100</td><td>100</td><td>70</td></tr>
<tr><td colspan="2">含气量（%）</td><td>≤6.0</td><td>≤6.0</td><td>≤6.0</td><td>≤3.0</td><td>≤4.5</td><td>≤4.0</td><td>≤4.0</td><td>≤5.5</td><td>≥3.0</td><td>≤5.5</td><td>—</td><td>—</td><td>≥3.0</td></tr>
<tr><td rowspan="2">凝结时间之差（min）</td><td>初凝</td><td rowspan="2">－90～+90</td><td rowspan="2">－90～+120</td><td>＞+90</td><td rowspan="2">－90～+120</td><td>＞+90</td><td rowspan="2">－90～+90</td><td rowspan="2">－90～+120</td><td>＞+90</td><td rowspan="2">－90～+120</td><td rowspan="2">—</td><td>－90～+90</td><td>＞+90</td><td rowspan="2">－90～+120</td></tr>
<tr><td>终凝</td><td>—</td><td>—</td><td>—</td><td>—</td><td>—</td></tr>
<tr><td rowspan="2">1h 经时变化量</td><td>坍落度（mm）</td><td>—</td><td>≤80</td><td>≤60</td><td rowspan="2">—</td><td rowspan="2">—</td><td rowspan="2">—</td><td rowspan="2">—</td><td rowspan="2">—</td><td>—</td><td>≤80</td><td rowspan="2">—</td><td rowspan="2">—</td><td>—</td></tr>
<tr><td>含气量（%）</td><td>—</td><td>—</td><td>—</td><td>－1.5～+1.5</td><td>—</td><td>－1.5～+1.5</td></tr>
<tr><td rowspan="4">抗压强度比（%），不小于</td><td>1d</td><td>180</td><td>170</td><td>—</td><td>140</td><td>—</td><td>135</td><td>—</td><td>—</td><td>—</td><td>—</td><td>135</td><td>—</td><td>—</td></tr>
<tr><td>3d</td><td>170</td><td>160</td><td>—</td><td>130</td><td>—</td><td>130</td><td>115</td><td>—</td><td>115</td><td>—</td><td>130</td><td>—</td><td>95</td></tr>
<tr><td>7d</td><td>145</td><td>150</td><td>140</td><td>125</td><td>125</td><td>110</td><td>115</td><td>110</td><td>110</td><td>115</td><td>110</td><td>100</td><td>95</td></tr>
<tr><td>28d</td><td>130</td><td>140</td><td>130</td><td>120</td><td>120</td><td>100</td><td>110</td><td>110</td><td>100</td><td>110</td><td>100</td><td>100</td><td>90</td></tr>
<tr><td>收缩率比（%），不大于</td><td>28d</td><td>110</td><td>110</td><td>110</td><td>135</td><td>135</td><td>135</td><td>135</td><td>135</td><td>135</td><td>135</td><td>135</td><td>135</td><td>135</td></tr>
</table>

续表 8－1

项目	外加剂品种												
	高性能减水剂 HPWR			高效减水剂 HWR		普通减水剂 WR			引气减水剂 AEWR	泵送剂 PA	早强剂 Ac	缓凝剂 Re	引气剂 AE
	早强型 HPWR－A	标准型 HPWR－S	缓凝型 HPWR－R	标准型 HWR－S	缓凝型 HWR－R	早强型 WR－A	标准型 WR－S	缓凝型 WR－R					
相对耐久性（200 次）（%），不大于	—	—	—	—	—	—	—	—	8080	—	—	—	80

注：1. 表中抗压强度比、收缩率比、相对耐久性为强制性指标，其余为推荐性指标。
2. 除含气量和相对耐久性外，表中所列数据为掺外加剂混凝土与基准混凝土的差值或比值。
3. 凝结时间之差性能指标中的“－”号表示提前，“＋”号表示延缓。
4. 相对耐久性（200 次）性能指标中的“≥80”表示将 28d 龄期的受检混凝土试件快速冻融循环 200 次后，动弹性模量保留值≥80%。
5. 1h 含气量经时变化量指标中的“－”号表示含气量增加，“＋”号表示含气量减少。
6. 其他品种的外加剂是否需要测定相对耐久性指标，由供、需双方协商确定。
7. 当用户对泵送剂等产品有特殊要求时，需要进行的补充试验项目、试验方法及指标，由供、需双方协商决定。

（2）匀质性是指外加剂本身的性能，生产厂主要用来控制产品质量的稳定性。《混凝土外加剂均质性试验方法》GB/T 8077—2012 只规定工厂对各项指标控制在一定的波动范围内，具体指标由生产厂自定。表 8－2 为外加剂匀质性指标。

表 8－2 外加剂匀质性指标

项目	指标
氯离子含量（%）	不超过生产厂控制值
总碱量（%）	不超过生产厂控制值
含固量（%）	$S>25\%$ 时，应控制在 $0.95S\sim1.05S$ $S\leqslant25\%$ 时，应控制在 $0.90S\sim1.10S$
含水率（%）	$W>5\%$ 时，应控制在 $0.90W\sim1.10W$ $W\leqslant5\%$ 时，应控制在 $0.80W\sim1.20W$
密度（g/cm^3）	$D>1.1$ 时，应控制在 $D\pm0.03$ $D\leqslant1.1$ 时，应控制在 $D\pm0.02$
细度	应在生产厂控制范围内
pH 值	应在生产厂控制范围内
硫酸钠含量（%）	不超过生产厂控制值

注：1. 生产厂应在相关的技术资料中明示产品匀质性指标的控制值。
2. 对相同和不同批次之间的匀质性和等效性的其他要求，可由供、需双方商定。
3. 表中的 S、W 和 D 分别为含固量、含水率和密度的生产厂控制值。

8.2 混凝土外加剂试验

8.2.1 混凝土外加剂相容性快速试验方法

（1）混凝土外加剂相容性快速试验方法适用于含减水组分的各类混凝土外加剂与胶凝材料、细骨料和其他外加剂的相容性试验。

（2）试验所用仪器设备应符合下列规定：

1）水泥胶砂搅拌机应符合现行行业标准《行星式水泥胶砂搅拌机》JC/T 681—2005 的有关规定；

2）砂浆扩展度筒应采用内壁光滑无接缝的筒状金属制品（图 8－1），尺寸应符合下列要求：

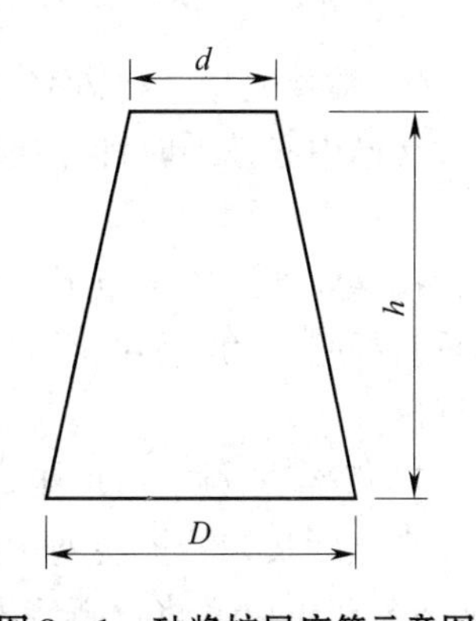

图 8－1 砂浆扩展度筒示意图

①筒壁厚度不应小于 2mm。

②上口内径 d 尺寸为（50 ±0.5）mm。

③下口内径 D 尺寸为（100 ±0.5）mm。

④高度 h 尺寸为（150 ±0.5）mm。

3）捣棒应采用直径为（8 ±0.2）mm、长为（300 ±3）mm 的钢棒，端部应磨圆；玻璃板的尺寸应为 500mn ×500mm ×5mm；应采用量程为 500mm、分度值为 1mm 的钢直尺；应采用分度值为 0.1s 的秒表；应采用分度值为 1s 的时钟；应采用量程为 100g、分度值为 0.01g 的天平；应采用量程为 5kg、分度值为 1g 的台秤。

（3）试验所用原材料、配合比及环境条件应符合下列规定：

1）应采用工程实际使用的外加剂、水泥和矿物掺合料。

2）工程实际使用的砂，应筛除粒径大于 5mm 以上的部分，并应自然风干至气干状态。

3）砂浆配合比应采用与工程实际使用的混凝土配合比中去除粗骨料后的砂浆配合比，水胶比应降低 0.02，砂浆总量不应小于 1.0L。

4）砂浆初始扩展度应符合下列要求：

①普通减水剂的砂浆初始扩展度应为（260 ±20）mm。

②高效减水剂、聚羧酸系高性能减水剂和泵送剂的砂浆初始扩展度应为（350 ±20）mm。

5）试验应在砂浆成型室标准试验条件下进行，试验室温度应保持在（20 ±2）℃，相对湿度不应低于 50% 。

（4）试验方法应按下列步骤进行：

1）将玻璃板水平放置，用湿布将玻璃板、砂浆扩展度筒、搅拌叶片及搅拌锅内壁均匀擦拭，使其表面润湿。

2）将砂浆扩展度筒置于玻璃板中央，并用湿布覆盖待用。

3）按砂浆配合比的比例分别称取水泥、矿物掺合料、砂、水及外加剂待用。

4）外加剂为液体时，先将胶凝材料、砂加入搅拌锅内预搅拌10s，再将外加剂与水混合均匀加入；外加剂为粉状时，先将胶凝材料、砂及外加剂加入搅拌锅内预搅拌10s，再加入水。

5）加水后立即启动胶砂搅拌机，并按胶砂搅拌机程序进行搅拌，从加水时刻开始计时。

6）搅拌完毕，将砂浆分两次倒入砂浆扩展度筒，每次倒入约筒高的1/2，并用捣棒自边缘向中心按顺时针方向均匀插捣15下，各次插捣应在截面上均匀分布。插捣筒边砂浆时，捣棒可稍微沿筒壁方向倾斜。插捣底层时，捣棒应贯穿筒内砂浆深度；插捣第二层时，捣棒应插透本层至下一层的表面。插捣完毕后，砂浆表面应用刮刀刮平，将筒缓慢匀速垂直提起，10s后用钢直尺量取相互垂直的两个方向的最大直径，并取其平均值为砂浆扩展度。

7）砂浆初始扩展度未达到要求时，应调整外加剂的掺量，并重复1）~6）的试验步骤，直至砂浆初始扩展度达到要求。

8）将试验砂浆重新倒入搅拌锅内，并用湿布覆盖搅拌锅，从计时开始后10min（聚羧酸系高性能减水剂应做）、30min、60min，开启搅拌机，快速搅拌1min，按7）测定砂浆扩展度。

（5）试验结果评价应符合下列规定：

1）应根据外加剂掺量和砂浆扩展度经时损失判断外加剂的相容性。

2）试验结果有异议时，可按实际混凝土配合比进行试验验证。

3）应注明所用外加剂、水泥、矿物掺合料和砂的品种、等级、生产厂及试验室温度、湿度等。

8.2.2 补偿收缩混凝土的限制膨胀率测定方法

（1）补偿收缩混凝土的限制膨胀率测定方法适用于测定掺膨胀剂混凝土的限制膨胀率及限制干缩率。

（2）试验用仪器应符合下列规定：

1）测量仪可由千分表、支架和标准杆组成（图8-2），千分表分辨率应为0.001mm。

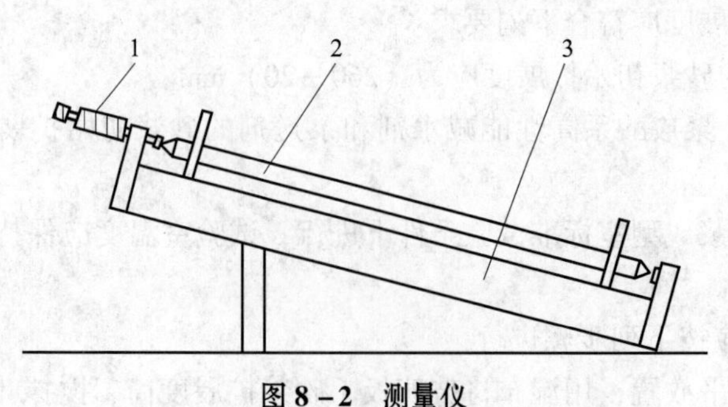

图8-2 测量仪

1—电子千分表；2—标准杆；3—支架

2）纵向限制器应符合下列规定：

①纵向限制器应由纵向限制钢筋与钢板焊接制成（图8-3）。

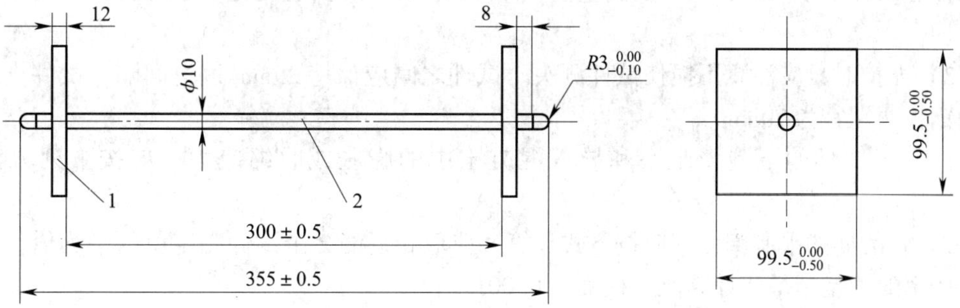

（a）正视图　　（b）侧视图

图 8－3　纵向限制器

1—端板；2—钢筋

②纵向限制钢筋应采用直径为 10mm、横截面面积为 78.54mm^2，且符合现行国家标准《钢筋混凝土用钢　第 2 部分：热轧带肋钢筋》GB 1499.2—2007 规定的钢筋。钢筋两侧应焊接 12mm 厚的钢板，材质应符合现行国家标准《碳素结构钢》GB/T 700—2006 的有关规定，钢筋两端点各 7.5mm 范围内为黄铜或不锈钢，测头呈球面状，半径为 3mm。钢板与钢筋焊接处的焊接强度不应低于 260MPa。

③纵向限制器不应变形，一般检验可重复使用 3 次，仲裁检验只允许使用 1 次。

④该纵向限制器的配筋率为 0.79%。

（3）试验室温度应符合下列规定：

1）用于混凝土试件成型和测量的试验室的温度应为（20 ±2）℃。

2）用于养护混凝土试件的恒温水槽的温度应为（20 ±2）℃。恒温恒湿室温度应为（20 ±2）℃，湿度应为（60 ±5）%。

3）每日应检查、记录温度变化情况。

（4）试件制作应符合下列规定：

1）用于成型试件的模型宽度和高度均应为 100mm，长度应大于 360mm。

2）同一条件应有 3 条试件供测长用，试件全长应为 355mm，其中混凝土部分尺寸应为 100mm × 100mm × 300mm。

3）首先应把纵向限制器具放入试模中，然后将混凝土一次装入试模，把试模放在振动台上振动至表面呈现水泥浆，不泛气泡为止，刮去多余的混凝土并抹平；然后把试件置于温度为（20 ±2）℃的标准养护室内养护，试件表面用塑料布或湿布覆盖。

4）应在成型 12 ~ 16h 且抗压强度达到 3 ~ 5MPa 后再拆模。

（5）试件测长和养护应符合下列规定：

1）测长前 3h，应将测量仪、标准杆放在标准试验室内，用标准杆校正测量仪并调整千分表零点。测量前，应将试件及测量仪测头擦净。每次测量时，试件记有标志的一面与测量仪的相对位置应一致，纵向限制器的测头与测量仪的测头应正确接触，读数应精确至 0.001mm。不同龄期的试件应在规定时间 ±1h 内测量。试件脱模后应在 1h 内测量试件的初始长度。测量完初始长度的试件应立即放入恒温水槽中养护，应在规定龄期时进行测长。测长的龄期应从成型日算起，宜测量 3d、7d 和 14d 的长度变化。14d 后，应将试件移入恒温恒湿室中养护，应分别测量空气中28d、42d的长度变化。也可根据需要安排测量龄期。

2）养护时，应注意不损伤试件测头。试件之间应保持25mm以上间隔，试件支点距限制钢板两端宜为70mm。

（6）各龄期的限制膨胀率和导入混凝土中的膨胀或收缩应力，应按下列方法计算：

1）各龄期的限制膨胀率应按下式计算，应取相近的2个试件测定值的平均值作为限制膨胀率的测量结果，计算值应精确至0.001%：

$$\varepsilon = \frac{L_t - L}{L_0} \times 100 \tag{8-1}$$

式中：ε——所测龄期的限制膨胀率（%）；

L_t——所测龄期的试件长度测量值（mm）；

L——初始长度测量值（mm）；

L_0——试件的基准长度，300mm。

2）导入混凝土中的膨胀或收缩应力应按下式计算，计算值应精确至0.01MPa：

$$\sigma = \mu \cdot E \cdot \varepsilon \tag{8-2}$$

式中：σ——膨胀或收缩应力（MPa）；

μ——配筋率（%）；

E——限制钢筋的弹性模量，取2.0×10^5MPa；

ε——所测龄期的限制膨胀率（%）。

8.2.3 灌浆用膨胀砂浆竖向膨胀率的测定方法

（1）灌浆用膨胀砂浆竖向膨胀率的测定方法适用于灌浆用膨胀砂浆的竖向膨胀率的测定。

（2）测试仪器工具应符合下列规定：

1）应采用量程为10mm、分度值为0.001mm的千分表。

2）应采用钢质测量支架。

3）应采用140mm×80mm×5mm的玻璃板。

4）应采用直径为70mm、厚为5mm、质量为150g的钢质压块。

5）应采用100mm×100mm×100mm的试模，试模的拼装缝应填入黄油，不得漏水。

6）应采用宽为60mm、长为160mm的铲勺。

7）捣板可用钢锯条替代。

（3）竖向膨胀率的测量装置（图8-4）的安装，应符合下列要求：

1）测量支架的垫板和测量支架横梁应采用螺母紧固，其水平度不应超过0.02；测量支架应水平放置在工作台上，水平度也不应超过0.02。

2）试模应放置在钢垫板上，不应摇动。

3）玻璃板应平放在试模中间位置，其左右两边与试模内侧边应留出10mm空隙。

4）钢质压块应置于玻璃板中央。

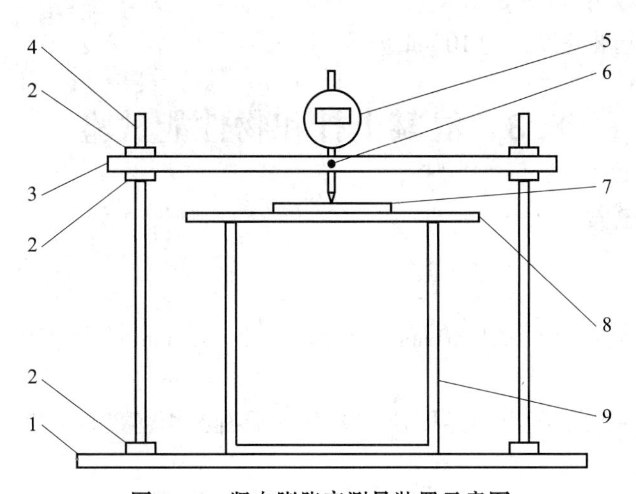

图 8－4 竖向膨胀率测量装置示意图

1—测量支架垫板；2—测量支架紧固螺母；3—测量支架横梁；4—测量支架立杆；
5—千分表；6—紧固螺钉；7—钢质压块；8—玻璃板；9—试模

5）千分表与测量支架横梁应固定牢靠，但表杆应能自由升降。安装千分表时，应下压表头，宜使表针指到量程的1/2处。

（4）灌浆操作应按下列步骤进行：

1）灌浆料用水量应按扩展度为（250 ±10）mm时的用水量。

2）灌浆料加水搅拌均匀后应立即灌模。应从玻璃板的一侧灌入。当灌到50mm左右高度时，用捣板在试模的每一侧插捣6次，中间部位也插捣6次。灌到90mm高度时，和前面相同再做插捣，尽量排出气体。最后一层灌浆料要一次灌至两侧流出灌浆料为止。要尽量减少灌浆料对玻璃板产生的向上冲浮作用。

3）玻璃板两侧灌浆料表面，用小刀轻轻抹成斜坡，斜坡的高边与玻璃相平。斜坡的低边与试模内侧顶面相平。抹斜坡的时间不应超过30s。之后30s内，用两层湿棉布覆盖在玻璃板两侧灌浆料表面。

4）把钢质压块置于玻璃板中央，再把千分表测量头垂放在钢质压块上，在30s内记录千分表读数 h_0，为初始读数。

5）从测定初始读数起，每隔2h浇水1次。连续浇水4次。以后每隔4h浇水1次。保湿养护至要求龄期，测定3d、7d试件高度读数。

6）从测量初始读数开始，测量装置和试件应保持静止不动，并不得振动。

7）成型温度、养护温度均应为（20 ±3）℃。

（5）竖向膨胀率应按下式计算，试验结果应取一组三个试件的算术平均值，计算值应精确至0.001%：

$$\varepsilon_t = \frac{h_t - h_0}{h} \times 100 \qquad (8-3)$$

式中：ε_t——竖向膨胀率（%）；

h_0——试件高度的初始读数（mm）；

h_t——试件龄期为 t 时的高度读数（mm）；

h——试件基准高度，为 100mm。

8.3 混凝土拌和物性能试验

8.3.1 坍落度试验

1. 试验目的

适用于骨料最大粒径不大于 40mm、坍落度不小于 10mm 的混凝土拌合物稠度测定。

2. 试验仪器

坍落度试验所用的混凝土坍落度仪应符合《混凝土坍落度仪》JG/T 248—2009 中有关技术要求的规定。

3. 试验步骤

（1）湿润坍落度筒及底板，在坍落度筒内壁和底板上应无明水。底板应放置在坚实水平面上，并把筒放在底板中心，然后用脚踩住二边的脚踏板，坍落度筒在装料时应保持固定的位置。

（2）把按要求取得的混凝土试样用小铲分三层均匀地装入筒内，使捣实后每层高度为筒高的⅓左右。每层用捣棒插捣 25 次。插捣应沿螺旋方向由外向中心进行，各次插捣应在截面上均匀分布。插捣筒边混凝土时，捣棒可以稍稍倾斜。插捣底层时，捣棒应贯穿整个深度。插捣第二层和顶层时，捣棒应插透本层至下一层的表面；浇灌顶层时，混凝土应灌到高出筒口。插捣过程中，如混凝土沉落到低于筒口，则应随时添加。顶层插捣完后，刮去多余的混凝土，并用抹刀抹平。

（3）清除筒边底板上的混凝土后，垂直平稳地提起坍落度筒。坍落度筒的提离过程应在 5～10s 内完成；从开始装料到提坍落度筒的整个过程应不间断地进行，并应在 150s 内完成。

（4）提起坍落度筒后，测量筒高与坍落后混凝土试体最高点之间的高度差，即为该混凝土拌合物的坍落度值。坍落度筒提离后，如混凝土发生崩坍或一边剪坏现象，则应重新取样另行测定；如第二次试验仍出现上述现象，则表示该混凝土和易性不好，应予记录备查。

（5）观察坍落后的混凝土试体的黏聚性及保水性。黏聚性的检查方法是用捣棒在已坍落的混凝土锥体侧面轻轻敲打，此时如果锥体逐渐下沉，则表示黏聚性良好；如果锥体倒塌、部分崩裂或出现离析现象，则表示黏聚性不好。保水性以混凝土拌合物稀浆析出的程度来评定。坍落度筒提起后如有较多的稀浆从底部析出，锥体部分的混凝土也因失浆而骨料外露，则表明此混凝土拌合物的保水性能不好；如坍落度筒提起后无稀浆或仅有少量稀浆自底部析出，则表示混凝土拌合物保水性良好。

（6）当混凝土拌合物的坍落度大于 220mm 时，用钢尺测量混凝土扩展后最终的最大直径和最小直径，在这两个直径之差小于 50mm 的条件下，用其算术平均值作为坍落度扩展值；否则，此次试验无效。

如果发现粗骨料在中央集堆或边缘有水泥浆析出，表示此混凝土拌合物抗离析性不好，应予记录。

4. 试验结果处理

混凝土拌合物坍落度以 mm 为单位，测量精确至 1mm，结果表达修约至 5mm。

8.3.2 维勃稠度试验

1. 试验目的

适用于骨料最大粒径不大于 40mm，维勃稠度在 5～30s 之间的混凝土拌合物稠度测定。

2. 试验仪器

维勃稠度仪应符合《维勃稠度仪》JG/T 250—2009 中技术要求的规定。

3. 试验步骤

(1) 维勃稠度仪应放置在坚实水平面上，用湿布把容器、坍落度筒、喂料斗内壁及其他用具润湿。

(2) 将喂料斗提到坍落度筒上方扣紧，校正容器位置，使其中心与喂料中心重合，然后拧紧固定螺丝。

(3) 把按要求取样或制作的混凝土拌合物试样用小铲分三层经喂料斗均匀地装入筒内，装料及插捣的方法按前述坍落度试验法进行。

(4) 把喂料斗转离，垂直地提起坍落度筒，此时应注意不使混凝土试体产生横向的扭动。

(5) 把透明圆盘转到混凝土圆台体顶面，放松测杆螺钉，降下圆盘，使其轻轻接触到混凝土顶面。

(6) 拧紧定位螺钉，并检查测杆螺钉是否已经完全放松。

(7) 在开启振动台的同时用秒表计时，当振动到透明圆盘的底面被水泥浆布满的瞬时停止计时，并关闭振动台。

4. 试验结果处理

由秒表读出时间即为该混凝土拌合物的维勃稠度值，精确至 1s。

8.3.3 凝结时间测定

1. 试验目的

适用于从混凝土拌合物中筛出的砂浆用贯入阻力法来确定坍落度值不为零的混凝土拌合物凝结时间的测定。

2. 试验仪器

贯入阻力仪应由加荷装置、测针、砂浆试样筒和标准筛组成，可以是手动的，也可以是自动的。贯入阻力仪应符合下列要求：

(1) 加荷装置：最大测量值应不小于 1000N，精度为 ±10N。

(2) 测针：长为 100mm，承压面积为 $100mm^2$、$50mm^2$ 和 $20mm^2$ 三种测针；在距贯入端 25mm 处刻有一圈标记。

（3）砂浆试样筒：上口径为160mm，下口径为150mm，净高为150mm刚性不透水的金属圆筒，并配有盖子。

（4）标准筛：筛孔为5mm的符合现行国家标准《试验筛》GB/T 6005—2008规定的金属圆孔筛。

3．试验步骤

（1）应从制备或现场取样的混凝土拌合物试样中用5mm标准筛筛出砂浆，每次应筛净，然后将其拌和均匀。将砂浆一次分别装入三个试样筒中，做三个试验。取样混凝土坍落度不大于70mm的混凝土宜用振动台振实砂浆；取样混凝土坍落度大于70mm的宜用捣棒人工捣实。用振动台振实砂浆时，振动应持续到表面出浆为止，不得过振；用捣棒人工捣实时，应沿螺旋方向由外向中心均匀插捣25次，然后用橡皮锤轻轻敲打筒壁，直到插捣孔消失为止。振实或插捣后，砂浆表面应低于砂浆试样筒口约10mm；砂浆试样筒应立即加盖。

（2）砂浆试样制备完毕，编号后应置于温度为（20±2）℃的环境中或现场同条件下待试，并在以后的整个测试过程中，环境温度应始终保持（20±2）℃。现场同条件测试时，应与现场条件保持一致。在整个测试过程中，除在吸取泌水或进行贯入试验外，试样筒应始终加盖。

（3）凝结时间测定从水泥与水接触瞬间开始计时。根据混凝土拌合物的性能，确定测针试验时间，以后每隔0.5h测试一次，在临近初、终凝时可增加测定次数。

（4）在每次测试前2min，将一片20mm厚的垫块垫入筒底一侧使其倾斜，用吸管吸去表面的泌水，吸水后平稳地复原。

（5）测试时，将砂浆试样筒置于贯入阻力仪上，测针端部与砂浆表面接触，然后在（10±2）s内均匀地使测针贯入砂浆（25+2）mm深度，记录贯入压力，精确至10N；记录测试时间，精确至1min；记录环境温度，精确至0.5℃。

（6）各测点的间距应大于测针直径的两倍且不小于15mm，测点与试样筒壁的距离应不小于25mm。

（7）贯入阻力测试在0.2～28MPa之间应至少进行6次，直至贯入阻力大于28MPa为止。

（8）在测试过程中应根据砂浆凝结状况，适时更换测针，更换测针宜按表8－3选用。

表8－3 测针选用规定表

贯入阻力（MPa）	0.2～3.5	3.5～20	20～28
测针面积（mm^2）	100	50	20

4．试验结果处理

（1）贯入阻力应按下式计算：

$$f_{PR}=\frac{P}{A} \tag{8-4}$$

式中：f_{PR}——贯入阻力（MPa）；

P——贯入压力（N）；

A——测针面积（mm^2）。

计算应精确至0.1MPa。

（2）凝结时间宜通过线性回归方法确定，是将贯入阻力f_{PR}和时间t分别取自然对数ln（f_{PR}）和ln（t），然后把ln（f_{PR}）当作自变量，ln（t）当作因变量作线性回归得到回归方程式：

$$\ln(t) = A + B\ln(f_{PR}) \tag{8-5}$$

式中：t——时间（min）；

f_{PR}——贯入阻力（MPa）；

A、B——线性回归系数。

根据式（8－5）求得当贯入阻力为3.5MPa时为初凝时间t_s，贯入阻力为28MPa时为终凝时间t_e：

$$t_s = e^{[A+B\ln(3.5)]} \tag{8-6}$$

$$t_e = e^{[A+B\ln(28)]} \tag{8-7}$$

式中：t_s——初凝时间（min）；

t_e——终凝时间（min）；

A、B——式（8－5）中的线性回归系数。

凝结时间也可用绘图拟合方法确定，是以贯入阻力为纵坐标，经过的时间为横坐标（精确至1min），绘制出贯入阻力与时间之间的关系曲线，以3.5MPa和28MPa划两条平行于横坐标的直线，分别与曲线相交的两个交点的横坐标即为混凝土拌合物的初凝和终凝时间。

（3）用三个试验结果的初凝和终凝时间的算术平均值作为此次试验的初凝和终凝时间。如果三个测值的最大值或最小值中有一个与中间值之差超过中间值的10%，则以中间值为试验结果；如果最大值和最小值与中间值之差均超过中间值的10%时，则此次试验无效。

凝结时间用h（min）表示，并修约至5min。

8.3.4 表观密度测定

1. 试验目的

适用于测定混凝土拌合物捣实后的单位体积质量（即表观密度）。

2. 试验仪器

（1）容量筒。金属制成的圆筒，两旁装有提手。对骨料最大粒径不大于40mm的拌合物采用容积为5L的容量筒，其内径与内高均为（186±2）mm，筒壁厚为3mm；骨料最大粒径大于40mm时，容量筒的内径与内高均应大于骨料最大粒径的4倍。容量筒上缘及内壁应光滑平整，顶面与底面应平行并与圆柱体的轴垂直。

容量筒容积应予以标定，标定方法可采用一块能覆盖住容量筒顶面的玻璃板，先称出玻璃板和空桶的质量，然后向容量筒中灌入清水，当水接近上口时，一边不断加水，一边把玻璃板沿筒口徐徐推入盖严，应注意使玻璃板下不带入任何气泡；然后擦净玻璃板面及筒壁外的水分，将容量筒连同玻璃板放在台秤上称其质量；两次质量之差（kg）即为容量筒的容积 L。

（2）台秤。称量为50kg，感量为50g。

（3）振动台。应符合《混凝土试验室用振动台》JG/T 245—2009 中技术要求的规定。

（4）捣棒。直径应为（16±0.2）mm、长度应为（600±5）mm，由圆钢制成，表面应光滑，端部呈半球形。

3. 试验步骤

（1）用湿布把容量筒内外擦干净，称出容量筒质量，精确至50g。

（2）混凝土的装料及捣实方法应根据拌合物的稠度而定。坍落度不大于70mm 的混凝土，用振动台振实；大于70mm 的用捣棒捣实为宜。采用捣棒捣实时，应根据容量筒的大小决定分层与插捣次数：用5L 容量筒时，混凝土拌合物应分两层装入，每层的插捣次数应为25 次；用大于5L 的容量筒时，每层混凝土的高度不应大于100mm，每层插捣次数应按每10000mm^{2}截面不小于12 次计算。各次插捣应由边缘向中心均匀地插捣，插捣底层时捣棒应贯穿整个深度；插捣第二层时，捣棒应插透本层至下一层的表面；每一层捣完后用橡皮锤轻轻沿容器外壁敲打5~10 次，进行振实，直至拌合物表面插捣孔消失并不见大气泡为止。

采用振动台振实时，应一次将混凝土拌合物灌满到高出容量筒口。装料时可用捣棒稍加插捣，振动过程中如混凝土低于筒口，应随时添加混凝土，振动直至表面出浆为止。

（3）用刮尺将筒口将多余的混凝土拌合物刮去，表面如有凹陷应填平；将容量筒外壁擦净，称出混凝土试样与容量筒总质量，精确至50g。

4. 试验结果处理

混凝土拌合物表观密度的计算应按下式计算：

$$\gamma_h = \frac{W_2 - W_1}{V} \times 1000 \tag{8-8}$$

式中：γ_h——表观密度（kg/m^3）；

W_1——容量筒质量（kg）；

W_2——容量筒和试样总质量（kg）；

V——容量筒容积（L）。

试验结果的计算精确至10kg/m^3。

8.3.5 泌水试验

1. 试验目的

适用于骨料最大粒径不大于40mm 的混凝土拌合物泌水测定。

2. 试验仪器

（1）试样筒。符合8.3.4 中2 款（1）、容积为5L 的容量筒并配有盖子。

（2）台秤。称量为50kg，感量为50g。

（3）量筒。容量为10mL、50mL、100mL 的量筒及吸管。

（4）振动台。应符合《混凝土试验室用振动台》JG/T 245—2009 中技术要求的规定。

（5）捣棒。直径应为（16±0.2）mm、长度应为（600±5）mm，由圆钢制成，表面应光滑，端部呈半球形。

3．试验步骤

（1）应用湿布湿润试样筒内壁后立即称量，记录试样筒的质量。再将混凝土试样装入试样筒，混凝土的装料及捣实方法有两种：

1）方法A：用振动台振实。将试样一次装入试样筒内，开启振动台，振动应持续到表面出浆为止，且应避免过振；并使混凝土拌合物表面低于试样筒筒口（30±3）mm，用抹刀抹平。抹平后立即计时并称量，记录试样筒与试样的总质量。

2）方法B：用捣棒捣实。采用捣棒捣实时，混凝土拌合物应分两层装入，每层的插捣次数应为25次；捣棒由边缘向中心均匀地插捣，插捣底层时捣棒应贯穿整个深度，插捣第二层时，捣棒应插透本层至下一层的表面；每一层捣完后用橡皮锤轻轻沿容量外壁敲打5~10次，进行振实，直至拌合物表面插捣孔消失并不见大气泡为止；并使混凝土拌合物表面低于试样筒筒口（30±3）mm，用抹刀抹平。抹平后立即计时并称量，记录试样筒与试样的总质量。

（2）在以下吸取混凝土拌合物表面泌水的整个过程中，应使试样筒保持水平、不受振动；除了吸水操作外，应始终盖好盖子；室温应保持在（20±2）℃。

（3）从计时开始后60min内，每隔10min吸取1次试件表面渗出的水。60min后，每隔30min吸1次水，直至认为不再泌水为止。为了便于吸水，每次吸水前2min，将一片35mm厚的垫块垫入筒底一侧使其倾斜，吸水后平稳地复原。吸出的水放入量筒中，记录每次吸水的水量并计算累计水量，精确至1mL。

4．试验结果处理

（1）泌水量应按下式计算：

$$B_a = \frac{V}{A} \tag{8-9}$$

式中：B_a——泌水量（mL/mm^2）；

V——最后一次吸水后累计的泌水量（mL）；

A——试样外露的表面面积（mm^2）。

计算应精确至$0.01mL/mm^2$。泌水量取三个试样测值的平均值。三个测值中的最大值或最小值，如果有一个与中间值之差超过中间值的15%，则以中间值为试验结果；如果最大值和最小值与中间值之差均超过中间值的15%时，则此次试验无效。

（2）泌水率应按下式计算：

$$B = \frac{V_W}{(W/G)\ G_W} \times 100 \tag{8-10}$$

$$G_W = G_1 - G_0 \tag{8-11}$$

式中：B——泌水率（%）；

V_W——泌水总量（mL）；

G_W——试样质量（g）；

W——混凝土拌合物总用水量（mL）；

G——混凝土拌合物总质量（g）；

G_1——试样筒及试样总质量（g）；

G_0——试样筒质量（g）。

应精确至1%。泌水率取三个试样测值的平均值。三个测值中的最大值或最小值，如果有一个与中间值之差超过中间值的15%，则以中间值为试验结果；如果最大值和最小值与中间值之差均超过中间值的15%时，则此次试验无效。

9 建筑用钢材试验

9.1 钢筋性能指标

9.1.1 碳素结构钢

碳素结构钢的化学成分、力学及工艺性能指标见表9－1～表9－3。

表9－1 碳素结构钢的化学成分

牌号	统一数字代号①	等级	厚度（或直径）（mm）	脱氧方法	化学成分（质量分数,%）不大于				
					C	Si	Mn	P	S
Q195	U11952	—	—	F、Z	0.12	0.30	0.50	0.035	0.040
Q215	U12152	A	—	F、Z	0.15	0.35	1.20	0.045	0.050
	U12155	B							0.045
Q235	U12352	A	—	F、Z	0.22	0.35	1.40	0.045	0.050
	U12355	B			0.20②				0.045
	U12358	C		Z	0.17			0.040	0.040
	U12359	D		TZ				0.035	0.035
Q275	U12752	A	—	F、Z	0.24	0.35	1.50	0.045	0.050
	U12755	B	≤40	Z	0.21			0.045	0.045
			>40		0.22				
	U12758	C	—	Z	0.20			0.040	0.040
	U12759	D		TZ				0.035	0.035

注：1. 表中①为镇静钢、特殊镇静钢牌号的统一数字，沸腾钢牌号的统一数字代号如下。

Q195F——U11950。

Q215AF——U12150，Q215BF——U12153。

Q235AF——U12350，Q235BF——U12353。

Q275AF——U12750。

2. 经需方同意，Q235B的碳含量可不大于0.22%。

表9－2 碳素结构钢的冷弯试验

牌号	试样方向	冷弯试验180° $B=2a$①	
		钢材厚度（或直径）②（mm）	
		≤60	>60～100
		弯心直径 d	
Q195	纵	0	—
	横	$0.5a$	
Q215	纵	$0.5a$	$1.5a$
	横	a	$2a$
Q235	纵	a	$2a$
	横	$1.5a$	$2.5a$
Q275	纵	$1.5a$	$2.5a$
	横	$2a$	$3a$

注：1. B为试样宽度，a为试样厚度（或直径）。

2. 钢材厚度（或直径）大于100mm时，弯曲试验由双方协商确定。

表 9－3 碳素结构钢的拉伸、冲击性能

牌号	等级	屈服强度① R_{eH}（N/mm^2）不小于						抗拉强度② R_m（N/mm^2）	断后伸长率 A（%）不小于					冲击试验（V 型缺口）	
		厚度（或直径）（mm）							厚度（或直径）（mm）					温度（℃）	冲击吸收功（纵向）J 不小于
		≤16	＞16～40	＞40～60	＞60～100	＞100～150	＞150～200		≤40	＞40～60	＞60～100	＞100～150	＞150～200		
Q195	—	195	185	—	—	—	—	315～430	33	—	—	—	—	—	—
Q215	A	215	205	195	185	175	165	335～450	31	30	29	27	26	—	—
	B													＋20	27
Q235	A	235	225	215	215	195	185	370～500	26	25	24	22	21	—	—
	B													＋20	27③
	C													0	
	D													－20	
Q275	A	275	265	255	245	225	215	410～540	22	21	20	18	17	—	—
	B													＋20	27
	C													0	
	D													－20	

注：1. Q125 的屈服强度值仅供参考，不作交货条件。

2. 厚度大于 100mm 的钢材，抗拉强度下限允许降低 $20N/mm^2$。宽带钢（包括剪切钢板）抗拉强度上限不作交货条件。

3. 厚度小于 25mm 的 Q235B 级钢材，如供方能保证冲击吸收功值合格，经需方同意，可不作检验。

9.1.2 热轧带肋钢筋

热轧带肋钢筋的化学成分见表9－4。热轧带肋钢筋的力学性能见表9－5。

表9－4 热轧带肋钢筋的化学成分

牌号	化学成分（质量分数,%）不大于					
	C	Si	Mn	P	S	Ceq
HRB335 HRBF335						0.52
HRB400 HRBF400	0.25	0.80	1.60	0.045	0.045	0.54
HRB500 HRBF500						0.55

表9－5 热轧带肋钢筋的力学性能

牌号	公称直径 d（mm）	弯芯直径（mm）	R_{eL}（MPa）	R_m（MPa）	A（%）	A_{gt}（%）
			不小于			
HRB335 HRBF335	6～25	$3d$				
	28～40	$4d$	335	455	17	
	>40～50	$5d$				
HRB400 HRBF400	6～25	$4d$				
	28～40	$5d$	400	540	16	7.5
	>40～50	$6d$				
HRB500 HRBF500	6～25	$6d$				
	28～40	$7d$	500	630	15	
	>40～50	$8d$				

9.1.3 余热处理钢筋

余热处理钢筋的化学成分应符合表9－6的规定。其力学性能和工艺性能应符合表9－7的规定。弯芯直径弯曲180°后，钢筋受弯曲部位表面不得产生裂纹。

表9－6 余热处理钢筋的化学成分

牌号	化学成分（质量分数,%）不大于					
	C	Si	Mn	P	S	Ceq
RRB400 RRB500	0.30	1.00	1.60	0.045	0.045	—
RRB400W	0.25	0.80	1.60	0.045	0.045	0.50

表 9-7 余热处理钢筋的力学性能和工艺性能

牌号	R_{eL}（MPa）	R_m（MPa）	A（%）	A_{gt}（%）	公称直径 d	弯芯直径
	不小于					
RRB400	400	540	14	5.0	8~25	4d
					28~40	5d
RRB400W	430	570	16	7.5	8~25	4d
					28~40	5d
RRB500	500	630	13	5.0	8~25	6d

9.1.4 冷轧带肋钢筋

（1）冷轧带肋钢筋用盘条的参考牌号和化学成分见表 9-8。

表 9-8 冷轧带肋钢筋用盘条的参考牌号和化学成分

钢筋牌号	盘条牌号	化学成分（%）					
		C	Si	Mn	V、Ti	S	P
CRB550	Q215	0.09~0.15	≤0.30	0.25~0.55	—	≤0.050	≤0.045
CRB650	Q235	0.14~0.22	≤0.30	0.30~0.65	—	≤0.050	≤0.045
CRB800	24MnTi	0.19~0.27	0.17~0.37	1.20~1.60	Ti：0.01~0.05	≤0.045	≤0.045
	20MnSi	0.17~0.25	0.40~0.80	1.20~1.60	—	≤0.045	≤0.045
CRB970	41MnSiV	0.37~0.45	0.60~1.10	1.00~1.40	V：0.05~0.12	≤0.045	≤0.045
	60	0.57~0.65	0.17~0.37	0.50~0.80	—	≤0.035	≤0.035

（2）冷轧带肋钢筋的力学性能和工艺性能应符合表 9-9 的规定。当进行弯曲试验时，受弯曲部位表面不得产生裂纹。反复弯曲试验的弯曲半径应符合表 9-10 的规定。

表 9-9 冷轧带肋钢筋的力学性能和工艺性能

牌号	$R_{p0.2}$（MPa）不小于	R_m（MPa）不小于	伸长率（%）不小于		弯曲试验 180°	反复弯曲次数	应力松弛 初始应力应相当于公称抗压强度的 70%
			$A_{11.3}$	A_{100}			1000h 松弛率（%）不大于
CRB550	550	550	8.0	—	$D=3d$	—	—
CRB650	650	650	—	4.0	—	3	8
CRB800	720	800	—	4.0	—	3	8
CRB970	875	970	—	4.0	—	3	8

注：表中 D 为弯心直径，d 为钢筋公称直径。

表 9-10 反复弯曲试验的弯曲半径（mm）

钢筋公称直径	4	5	6
弯曲半径	10	15	15

9.1.5 热轧光圆钢筋

（1）热轧光圆钢筋牌号及化学成分（熔炼分析）应符合表 9-11 的规定。

表 9-11 热轧光圆钢筋牌号及化学成分（熔炼分析）

牌号	化学成分（质量分数,%）不大于				
	C	Si	Mn	P	S
HPB300	0.25	0.55	1.50	0.045	0.050

（2）热轧光圆钢筋的屈服强度 R_{eL}、抗拉强度 R_m、断后伸长率 A、最大力总伸长率 A_{gt} 等力学性能特征值应符合表 9-12 的规定。

表 9-12 热轧光圆钢筋的力学性能

牌号	R_{eL}（MPa）	R_m（MPa）	A（%）	A_{gt}（%）	冷弯试验 180° d—弯芯直径 a—钢筋公称直径
	不小于				
HPB300	300	420	25.0	10.0	$d=a$

9.1.6 低碳热轧圆盘条

低碳热轧圆盘条的牌号及化学成分见表 9-13，力学性能及工艺性能应符合表 9-14 的规定。

表 9-13 低碳热轧圆盘条的牌号及化学成分

牌号	化学成分（质量分数,%）				
	C	Mn	Si	S	P
			不大于		
Q195	≤0.12	0.25～0.50	0.30	0.040	0.035
Q215	0.09～0.15	0.25～0.60	0.30	0.045	0.045
Q235	0.12～0.20	0.30～0.70			
Q275	0.14～0.22	0.40～1.00			

表 9－14 低碳热轧圆盘条的力学性能及工艺性能

牌号	力学性能		冷弯试验 180° d—弯心直径 a—试样直径
	抗拉强度 R_m（N/mm²）不大于	断后伸长率 $A_{11.3}$（%）不小于	
Q195	410	30	$d=0$
Q215	435	28	$d=0$
Q235	500	23	$d=0.5a$
Q275	540	21	$d=1.5a$

9.1.7 预应力混凝土用钢丝

（1）压力管道用无涂（镀）层冷拉钢丝的力学性能应符合表 9－15 的规定。0.2% 屈服力 $F_{P0.2}$ 应不小于最大力的特征值 F_m 的 75%。

表 9－15 压力管道用冷拉钢丝的力学性能

公称直径 D_n（mm）	公称抗拉强度 R_m（MPa）	最大力的特征值 F_m（kN）	最大力的最大值 $F_{m,nib}$（kN）	0.2% 屈服力 $F_{P0.2}$（kN）≥	每 210mm 扭矩的扭转次数 N≥	断面收缩率 Z（%）≥	氢脆敏感性能负载为 70% 最大力时，断裂时间 t（h）≥	应力松弛性能初始力为最大力 70% 时，1000h 应力松弛率 r（%）≤
4.00	1470	18.48	20.99	13.86	10	35	75	7.5
5.00		28.86	32.79	21.65	10	35		
6.00		41.56	47.21	31.17	8	30		
7.00		56.57	64.27	42.42	8	30		
8.00		73.88	83.93	55.41	7	30		
4.00	1570	19.73	22.24	14.80	10	35		
5.00		30.82	34.75	23.11	10	35		
6.00		44.38	50.03	33.29	8	30		
7.00		60.41	68.11	45.31	8	30		
8.00		78.91	88.96	59.18	7	30		
4.00	1670	20.99	23.50	15.74	10	35		
5.00		32.78	36.71	24.59	10	35		
6.00		47.21	52.86	35.41	8	30		
7.00		64.26	71.96	48.20	8	30		
8.00		83.93	93.99	62.95	6	30		
4.00	1770	22.25	24.76	16.69	10	35		
5.00		34.75	38.68	26.06	10	35		
6.00		50.04	55.69	37.53	8	30		
7.00		68.11	75.81	51.08	6	30		

（2）消除应力的光圆及螺旋肋钢丝的力学性能应符合表 9－16 的规定。0.2% 屈服力 $F_{p0.2}$应不小于最大力的特征值 F_m的 88%。

（3）消除应力的刻痕钢丝的力学性能，除弯曲次数外，其他应符合表 9－16 的规定。对所有规格消除应力的刻痕钢丝，其弯曲次数均应不小于 3 次。

表 9－16　消除应力光圆及螺旋肋钢丝的力学性能

公称直径 D_n（mm）	公称抗拉强度 R_m（MPa）	最大力的特征值 F_m（kN）	最大力的最大值 $F_{m,nib}$（kN）	0.2% 屈服力 $F_{p0.2}$(kN) ≥	最大力总伸长率（L_0 =200mm）A_{gt}（%）≥	反复弯曲性能		应力松弛性能	
						弯曲次数（次/180°）≥	弯曲半径 R（mm）	初始力相当于实际最大力的百分数（%）	1000h 应力松弛率 r（%）≤
4.00		18.48	20.99	16.22		3	10		
4.80		26.61	30.23	23.35		4	15		
5.00		28.86	32.78	25.32		4	15		
6.00		41.56	47.21	36.47		4	15		
6.25		45.10	51.24	39.58		4	20		
7.00		56.57	64.26	49.64		4	20		
7.50	1470	64.94	73.78	56.99		4	20		
8.00		73.88	83.93	64.84		4	20		
9.00		93.52	106.25	82.07		4	25		
9.50		104.19	118.37	91.44		4	25		
10.00		115.45	131.16	101.32	3.5	4	25	70 80	2.5 4.5
11.00		139.69	158.70	122.59		—	—		
12.00		166.26	188.88	145.90		—	—		
4.00		19.73	22.24	17.37		3	10		
4.80		28.41	32.03	25.00		4	15		
5.00		30.82	34.75	27.12		4	15		
6.00	1570	44.38	50.03	39.06		4	15		
6.25		48.17	54.31	42.39		4	20		
7.00		60.41	68.11	53.16		4	20		
7.50		69.36	78.20	61.04		4	20		
8.00		78.91	88.96	69.44		4	20		

续表 9－16

公称直径 D_n (mm)	公称抗拉强度 R_m (MPa)	最大力的特征值 F_m (kN)	最大力的最大值 $F_{m,nib}$ (kN)	0.2%屈服力 $F_{P0.2}$(kN) ≥	最大力总伸长率 (L_0 = 200mm) A_{gt} (%) ≥	反复弯曲性能		应力松弛性能	
						弯曲次数 (次/180°) ≥	弯曲半径 R (mm)	初始力相当于实际最大力的百分数 (%)	1000h 应力松弛率 r (%) ≤
9.00	1570	99.88	112.60	87.89	3.5	4	25	70 80	2.5 4.5
9.50		111.28	125.46	97.93		4	25		
10.00		123.31	139.02	108.51		4	25		
11.00		149.20	168.21	131.30		—	—		
12.00		177.57	200.19	156.26		—	—		
4.00	1670	20.99	23.50	18.47		3	10		
5.00		32.78	36.71	28.85		4	15		
6.00		47.21	52.86	41.54		4	15		
6.25		51.24	57.38	45.09		4	20		
7.00		64.26	71.96	56.55		4	20		
7.50		73.78	82.62	64.93		4	20		
8.00		83.93	93.98	73.86		4	20		
9.00		106.25	118.97	93.50		4	25		
4.00	1770	22.25	24.76	19.58		3	10		
5.00		34.75	38.68	30.58		4	15		
6.00		50.04	55.69	44.03		4	15		
7.00		68.11	75.81	59.94		4	20		
7.50		78.20	87.04	68.81		4	20		
4.00	1860	23.38	25.89	20.57		3	10		
5.00		36.51	40.44	32.13		4	15		
6.00		52.58	58.23	46.27		4	15		
7.00		71.57	79.27	62.98		4	20		

9.1.8 预应力混凝土用钢绞线

（1）1×2 结构钢绞线的力学性能应符合表 9－17 的规定。

表 9－17　1×2 结构钢绞线力学性能

钢绞线结构	钢绞线公称直径 D_n（mm）	公称抗拉强度 R_m（MPa）	整根钢绞线最大力 F_m（kN）≥	整根钢绞线最大力的最大值 $F_{m,nib}$（kN）	0.2%屈服力 $F_{P0.2}$（kN）≥	最大力总伸长率（L_0≥400mm）A_{gt}（%）≥	应力松弛性能	
							初始负荷相当于实际最大力的百分数（%）	1000h 应力松弛率 r（%）≤
1×2	8.00	1470	36.9	41.9	32.5	对所有规格	对所有规格	对所有规格
	10.00		57.8	65.6	50.9			
	12.00		83.1	94.4	73.1			
	5.00	1570	15.4	17.4	13.6			
	5.80		20.7	23.4	18.2			
	8.00		39.4	44.4	34.7			
	10.00		61.7	69.6	54.3			
	12.00		88.7	100	78.1			
	5.00	1720	16.9	18.9	14.9		70	2.5
	5.80		22.7	25.3	20.0	3.5		
	8.00		43.2	48.2	38.0			
	10.00		67.6	75.5	59.5			
	12.00		97.2	108	85.5		80	4.5
	5.00	1860	18.3	20.2	16.1			
	5.80		24.6	27.2	21.6			
	8.00		46.7	51.7	41.1			
	10.00		73.1	81.0	64.3			
	12.00		105	116	92.5			
	5.00	1960	19.2	21.2	16.9			
	5.80		25.9	28.5	22.8			
	8.00		49.2	54.2	43.3			
	10.00		77.0	84.9	67.8			

（2）1 × 3 结构钢绞线的力学性能应符合表 9 – 18 的规定。

表 9 – 18　1 × 3 结构钢绞线力学性能

钢绞线结构	钢绞线公称直径 D_n（mm）	公称抗拉强度 R_m（MPa）	整根钢绞线最大力 F_m（kN）≥	整根钢绞线最大力的最大值 $F_{m,nib}$（kN）	0.2%屈服力 $F_{P0.2}$（kN）≥	最大力总伸长率（L_0 ≥400mm）A_{gt}（%）≥	应力松弛性能	
							初始负荷相当于实际最大力的百分数（%）	1000h 应力松弛率 r（%）≤
						对所有规格	对所有规格	对所有规格
	8.60		55.4	63.0	48.8			
	10.80	1470	86.6	98.4	76.2			
	12.90		125	142	110			
	6.20		31.1	35.0	27.4			
	6.50		33.3	37.5	29.3			
	8.60	1570	59.2	66.7	52.1			
	8.74		60.6	68.3	53.3			
	10.80		92.5	104	81.4			
	12.90		133	150	117			
	8.74	1670	64.5	72.2	56.8			
	6.20		34.1	38.0	30.0		70	2.5
	6.50		36.5	40.7	32.1			
1 × 3	8.60	1720	64.8	72.4	57.0	3.5		
	10.80		101	113	88.9			
	12.90		146	163	128		80	4.5
	6.20		36.8	40.8	32.4			
	6.50		39.4	43.7	34.7			
	8.60	1860	70.1	77.7	61.7			
	8.74		71.8	79.5	63.2			
	10.80		110	121	96.8			
	12.90		158	175	139			
	6.20		38.8	42.8	34.1			
	6.50		41.6	45.8	36.6			
	8.60	1960	73.9	81.4	65.0			
	10.80		115	127	101			
	12.90		166	183	146			
		1570	60.4	68.1	53.2			
1 × 3 I	8.70	1720	66.2	73.9	58.3			
		1860	71.6	79.3	63.0			

（3）1×7 结构钢绞线的力学性能应符合表 9－19 的规定。

表 9－19 1×7 结构钢绞线力学性能

钢绞线结构	钢绞线公称直径 D_n（mm）	公称抗拉强度 R_m（MPa）	整根钢绞线最大力 F_m（kN）≥	整根钢绞线最大力的最大值 $F_{m,nib}$（kN）	0.2% 屈服力 $F_{p0.2}$（kN）≥	最大力总伸长率（L_0≥400mm）A_{gt}（%）≥	应力松弛性能：初始负荷相当于实际最大力的百分数（%）	应力松弛性能：1000h 应力松弛率 r（%）≤
	15.20（15.24）	1470	206	234	181	对所有规格	对所有规格	对所有规格
		1570	220	248	194			
		1670	234	262	206			
	9.50（9.53）		94.3	105	83.0			
	11.10（11.11）		128	142	113			
	12.70	1720	170	190	150		70	2.5
	15.20（15.24）		241	269	212			
	17.80（17.78）		327	365	288	3.5		
	18.90	1820	400	444	352		80	4.5
	15.70	1770	266	296	234			
	21.60		504	561	444			
1×7	9.50（9.53）		102	113	89.8			
	11.10（11.11）		138	153	121			
	12.70		184	203	162			
	15.20（15.24）	1860	260	288	229			
	15.70		279	309	246			
	17.80（17.78）		355	391	311			
	18.90		409	453	360			
	21.60		530	587	466			
	9.50（9.53）	1960	107	118	94.2			
	11.10（11.11）		145	160	128			

续表 9－19

钢绞线结构	钢绞线公称直径 D_n（mm）	公称抗拉强度 R_m（MPa）	整根钢绞线最大力 F_m（kN）≥	整根钢绞线最大力的最大值 $F_{m,nib}$（kN）	0.2%屈服力 $F_{P0.2}$（kN）≥	最大力总伸长率（L_0≥400mm）A_{gt}（%）≥	应力松弛性能	
							初始负荷相当于实际最大力的百分数（%）	1000h 应力松弛率 r（%）≤
1×7 Ⅰ	12.70	1960	193	213	170	对所有规格	对所有规格	对所有规格
	15.20（15.24）		274	302	241			
（1×7）C	12.70	1860	184	203	162	3.5	70	2.5
	15.20（15.24）		260	288	229			
	12.70	1860	208	231	183		80	4.5
	15.20（15.24）	1820	300	333	264			
	18.00	1720	384	428	338			

（4）1×19 结构钢绞线的力学性能应符合表 9－20 的规定。

表 9－20　1×19 结构钢绞线力学性能

钢绞线结构	钢绞线公称直径 D_n（mm）	公称抗拉强度 R_m（MPa）	整根钢绞线最大力 F_m（kN）≥	整根钢绞线最大力的最大值 $F_{m,nib}$（kN）	0.2%屈服力 $F_{P0.2}$（kN）≥	最大力总伸长率（L_0≥400mm）A_{gt}（%）≥	应力松弛性能	
							初始负荷相当于实际最大力的百分数（%）	1000h 应力松弛率 r（%）≤
1×19S（1＋9＋9）	28.6	1720	915	1021	805	对所有规格	对所有规格	对所有规格
	17.8	1770	368	410	334	3.5	70	2.5
	19.3		431	481	379			
	20.3		480	534	422			
	21.8		554	617	488			
	28.6		942	1048	829			
	20.3	1810	491	545	432			
	21.8		567	629	499			
	17.8	1860	387	428	341		80	4.5
	19.3		454	503	400			
	20.3		504	558	444			
	21.8		583	645	513			
1×19W（1＋6＋6/6）	28.6	1720	915	1021	805			
		1770	942	1048	829			
		1860	990	1096	854			

9.2 钢筋接头性能试验

9.2.1 钢筋焊接接头试验

1. 拉伸试验方法

（1）试样。各种钢筋焊接接头的拉伸试样的尺寸可按表9－21的规定取用。

表9－21 各种钢筋焊接接头的拉伸试样的尺寸

焊接方法		接头形式	试样尺寸（mm）	
			l_s	$L \geqslant$
电阻点焊		d、l_s、l_j、L	$\geqslant 20d$，且$\geqslant 180$	$l_s + 2l_j$
闪光对焊		d、l_s、l_j、L	$8d$	$l_s + 2l_j$
电弧焊	双面帮条焊	d、l_h、l_s、l_j、L	$8d + l_h$	$l_s + 2l_j$
	单面帮条焊	d、l_h、l_s、l_j、L	$5d + l_h$	$l_s + 2l_j$
	双面搭接焊	d、l_h、l_s、l_j、L	$8d + l_h$	$l_s + 2l_j$
	单面搭接焊	d、l_h、l_s、l_j、L	$5d + l_h$	$l_s + 2l_j$

续表 9-21

焊接方法		接头形式	试样尺寸（mm）	
			l_s	$L \geqslant$
电弧焊	熔槽帮条焊	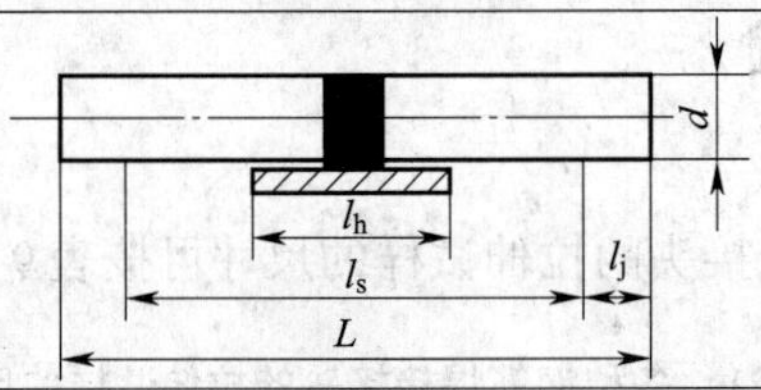	$8d+l_h$	l_s+2l_j
	坡口焊	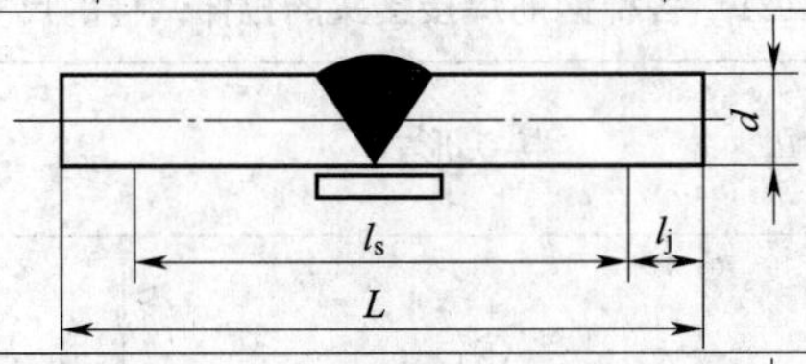	$8d$	l_s+2l_j
	窄间隙焊	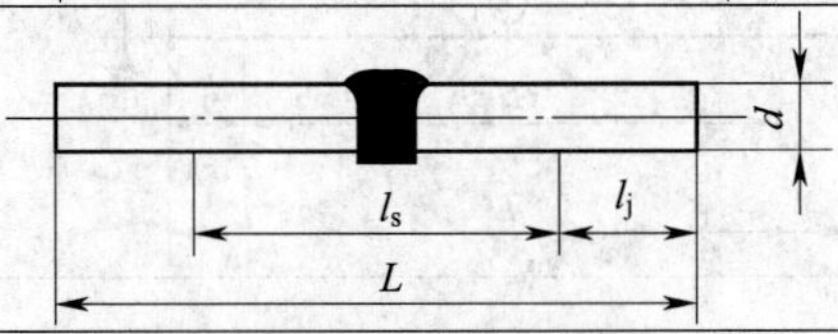	$8d$	l_s+2l_j
电渣压力焊		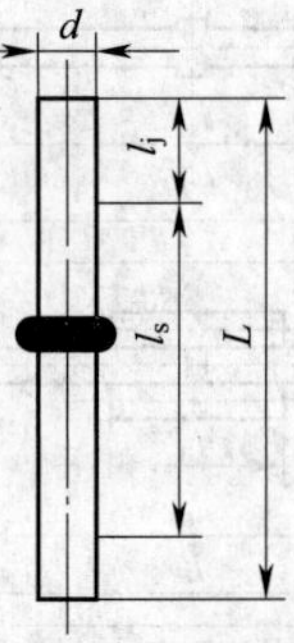	$8d$	l_s+2l_j
气压焊		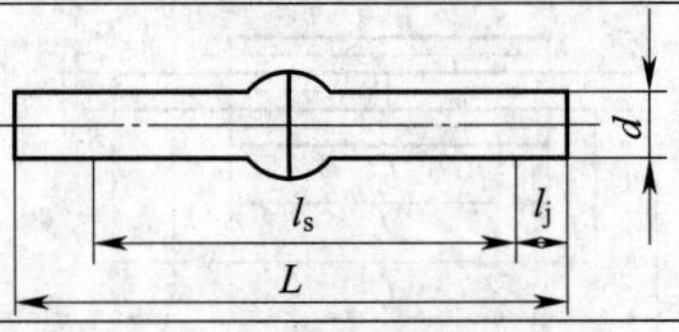	$8d$	l_s+2l_j
预埋件	电弧焊 埋弧压力焊 埋弧螺柱焊		—	200

注：1. 接头形式系根据现行行业标准《钢筋焊接及验收规程》JGJ 18—2012。

2. 预埋件锚板尺寸随钢筋直径变粗应适当增大。

（2）试验设备。

1）根据钢筋的牌号和直径，应选用适配的拉力试验机或万能试验机。试验机应符合现行国家标准《金属材料　拉伸试验　第1部分：室温试验方法》GB/T 228.1—2010中的有关规定。

2）夹紧装置应根据试样规格选用，在拉伸试验过程中不得与钢筋产生相对滑移，夹持长度可按试样直径确定。钢筋直径不大于20mm时，夹持长度宜为70～90mm；钢筋直径大于20mm时，夹持长度宜为90～120mm。

3）预埋件钢筋T形接头拉伸试验夹具有二种，如图9－1、图9－2所示。使用时，夹具拉杆（板）应夹紧于试验机的上钳口，试样的钢筋应穿过垫块（板）中心孔夹紧于试验机的下钳口内。

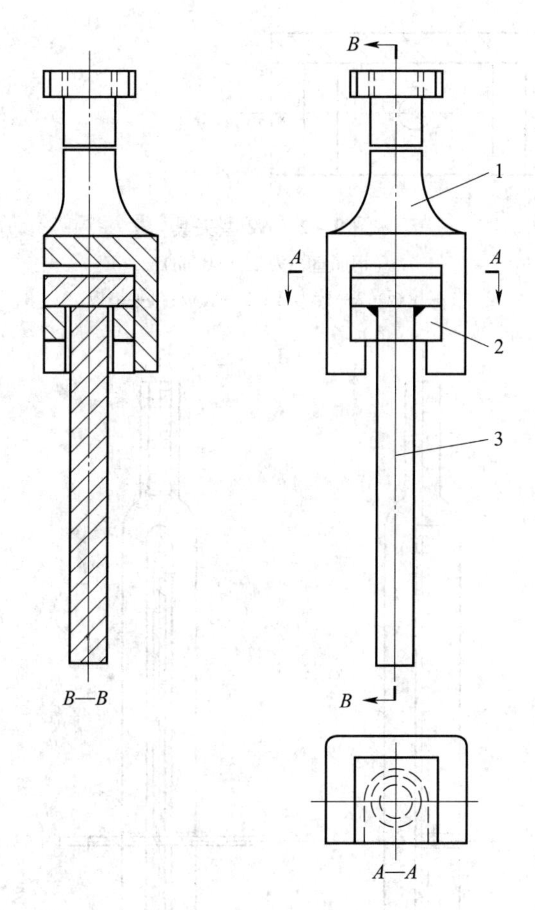

图9－1　A1型夹具

（钢筋直径为14～36mm）

1—夹具；2—垫块；3—试样

4）钢筋电阻点焊接头剪切试验夹具有3种，如图9－3～图9－5所示。

（3）试验方法。

1）钢筋焊接接头的母材应符合国家现行标准《钢筋混凝土用钢　第1部分：热轧光圆钢筋》GB 1499.1—2008、《钢筋混凝土用钢　第2部分：热轧带肋钢筋》GB 1499.2—2007、

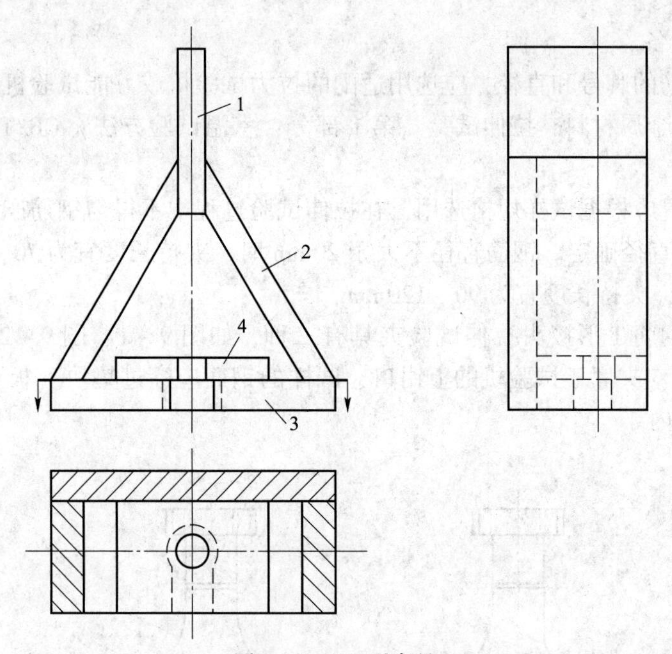

图 9-2 A2 型夹具

（钢筋直径为 25 ~ 40mm）

1—拉板；2—传力板；3—底板；4—垫板

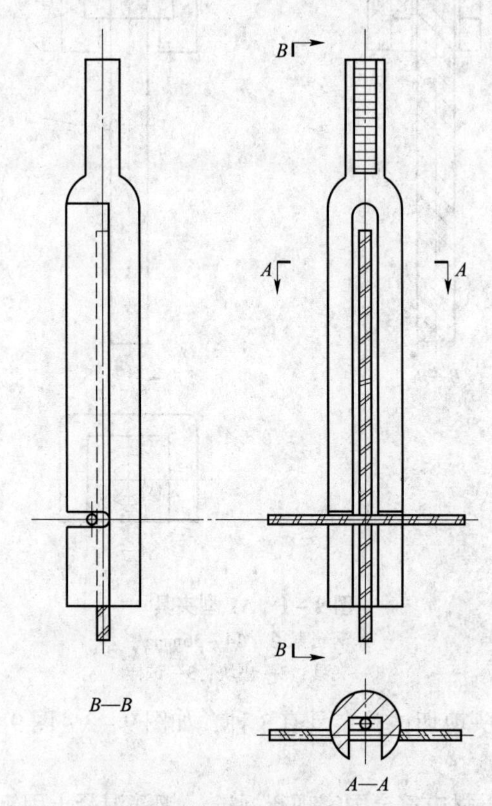

图 9-3 常用剪切试验夹具

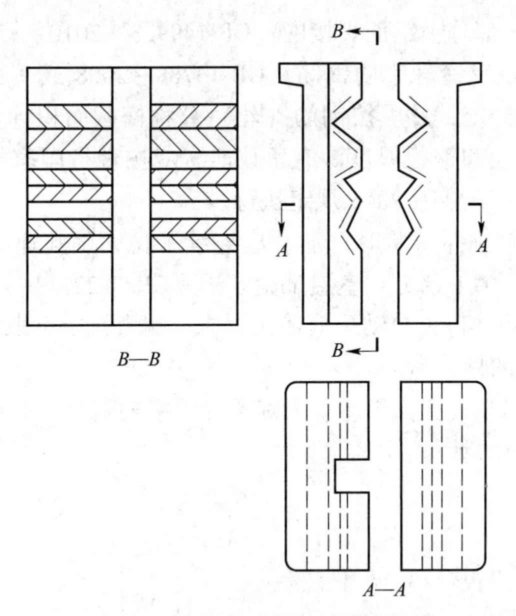

图 9－4 悬挂式剪切试验夹具

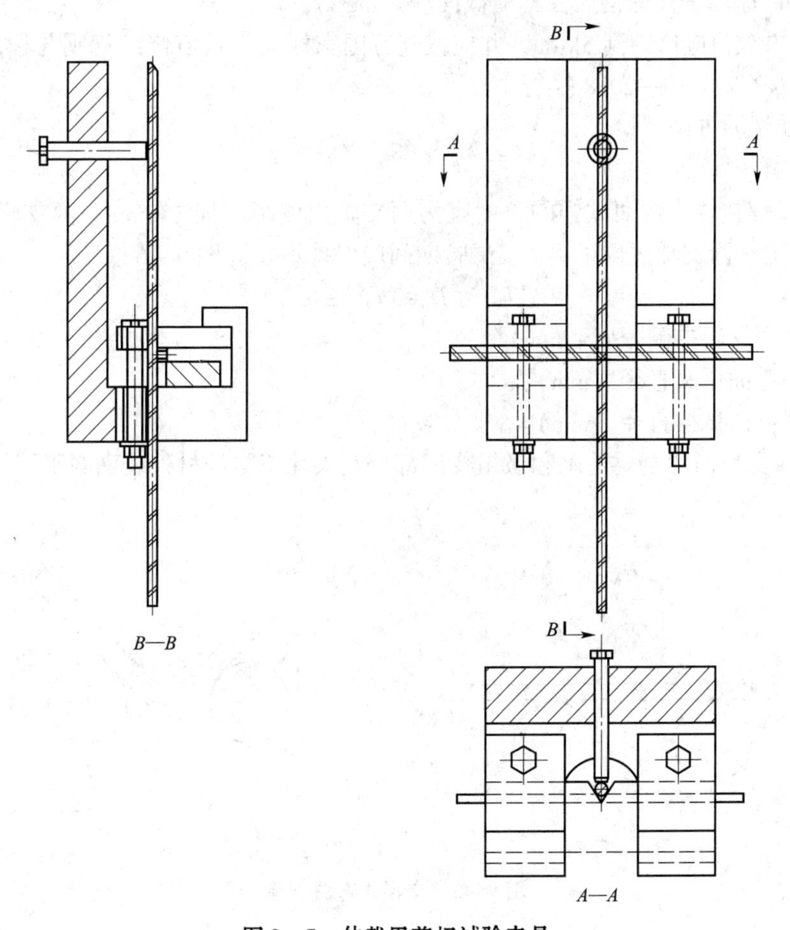

图 9－5 仲裁用剪切试验夹具

《钢筋混凝土用钢 第3部分：钢筋焊接网》GB 1499.3—2010、《钢筋混凝土用余热处理钢筋》GB 13014—2013、《冷轧带肋钢筋》GB 13788—2008或《冷拔低碳钢丝应用技术规程》JGJ 19—2010的规定，并应按钢筋（丝）公称横截面积计算。试验前可采用游标卡尺复核试样的钢筋直径和钢板厚度。有争议时，应按现行国家标准《混凝土结构工程施工质量验收规范》GB 50204—2015规定执行。

2）对试样进行轴向拉伸试验时，加载应连续平稳，试验速率应符合现行国家标准《金属材料 拉伸试验 第1部分：室温试验方法》GB/T 228.1—2010中的有关规定，将试样拉至断裂（或出现颈缩），自动采集最大力或从测力盘上读取最大力，也可从拉伸曲线图上确定试验过程中的最大力。

3）当试样断口上出现气孔、夹渣、未焊透等焊接缺陷时，应在试样记录中注明。

4）抗拉强度应按下式计算：

$$R_m = \frac{F_m}{S_0} \tag{9-1}$$

式中：R_m——抗拉强度（MPa）；

F_m——最大力（N）；

S_0——原始试样的钢筋公称横截面积（mm^2）。

试验结果数值应修约到5MPa，并应按现行国家标准《数值修约规则与极限数值的表示和判定》GB/T 8170—2008执行。

2. 弯曲试验方法

（1）试样。

1）钢筋焊接接头弯曲试样的长度宜为两支辊内侧距离加150mm；两支辊内侧距离 l 应按下式确定，两支辊内侧距离 l 在试验期间应保持不变（图9-6）。

$$l = (D + 3a) \pm a/2 \tag{9-2}$$

式中：l——两支辊内侧距离（mm）；

D——弯曲压头直径（mm）；

a——弯曲试样直径（mm）。

2）试样受压面的金属毛刺和镦粗变形部分宜去除至与母材外表面齐平。

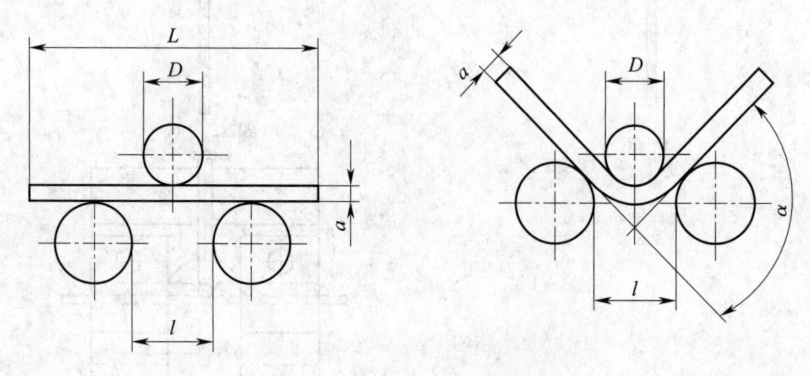

图9-6 支辊式弯曲试验

（2）试验设备。

1）钢筋焊接接头弯曲试验时，宜采用支辊式弯曲装置，并应符合现行国家标准《金属材料　弯曲试验方法》GB/T 232—2010 中有关规定。

2）钢筋焊接接头弯曲试验可在压力机或万能试验机上进行，不得使用钢筋弯曲机对钢筋焊接接头进行弯曲试验。

（3）试验方法。

1）钢筋焊接接头进行弯曲试验时，试样应放在两支点上，并应使焊缝中心与弯曲压头中心线一致，应缓慢地对试样施加荷载，以使材料能够自由地进行塑性变形；当出现争议时，试验速率应为（1±0.2）mm/s，直至达到规定的弯曲角度或出现裂纹、破断为止。

2）弯曲压头直径和弯曲角度应按表 9－22 的规定确定。

表 9－22　弯曲压头直径和弯曲角度

序号	钢筋牌号	弯曲压头直径 D（mm）		弯曲角度 α（°）
		$a \leqslant 25$mm	$a > 25$mm	
1	HPB300	$2a$	$3a$	90
2	HRB335　HRBF335	$4a$	$5a$	90
3	HRB400　HRBF400	$5a$	$6a$	90
4	HRB500　HRBF500	$7a$	$8a$	90

注：a 为弯曲试样直径。

9.2.2　钢筋机械接头试验

1. 型式检验试验方法

（1）型式检验试件的仪表布置和变形测量标距应符合下列规定：

1）单向拉伸和反复拉压试验时的变形测量仪表应在钢筋两侧对称布置，如图 9－7 所示，取钢筋两侧仪表读数的平均值计算残余变形值。

2）变形测量标距。

$$L_1 = L + 4d \tag{9-3}$$

式中：L_1——变形测量标距；

L——机械接头长度；

d——钢筋公称直径。

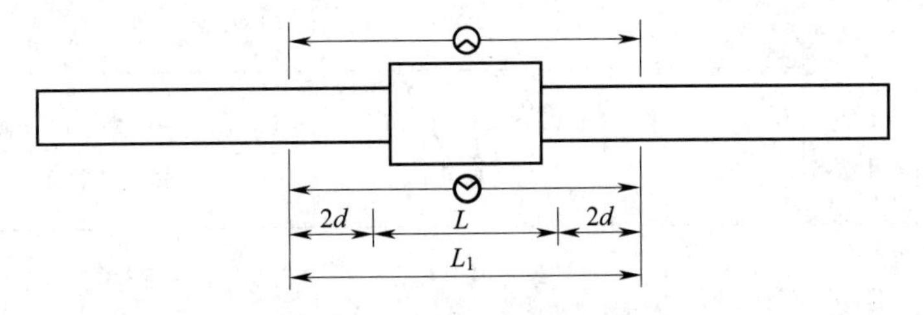

图 9－7　接头试件变形测量标距和仪表布置

（2）型式检验试件最大力总伸长率 A_{sgt} 的测量方法应符合下列要求：

1）试件加载前，应在其套筒两侧的钢筋表面（图 9－8）分别用细划线 A、B 和 C、D 标出测量标距为 L_{01} 和标记线，L_{01} 不应小于 100mm，标距长度应用最小刻度值不大于 0.1mm 的量具测量。

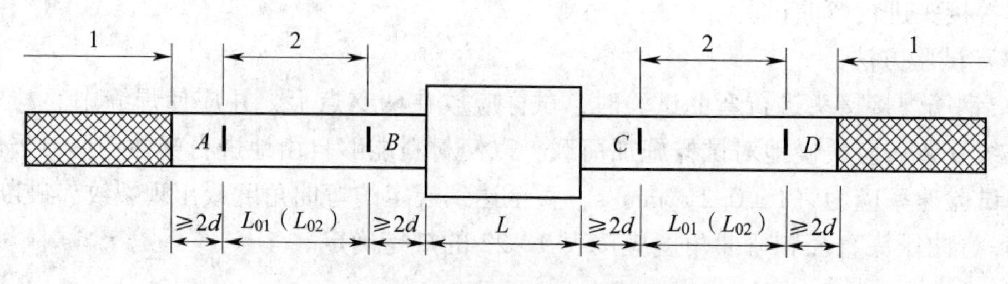

图 9－8 总伸长率 A_{sgt} 的测点布置

1—夹持区；2—测量区

2）试件应按表 9－23 单向拉伸加载制度加载并卸载，再次测量 A、B 和 C、D 间标距长度为 L_{02}。并应按下式计算试件最大力总伸长率 A_{sgt}：

$$A_{sgt} = \left[\frac{L_{02} - L_{01}}{L_{01}} + \frac{f_{mst}^{0}}{E}\right] \times 100 \tag{9-4}$$

式中：f_{mst}^{0}、E——试件达到最大力时的钢筋应力和钢筋理论弹性模量；

L_{01}——加载前 A、B 或 C、D 间的实测长度；

L_{02}——卸载前 A、B 或 C、D 间的实测长度。

应用上式计算时，当试件颈缩发生在套筒一侧的钢筋母材时，L_{01} 和 L_{02} 应取另一侧标记间加载前和卸载后的长度。当破坏发生在接头长度范围内时，L_{01} 和 L_{02} 应取套筒两侧各自读数的平均值。

（3）接头试件型式检验应按表 9－23 和图 9－9～图 9－11 所示的加载制度进行试验。

表 9－23 接头试件型式检验的加载制度

试验项目		加载制度
单向拉伸		0→0.6f_{yk}→0（测量残余变形）→最大拉力（记录抗拉强度）→0（测定最大力总伸长率）
高应力反复拉压		0→（0.9f_{yk}→－0.5f_{yk}）→破坏（反复 20 次）
大变形反复拉压	Ⅰ级 Ⅱ级	0→（2ε_{yk}→－0.5f_{yk}）（反复 4 次）→（5ε_{yk}→－0.5f_{yk}）（反复 4 次）→破坏
	Ⅲ级	0→（2ε_{yk}→－0.5f_{yk}）→破坏（反复 4 次）

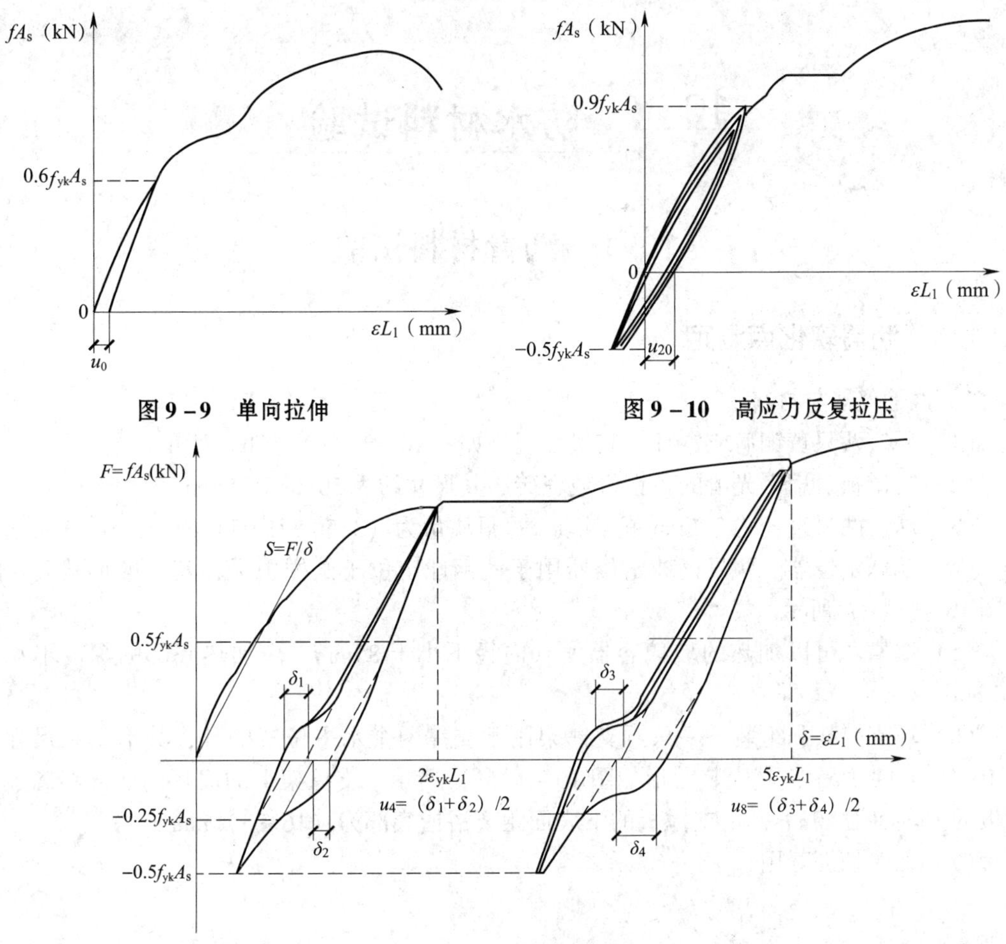

图 9-9 单向拉伸

图 9-10 高应力反复拉压

图 9-11 大变形反复拉压

注：1. S 线表示钢筋的拉、压刚度；F—钢筋所受的力，等于钢筋应力 f 与钢筋理论横截面面积 A_s 的乘积；δ—力作用下的钢筋变形，等于钢筋应变 ε 与变形测量标距 L_1 的乘积；A_s—钢筋理论横截面面积（mm^2）；L_1—变形测量标距（mm）。

2. δ_1 为 $2\varepsilon_{yk}L_1$ 反复加载四次后，在加载力为 $0.5f_{yk}A_s$ 及反向卸载力为 $-0.25f_{yk}A_s$ 处作 S 的平行线与横坐标交点之间的距离所代表的变形值。

3. δ_2 为 $2\varepsilon_{yk}L_1$ 反复加载四次后，在卸载力水平为 $0.5f_{yk}A_s$ 及反向加载力为 $-0.25f_{yk}A_s$ 处作 S 的平行线与横坐标交点之间的距离所代表的变形值。

4. δ_3、δ_4 为在 $5\varepsilon_{yk}L_1$ 反复加载四次后，按与 δ_1、δ_2 相同方法所得的变形值。

（4）测量接头试件的残余变形或加载时的应力速率宜采用 $2N/(mm^2 \cdot s^{-1})$，最高不超过 $10N/(mm^2 \cdot s^{-1})$；测量接头试件的最大力总伸长率或抗拉强度时，试验机夹头的分离速率宜采用 $0.05L_c$/min，L_c 为试验机夹头间的距离。

2．接头试件现场抽检试验方法

（1）现场工艺检验接头残余变形的仪表布置、测量标距和加载速度应符合 1 款中（1）和（4）的要求。现场工艺检验中，按 1 款中（3）加载制度进行接头残余变形检验时，可采用不大于 $0.012A_s f_{stk}$ 的拉力作为名义上的零荷载。

（2）施工现场随机抽检接头试件的抗拉强度试验应采用零到破坏的一次加载制度。

10 防水材料试验

10.1 沥青材料试验

10.1.1 沥青软化点测定

1. 试验仪器与材料

（1）环。两只黄铜肩或锥环，其尺寸规格如图10－1（a）、（b）所示。

（2）支撑板。扁平光滑的黄铜板或瓷砖，其尺寸约为50mm×75mm。

（3）球。两只直径为9.5mm的钢球，每只质量为（3.50±0.05）g。

（4）钢球定位器。两只钢球定位器用于使钢球定位于试样中央，其一般形状和尺寸如图10－1（c）所示。

（5）浴槽。可以加热的玻璃容器，其内径不小于85mm，离加热底部的深度不小于120mm。

（6）环支撑架和组装。一只铜支撑架用于支撑两个水平位置的环，其形状和尺寸如图10－1（d）所示，其安装图形如图10－1（e）所示。支撑架上的肩环的底部距离下支撑板的上表面为25mm，下支撑板的下表面距离浴槽底部为（16±3）mm。

（7）刀。切沥青用。

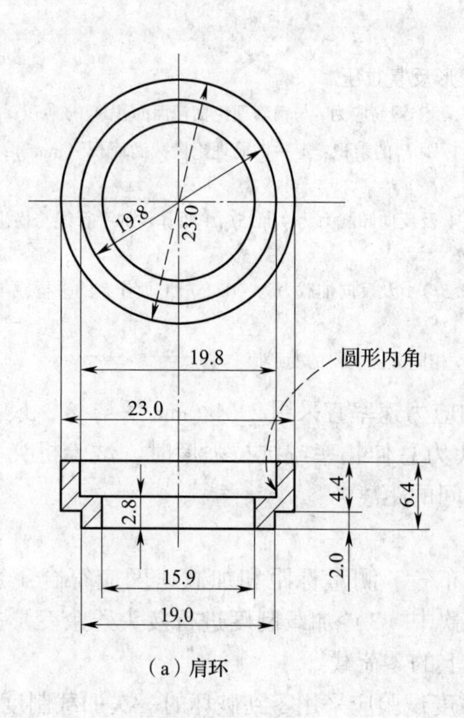

（a）肩环

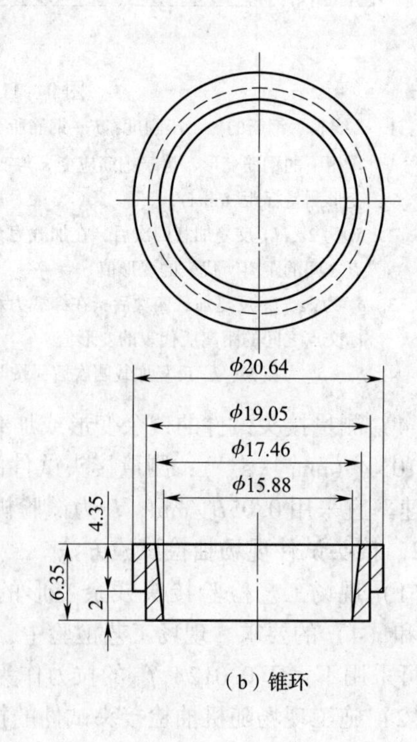

（b）锥环

注意：该直径比钢球的直径（9.5mm）大0.05mm左右，刚好能够将钢球固定在中心处。

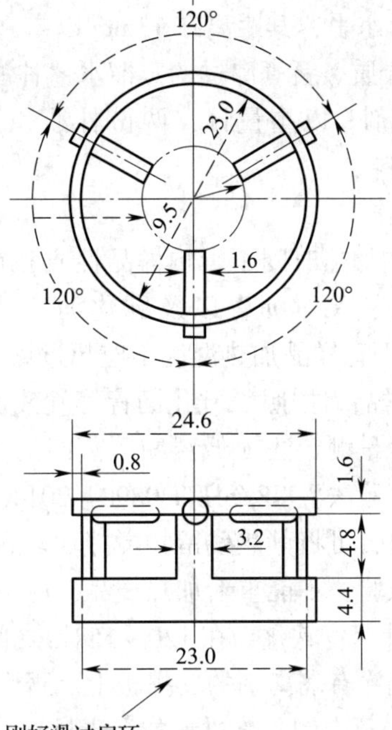

内径正好是23.0mm，刚好滑过肩环。

（c）钢球定位器

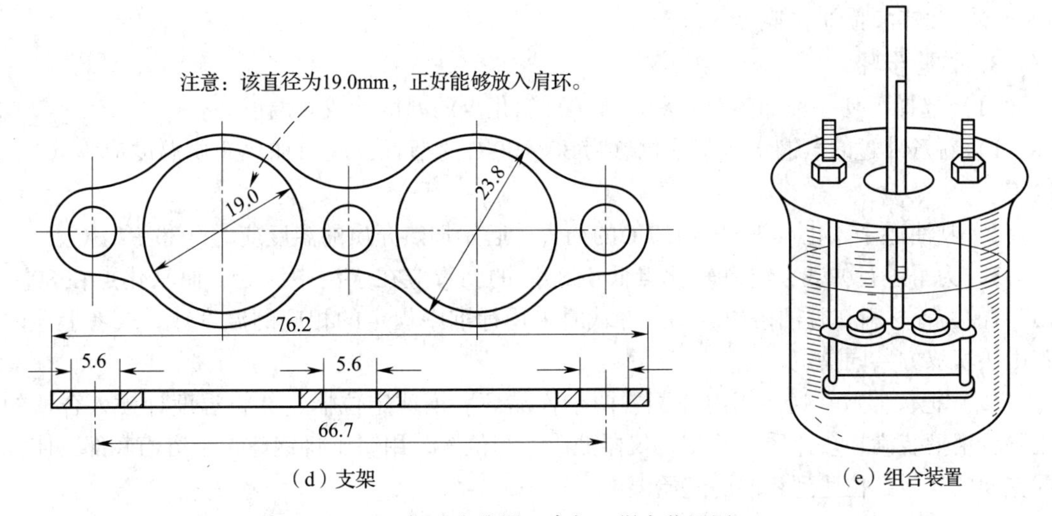

（d）支架

（e）组合装置

图 10－1　环、钢球定位器、支架、组合装置图（mm）

（8）温度计。应符合《石油产品试验用玻璃液体温度计技术条件》GB/T 514—2005 中 GB－42 温度计的技术要求，即测温范围在 30～180℃、最小分度值为 0.5℃的全浸式温度计。该温度计不允许使用其他温度计代替，可使用满足相同精度、数据显示最小温度和误差要求的其他测温设备代替。

合适的温度计或合适的测温设备应按图 10－1（e）悬于支架上，使得水银球底部或测温点与下底部水平，其距离在 13mm 以内，但不要接触环或支撑架。

（9）加热介质。新煮沸过的蒸馏水；甘油。

（10）隔离剂。以重量计，两份甘油和一份滑石粉调制而成，此隔离剂适合 30～157℃的沥青材料。

2．准备工作

（1）样品的加热时间不影响样品性质和在保证样品充分流动的基础上尽量短。石油沥青、改性沥青、天然沥青以及乳化沥青残留物加热温度不应超过预计沥青软化点 110℃。煤焦油沥青样品加热温度不应超过煤焦油沥青预计软化点 55℃。

（2）如果样品为按照《乳化沥青蒸发残留物含量测定法》SH/T 0099.4—2005、《乳化沥青残留物含量测定法（低温减压蒸馏法）》SH/T 0099.16—2005、《低温蒸发回收乳化沥青残留物试验法》NB/SH/T 0890—2014 方法得到的乳化沥青残留物或高聚物改性乳化沥青残留物时，可将其热残留物搅拌均匀后直接注入试模中。

如果重复试验，不能重新加热样品，应在干净的容器中用新鲜样品制备试样。

（3）若估计沥青软化点在 120～157℃之间，应将黄铜环与支撑板预热至 80～100℃，然后将铜环放到涂有隔离剂的支撑板上。否则会出现沥青试样从铜环中完全脱落的现象。

（4）向每个环中倒入略过量的沥青试样，让试件在室温下至少冷却 30min。对于在室温下较软的样品，应将试件在低于预计软化点 10℃以上的环境中冷却 30min。从开始倒试样时起至完成试验的时间不得超过 240min。

（5）当试样冷却后，用稍加热的小刀或刮刀干净地刮去多余的沥青，使得每一个圆片饱满且和环的顶部齐平。

3．试验步骤

（1）选择下列一种加热介质和适合预计软化点的温度计或测温设备。

1）新煮沸过的蒸馏水适于软化点为 30～80℃的沥青，起始加热介质温度应为（5±1）℃。

2）甘油适于软化点为 80～157℃的沥青，起始加热介质的温度应为（30±1）℃。

3）为了进行仲裁，所有软化点低于 80℃的沥青应在水浴中测定，而软化点在 80～157℃的沥青材料在甘油浴中测定。仲裁时采用标准中规定的相应的温度计。或者上述内容由买卖双方共同决定。

（2）把仪器放在通风橱内并配置两个样品环、钢球定位器，并将温度计插入合适的位置，浴槽装满加热介质，并使各仪器处于适当位置。用镊子将钢球置于浴槽底部，使其同支架的其他部位达到相同的起始温度。

（3）如果有必要，将浴槽置于冰水中，或小心加热并维持适当的起始浴温达 15min，并使仪器处于适当位置，注意不要玷污浴液。

（4）再次用镊子从浴槽底部将钢球夹住并置于定位器中。

（5）从浴槽底部加热使温度以恒定的速率 5℃/min 上升。为防止通风的影响有必要时可用保护装置，试验期间不能取加热速率的平均值，但在 3min 后，升温速度应达到（5±0.5）℃/min，若温度上升速率超过此限定范围，则此次试验失败。

（6）当包着沥青的钢球触及下支撑板时，分别记录温度计所显示的温度。无需对温度计的浸没部分进行校正。取两个温度的平均值作为沥青材料的软化点。当软化点在30～157℃时，如果两个温度的差值超过1℃，则重新试验。

4. 试验结果

（1）取两个结果的平均值作为试验结果。

（2）报告试验结果时同时报告浴槽中所使用加热介质的种类。

10.1.2 沥青针入度测定

1. 试验仪器

（1）针入度仪。能使针连杆在无明显摩擦下垂直运动，并能指示穿入深度准确到0.1mm的仪器均可使用。针连杆的质量为（47.5±0.05）g。针和针连杆的总质量为（50±0.05）g，另外仪器附有（50±0.05）g和（100±0.05）g的砝码各一个，可以组成（100±0.05）g和（200±0.05）g的载荷以满足试验所需的载荷条件。仪器设有放置平底玻璃皿的平台，并有可调水平的机构，针连杆应与平台垂直。仪器设有针连杆制动按钮，紧压按钮针连杆可以自由下落。针连杆要易于拆卸，以便定期检查其质量。

（2）标准针。

1）标准针应由硬化回火的不锈钢制成，钢号为440－C或等同的材料，洛氏硬度为54～60，如图10－2所示。针长约50mm，长针长约60mm，所有针的直径为1.00～1.02mm。针的一端应磨成8°40′～9°40′的锥形。锥形应与针体同轴，圆锥表面和针体表面交界线的轴向最大偏差不大于0.2mm，切平的圆锥端直径应在0.14～0.16mm之间，与针轴所成角度不超过2°。切平的圆锥面的周边应锋利没有毛刺。圆锥表面粗糙度的算术平均值应为0.2～0.3μm，针应装在一个黄铜或不锈钢的金属箍中，金属箍的直径为（3.20±0.05）mm，长度为（38±1）mm，针应牢固地装在箍里。针尖及针的任何其余部分均不得偏离箍轴1mm以上。针箍及其附件总质量为（2.50±0.05）g。可以在针箍的一端打孔或将其边缘磨平，以控制质量。每个针箍上打印单独的标志号码。

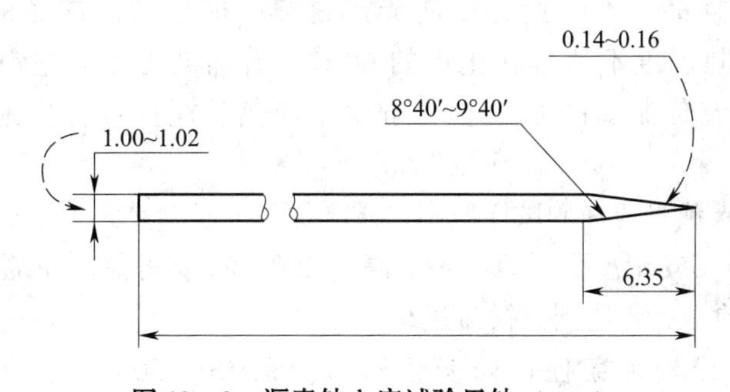

图10－2 沥青针入度试验用针（mm）

2）为了保证试验用针的统一性，国家计量部门对针的检验结果应满足1）的要求，对每一根针应附有国家计量部门的检验单。

（3）试样皿。应使用最小尺寸符合表10－1要求的金属或玻璃的圆柱型平底容器。

表10－1 试验皿的尺寸

针入度范围	直径（mm）	深度（mm）
小于40	33～55	8～16
小于200	55	35
200～350	55～75	45～70
350～500	55	70

（4）恒温水浴。容量不少于10L，能保持温度在试验温度下控制在±0.1℃范围内的水浴，水中距水底部50mm处的一个带孔的支架，这一支架离水面至少有100mm。如果针入度测定时在水浴中进行，支架应足够支撑针入度仪。在低温下测定针入度时，水浴中装入盐水。

注：水浴中建议使用蒸馏水，小心不要让表面活性剂、隔离剂或其他化学试剂污染水，这些物质的存在会影响针入度的测定值。建议测量针入度温度小于或等于0℃时，用盐调整水的凝固点，以满足水浴恒温的要求。

（5）平底玻璃皿。平底玻璃皿的容量不小于350mL，深度要没过最大的样品皿。内设一个不锈钢三角支架，以保证试样皿稳定。

（6）计时器。刻度0.1s或小于0.1s，60s内的准确度达到±0.1s的任何计时装置均可。直接连到针入度仪上的任何计时设备应进行精确校正以提供±0.1s的时间间隔。

（7）温度计。液体玻璃温度计，刻度范围：－8～55℃，分度值为0.1℃。或满足此准确度、精度和灵敏度的测温装置均可用。温度计或测温装置应定期按检验方法进行校正。

2．试验样品的制备

（1）小心加热样品，不断搅拌以防局部过热，加热到使样品能够易于流动。加热时焦油沥青的加热温度不超过软化点的60℃，石油沥青不超过软化点的90℃。加热时间在保证样品充分流动的基础上尽量少。加热、搅拌过程中避免试样中进入气泡。

（2）将试样倒入预先选好的试样皿中，试样深度应至少是预计锥入深度的120%。如果试样皿的直径小于65mm，而预期针入度高于200，每个实验条件都要做三个样品。如果样品足够，浇注的样品要达到试样皿边缘。

（3）将试样皿松松地盖住以防灰尘落入。在15～30℃的室温下，小的试样皿（ϕ33mm×16mm）中的样品冷却历45min～1h，中等试样皿（ϕ55mm×35mm）中的样品冷却1～1.5h；较大的试样皿中的样品冷却历1.5～2.0h，冷却结束后将试样皿和平底玻璃皿一起放入测试温度下的水浴中，水面应没过试样表面10mm以上。在规定的试验温度下恒温，小试样皿恒温45min～1.5h，中等试样皿恒温1～1.5h，更大试样皿恒温1.5～2.0h。

3. 试验步骤

（1）调节针入度仪的水平，检查针连杆和导轨，确保上面没有水和其他物质。如果预测针入度超过350应选择长针，否则用标准针。先用合适的溶剂将针擦干净，再用干净的布擦干，然后将针插入针连杆中固定。按试验条件选择合适的砝码并放好砝码。

（2）如果测试时针入度仪是在水浴中，则直接将试样皿放在浸在水中的支架上，使试样完全浸在水中。如果实验时针入度仪不在水浴中，将已恒温到试验温度的试样皿放在平底玻璃皿中的三角支架上，用与水浴相同温度的水完全覆盖样品，将平底玻璃皿放置在针入度仪的平台上。慢慢放下针连杆，使针尖刚刚接触到试样的表面，必要时用放置在合适位置的光源观察针头位置使针尖与水中针头的投影刚刚接触为止。轻轻拉下活杆，使其与针连杆顶端相接触，调节针入度仪上的表盘读数指零或归零。

（3）在规定时间内快速释放针连杆，同时启动秒表或计时装置，使标准针自由下落穿入沥青试样中，到规定时间使标准针停止移动。

（4）拉下活杆，再使其与针连杆顶端相接触，此时表盘指针的读数即为试样的针入度，或自动方式停止锥入，通过数据显示设备直接读出锥入深度数值，得到针入度，用1/10mm表示。

（5）同一试样至少重复测定三次。每一试验点的距离和试验点与试样皿边缘的距离都不得小于10mm。每次试验前都应将试样和平底玻璃皿放入恒温水浴中，每次测定都要用干净的针。当针入度小于200时可将针取下用合适的溶剂擦净后继续使用。当针入度超过200时，每个试样皿中扎一针，三个试样皿得到三个数据。或者每个试样至少用三根针，每次试验用的针留在试样中，直到三根针扎完时再将针从试样中取出。但是这样测得的针入度的最高值和最低值之差，不得超过平均值的4%。

4. 试验结果

（1）报告三次测定针入度的平均值，取至整数，作为实验结果。三次测定的针入度值相差不应大于表10－2中的数值。

表10－2　3次针入度测定结果的相差值规定（1/10mm）

针入度	0～49	50～149	150～249	250～350	350～500
最大差值	2	4	6	8	20

（2）如果误差超过了这一范围，利用2款中（2）的第二个样品重复试验。

（3）如果结果再次超过允许值，则取消所有的试验结果，重新进行试验。

10.1.3 沥青延度测定

1. 仪器与材料

（1）模具。模具应按图10－3中所给样式进行设计。试件模具由黄铜制成，由两个弧形端模和两个侧模组成，组装模具的尺寸变化范围如图10－3所示。

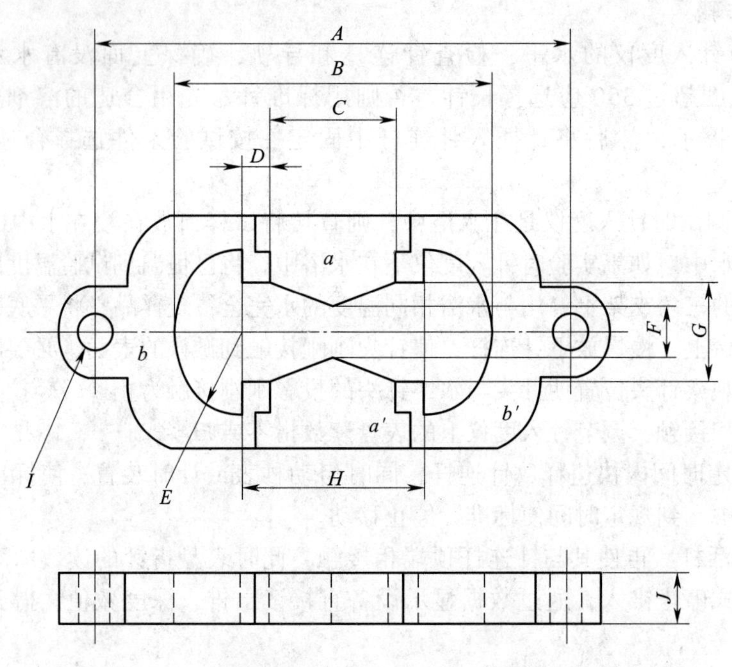

图 10-3 沥青延度仪模具

A—两端模环中心点距离 111.5~113.5mm；B—试件总长 74.54~75.5mm；
C—端模间距 29.7~30.3mm；D—肩长 6.8~7.2mm；E—半径 15.75~16.25mm；
F—最小横断面宽 9.9~10.1mm；G—端模口宽 19.8~20.2mm；
H—两半圆心间距离 42.9~43.1mm；I—端模孔直径 6.54~6.7mm；J—厚度 9.9~10.1mm

（2）水浴。水浴能保持试验温度变化不大于 0.1℃，容量至少为 10L，试件浸入水中深度不得小于 10cm，水浴中设置带孔搁架以支撑试件，搁架距水浴底部不得小于 5cm。

（3）延度仪。对于测量沥青的延度来说，凡是能够将试件持续浸没于水中，能按照一定的速度拉伸试件的仪器均可使用。该仪器在启动时应无明显的振动。

（4）温度计。0~50℃，分度为 0.1℃和 0.5℃各一只。

注：如果延度试样放在 25℃标准的针入度浴中进行恒温时，上述温度计可用液体玻璃温度计，刻度范围：-8~55℃，分度值为 0.1℃。或满足此准确度、精度和灵敏度的测温装置均可用。温度计或测温装置应定期按检验方法进行校正。

（5）隔离剂。以质量计，由两份甘油和一份滑石粉调制而成。

（6）支撑板。为黄铜板，一面应磨光至表面粗糙度为 *Ra*0.63。

2. 准备工作

（1）将模具组装在支撑板上，将隔离剂涂于支撑板表面及图 10-3 中的侧模的内表面，以防沥青沾在模具上。板上的模具要水平放好，以便模具的底部能够充分与板接触。

（2）小心加热样品，充分搅拌以防局部过热，直到样品容易倾倒。石油沥青加热温度不超过预计石油沥青软化点 90℃；煤焦油沥青样品加热温度不超过煤焦油沥青预计软化点 60℃。样品的加热时间在不影响样品性质和在保证样品充分流动的基础上尽量短。将熔化后的样品充分搅拌之后倒入模具中，在组装模具时要小心，不要弄乱了配件。在倒样时使试样呈细流状，自模的一端至另一端往返倒入，使试样略高出模具，将试件在空气中冷却 30～40min，然后放在规定温度的水浴中保持 30min 取出，用热的直刀或铲将高出模具的沥青刮出，使试样与模具齐平。

（3）恒温：将支撑板、模具和试件一起放入水浴中，并在试验温度下保持 85～95min，然后从板上取下试件，拆掉侧模，立即进行拉伸试验。

3．试验步骤

（1）将模具两端的孔分别套在实验仪器的柱上，然后以一定的速度拉伸，直到试件拉伸断裂。拉伸速度允许误差在 ±5% 以内，测量试件从拉伸到断裂所经过的距离，以 cm 表示。试验时，试件距水面和水底的距离不小于 2.5cm，并且要使温度保持在规定温度的 ±0.5℃范围内。

（2）如果沥青浮于水面或沉入槽底时，则试验不正常。应使用乙醇或氯化钠调整水的密度，使沥青材料既不浮于水面，又不沉入槽底。

（3）正常的试验应将试样拉成锥形或线形或柱形，直至在断裂时实际横断面面积接近于零或一均匀断面。如果三次试验得不到正常结果，则报告在该条件下延度无法测定。

4．试验结果

若三个试件测定值在其平均值的 5% 内，取平行测定三个结果的平均值作为测定结果。若三个试件测定值不在其平均值的 5% 以内，但其中两个较高值在平均值的 5% 之内，则弃去最低测定值，取两个较高值的平均值作为测定结果，否则重新测定。

10.2　防水卷材试验

10.2.1　外观质量检测

1．沥青防水卷材

（1）外观检测。

1）试验原理：抽取成卷沥青卷材在平面上展开，用肉眼检查。

2）抽样和试验条件。

①抽样：按《建筑防水卷材试验方法　第 1 部分：沥青和高分子防水卷材　抽样规则》GB/T 328.1—2007 抽取成卷未损伤的沥青卷材进行试验。

②试验条件：通常情况常温下进行测量。有争议时，试验在（23±3）℃条件下进行，并在该温度放置不少于 20h。

3）试验步骤：抽取成卷卷材放在平面上，小心地展开卷材，用肉眼检查整个卷材上、下表面有无气泡、裂纹、孔洞或裸露斑、疙瘩或任何其他能观察到的缺陷存在。

（2）厚度测定。

1）原理：卷材厚度在卷材宽度方向平均测量 10 点，这些值的平均值记录为整卷卷材的厚度，单位为 mm。

2）仪器设备：测量装置能测量厚度精确到 0.01mm，测量面平整，直径为 10mm，施加在卷材表面的压力为 20kPa。

3）抽样和试件制备。

①抽样：按《建筑防水卷材试验方法 第1部分：沥青和高分子防水卷材 抽样规则》GB/T 328.1—2007抽取未损伤的整卷卷材进行试验。

②试件制备：从试样上沿卷材整个宽度方向裁取至少100mm宽的一条试件。

③试验试件的条件：通常情况常温下进行测量。有争议时，试验在（23±2）℃条件下进行，并在该温度放置不少于20h。

4）试验步骤：保证卷材和测量装置的测量面没有污染。在开始测量前检查测量装置的零点，在所有测量结束后再检查一次。在测量厚度时，测量装置下足慢慢落下避免使试件变形。在卷材宽度方向均匀分布10点测量并记录厚度，最边的测量点应距卷材边缘100mm。

5）结果表示。

①计算。按4）测量的10点厚度的平均值，修约到0.1mm表示。

②精确度。试验方法的精确度没有规定。推论厚度测量的精确度不低于0.1mm。

（3）单位面积质量的测定。

1）原理：试件从试片上裁取并称重，然后得到单位面积质量平均值。

2）仪器设备：称量装置，能测量试件质量并精确至0.01g。

3）抽样和试件制备。

①抽样：按《建筑防水卷材试验方法 第1部分：沥青和高分子防水卷材 抽样规则》GB/T 328.1—2007抽取未损伤的整卷卷材进行试验。

②试件制备：从试样上裁取至少0.4m长，整个卷材宽度宽的试片，从试片上裁取3个正方形或圆形试件，每个面积为（10000±100）mm^2，一个从中心裁取，其余两个和第一个对称，沿试片相对两角的对角线，此时试件距卷材边缘大约100mm，避免裁下任何留边，如图10－4所示。

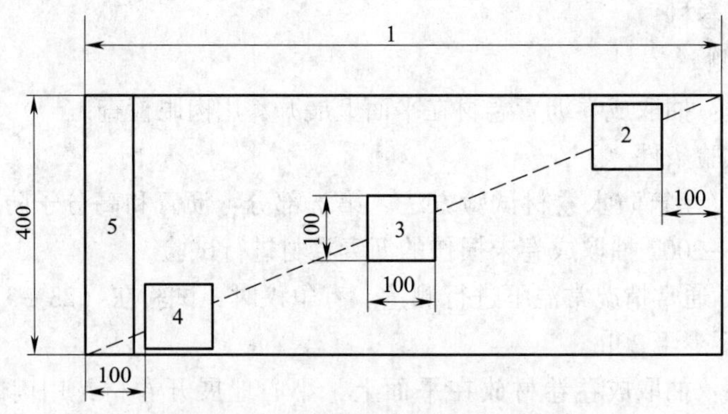

图10－4 正方形试件示例（mm）

1—产品宽度；2、3、4—试件；5—留边

③试验条件：试件应在（23±2）℃和（50±5）%相对湿度条件下至少放置20h，试验在（23±2）℃进行。

4）步骤：用称量装置称量每个试件，记录质量精确到0.1g。

5）结果表示。

①计算。计算卷材单位面积质量m，单位为千克每平方米（kg/m^2），按下式计算：

$$m = \frac{m_1 + m_2 + m_3}{3} \div 10 \qquad (10-1)$$

式中：m_1——第一个试件的质量（g）；

m_2——第二个试件的质量（g）；

m_3——第三个试件的质量（g）。

②精确度：试验方法的精确度没有规定。推论单位面积质量的精确度不低于10g/m²。

（4）长度、宽度和平直度。

1）试验原理：抽取成卷沥青卷材在平面上展开，用金属尺测量长度和宽度。卷材平直度用相同的测量工具测量其与直线的偏离。

2）仪器设备。

①长度：钢卷尺的长度应大于被测量沥青卷材的长度，保证测量精度10mm。

②宽度：钢卷尺或直尺的长度应大于被测量沥青卷材的宽度，保证测量精度1mm。

③平直度：用在沥青卷材上划直线的笔、钢卷尺或直尺，保证测量精度1mm。

3）抽样与试件制备。

①抽样：按《建筑防水卷材试验方法　第1部分：沥青和高分子防水卷材　抽样规则》GB/T 328.1—2007抽取成卷未损伤的沥青卷材进行试验。

②试验条件：通常情况常温下进行测量。有争议时，试验在（23±2）℃条件下进行，并在该温度放置不少于20h。

4）试验步骤。

①一般要求：抽取成卷卷材放在平面上，小心地展开卷材，保证与平面完全接触。5min后，测量长度、宽度和平直度。

②长度测定：长度测定在整卷卷材宽度方向的两个1/3处测量，记录结果，精确到10mm。

③宽度测定：宽度测量在距卷材两端头各（1±0.01）m处测量，记录结果，精确到1mm。

④平直度测定：平直度测量沿卷材纵向一边，距纵向边缘100mm处的两点作记号（见图10-5的A、B点），在卷材的两记号点处用笔划一参考直线，测量参考线与卷材纵向边缘的最大距离g，记录该最大偏离（g-100mm），精确到1mm。卷材长度超过10m时，每10m长度如此测量一次（见图10-6）。

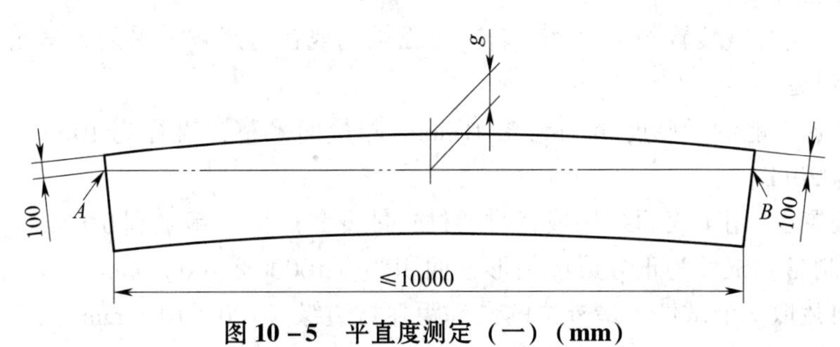

图10-5　平直度测定（一）（mm）

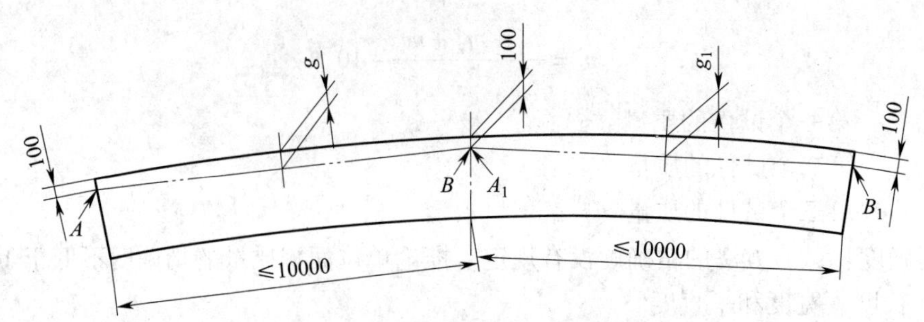

图 10－6 平直度测定（二）(mm)

5）结果表示。

①长度测定的结果：长度取两处测量的平均值，精确到 10mm。

②宽度测定的结果：宽度取两处测量的平均值，精确到 1mm。

③平直度结果：卷材平直度以整卷卷材上测量的最大偏离表示，精确到 1mm。

④精确度：试验方法的精确度没有规定。以下是推论值：

长度测量精确度不低于 ±10mm。

宽度测量精确度不低于 ±1mm。

平直度测量精确度不低于 ±5mm。

2．高分子防水卷材

（1）外观检测。

1）试验原理：抽取成卷塑料、橡胶卷材的一部分，在平面上展开，在卷材两面和切割断面上检查。

2）抽样和试验条件。

①抽样：按《建筑防水卷材试验方法　第 1 部分：沥青和高分子防水卷材　抽样规则》GB/T 328.1—2007 抽取成卷未损伤的高分子卷材进行试验。

②试验条件：通常情况常温下进行测量。有争议时，试验在（23 ±2）℃条件下进行，并在该温度放置不少于 20h。

3）试验步骤：抽取成卷卷材放在平面上，小心地展开卷材的前 10m 检查，上表面朝上，用肉眼检查整个卷材表面有无气泡、裂缝、孔洞、擦伤、凹痕、或任何其他能观察到的缺陷存在。然后将卷材小心地调个面，同样方法检查下表面。

靠近卷材端头，沿卷材整个宽度方向切割卷材，检查切割面有无空包和杂质存在。

（2）厚度测定。

1）原理：用机械装置测定厚度，若有表面结构或背衬影响，采用光学测量装置。

2）仪器设备。

①测量装置：能测量厚度精确到 0.01mm，测量面平整，直径为 10mm，施加在卷材表面的压力为 20kPa。

②光学装置：（用于表面结构或背衬卷材）能测量厚度，精确到 0.01mm。

3）试件制备：试件为正方形或圆形，面积为（10000 ±100）mm^2。从试样上沿卷材整个宽度方向裁取 x 个试件，最外边的试件距卷材边缘（100 ±10）mm（x 至少为 3 个试件，x 个试件在卷材宽度方向相互间隔不超过 500mm）（见图 10－7）。

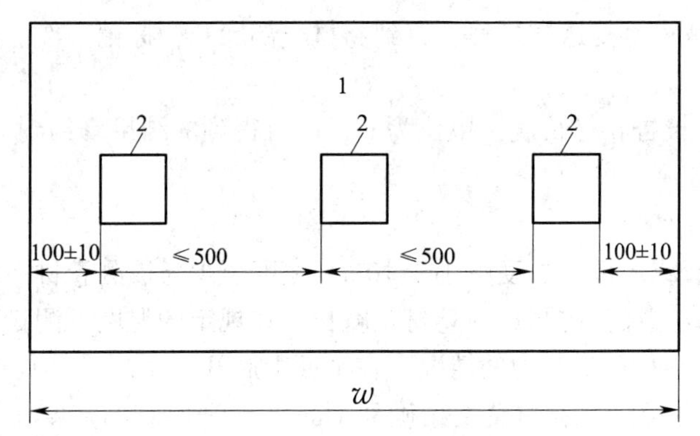

图 10－7 试件裁样平面图（mm）

1—试样；2—试件；w—卷材宽度

4）步骤：测量前试件在（23±2）℃和相对湿度（50±5）%条件下至少放 2h，试验在（23±2）℃进行。试验卷材表面和测量装置的测量面洁净。记录每个试件的相关厚度，精确到 0.01mm。计算所有试件测量结果的平均值和标准偏差。

①机械测量法：开始测量前检查测量装置的零点，在所有测量结束后再检查一次。在测定厚度时，测量装置下足应避免材料变形。

②光学测量法：任何有表面结构或背衬的卷材用光学法测量厚度。

5）结果表示：卷材的全厚度 e 取所有试件的平均值。卷材有效厚度 e_{eff} 取所有试件去除表面结构或背衬后的厚度平均值。

记录所有卷材厚度的结果和标准偏差，精确至 0.01mm。

（3）单位面积质量测定。

1）原理：称量已知面积的试件进行单位面积质量测定（可用测定厚度的同样试件）。

2）试验仪器。

天平：能称量试件，精确到 0.01g。

3）试件制备：正方形或圆形试件，面积为（10000±100）mm^2。

在卷材宽度方向上均匀裁取 x 个试件，最外端的试件距卷材边缘为（100±10）mm。（x 至少为 3 个试件，x 个试件在卷材宽度方向相互间隔不超过 500mm）（见图 10－7）。

4）步骤：称量前试件在（23±2）℃和相对湿度（50±5）%条件下放置 20h，试验在（23±2）℃进行。称量试件精确到 0.01g，计算单位面积质量，单位为 g/m^2。

5）结果表示：单位面积质量取计算的平均值，单位为 g/m^2，修约至 $5g/m^2$。

（4）长度测定。

1）试验仪器：平面如工作台或地板，至少 10m 长，宽度与被测卷材至少相同，同时纵向距平面两边 1m 处有标尺。至少在长度一边的该位置，特别是平面的边上，标尺应有至少分度为 1mm 的刻度用来测量卷材，在规定温度下的准确性为 ±5mm。

2）试验步骤：如必要在卷材端处作标记，并与卷材长度方向垂直，标记对卷材的影响应尽可能小。卷材端处的标记与平面的零点对齐，在（23±5）℃不受张力条件下沿平面展开卷材，在达到平面的另一端后，在卷材的背面用合适的方法标记，和已知长度的两端对齐。再从已测量的该位置展开，放平，不受力，下一处没有测量的长度像前面一样从边缘标记处开始测量，重复这样过程，直到卷材全部展开，标记。像前面一样测量最终长度，精确至5mm。

3）试验结果：报告卷材长度，单位为m，所有得到的结果修约到10mm。

（5）宽度测定。

1）仪器设备。

①平面如工作台或地板，长度不小于10m，宽度至少与被测卷材一样。

②测量的卷尺或直尺：比测量的卷材宽度长，在规定的温度下测量精确度达1mm。

2）试验步骤：卷材不受张力的情况下在平面上展开，用测量器具在（23±5）℃时每间隔10m进行测量并记录，卷材宽度精确到1mm。保证所有的宽度在与卷材纵向垂直的方向上进行测量。

3）试验结果：计算宽度记录结果的平均值，作为平均宽度报告，报告宽度的最小值，精确到1mm。

（6）平直度和平整度测定。

1）试验仪器。

①平面如工作台或地板，长度不小于10m，宽度至少与被测卷材一样。

②测量装置在规定温度下能测量距离 g 和 p，准确到1mm。

2）试验步骤：卷材在（23±5）℃不受张力的情况下沿平面展开至少第一个10m，在（30±5）min后，在卷材两端 AB（10m）（见图10－8）直线处测量平直度的最大距离 g，单位为mm。

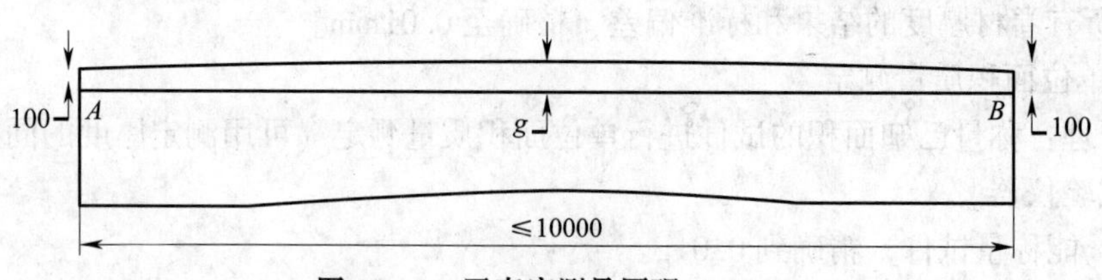

图10－8 平直度测量原理（mm）

在卷材波浪边的顶点与平面间测量平整度的最大值，单位为mm。

3）试验结果：按2）测量，将距离（$g-100$mm）和 p 报告为卷材的平直度和平整度，单位为mm，修约到10mm。

10.2.2 拉伸性能试验

1. 沥青防水卷材

（1）试验原理。试件以恒定的速度拉伸至断裂。连续记录试验中拉力和对应的长度变化。

（2）试验仪器设备。拉伸试验机有连续记录力和对应距离的装置，能按下面规定的速度均匀的移动夹具。拉伸试验机有足够的拉力量程（至少2000N）和夹具移动速度（100±10）mm/min，夹具宽度不小于50mm。

拉伸试验机的夹具能随着试件拉力的增加而保持或增加夹具的夹持力，对于厚度不超过3mm的产品能夹住试件使其在夹具中的滑移不超过1mm，更厚的产品不超过2mm。这种夹持方法不应在夹具内外产生过早的破坏。

为防止从夹具中的滑移超过极限值，允许用冷却的夹具，同时实际的试件伸长用引伸计测量。

力值测量至少应符合《拉力、压力和万能试验机》JJG 139—2014 的 2 级（即 ±2%）。

（3）试件制备。整个拉伸试验应制备两组试件，一组纵向 5 个试件，一组横向 5 个试件。

试件在试样上距边缘 100mm 以上任意裁取，用模板，或用裁刀，矩形试件宽为（50 ±0.5）mm，长为（200mm +2 × 夹持长度），长度方向为试验方向。

表面的非持久层应去除。

试件在试验前在（23 ±2）℃和相对湿度（30 ~70）% 的条件下至少放置 20h。

（4）试验步骤。将试件紧紧地夹在拉伸试验机的夹具中，注意试件长度方向的中线与试验机夹具中心在一条线上。夹具间距离为（200 ±2）mm；为防止试件从夹具中滑移应作标记。当用引伸计时，试验前应设置标距间距离为（180 ±2）mm。为防止试件产生任何松弛，推荐加载不超过 5N 的力。

试验在温度为（23 ±2）℃下进行，夹具移动的恒定速度为（100 ±10）mm/min。

连续记录拉力和对应的夹具（或引伸计）间距离。

（5）试验结果。

1）计算。

记录得到的拉力和距离的数据记录，以最大的拉力和对应的由夹具（或引伸计）间距离与起始距离的百分率计算延伸率。

去除任何在夹具 10mm 以内断裂或在试验机夹具中滑移超过极限值的试件的试验结果，用备用件重测。

最大拉力单位为 N/50mm，对应的延伸率用百分率表示，作为试件同一方向的测试结果。

分别记录每个方向 5 个试件的拉力值和延伸率，并计算平均值。

拉力的平均值修约到 5N，延伸率的平均值修约到 1%。

同时对于复合增强的卷材在应力应变图上有两个或更多的峰值，拉力和延伸率应记录这两个最大值。

2）试验方法的精确度：试验方法的精确度没有规定。

2. 高分子防水卷材

（1）试验原理。试件以恒定的速度拉伸至断裂。连续记录试验中拉力和对应的长度变化，特别记录最大拉力。

（2）试验仪器。拉伸试验机有连续记录力和对应距离的装置，能按下面规定的速度均匀的移动夹具。拉伸试验机有足够的量程，至少为 2000N，夹具移动速度为（100 ±10）mm/min 和（500 ±50）mm/min，夹具宽度不小于 50mm。

拉伸试验机的夹具能随着试件拉力的增加而保持或增加夹具的夹持力；对于厚度不超过 3mm 的产品能夹住试件使其在夹具中的滑移不超过 1mm，更厚的产品不超过 2mm。试件放入夹具时作记号或用胶带固定以帮助确定滑移值。

这种夹持方法不应导致在夹具附近产生过早的破坏。

假若试件从夹具中的滑移超过规定的极限值，实际延伸率应用引伸计测量。

力值测量应符合《拉力、压力和万能试验机》JJG 139—2014 中的至少 2 级（即 ±2%）。

（3）试件制备。除非有其他规定，整个拉伸试验应准备两组试件，一组纵向 5 个试件，一组横向 5 个试件。

试件在距试样边缘（100 ± 10）mm 以上裁取，用模板，或用裁刀，尺寸如下：

方法 A：矩形试件为（50 ± 0.5）mm × 200mm，见图 10 - 9 和表 10 - 3。

方法 B：哑铃形试件为（6 ± 0.4）mm × 115mm，见图 10 - 10 和表 10 - 3。

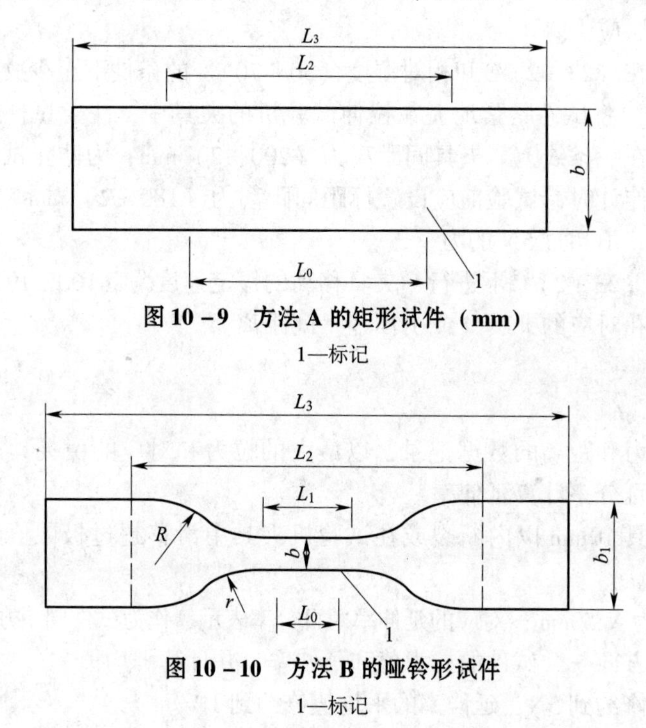

图 10 - 9 方法 A 的矩形试件（mm）

1—标记

图 10 - 10 方法 B 的哑铃形试件

1—标记

表 10 - 3 试件尺寸

方法	方法 A（mm）	方法 B（mm）
全长，至少 L_3	>200	>115
端头宽度 b_1	—	25 ± 1
狭窄平行部分长度 L_1	—	33 ± 2
宽度 b	50 ± 0.5	6 ± 0.4
小半径 r	—	14 ± 1
大半径 R	—	25 ± 2
标记间距离 L_0	100 ± 5	25 ± 0.25
夹具间起始间距 L_2	120	80 ± 5

表面的非持久层应去除。

试件中的网格布、织物层，衬垫或层合增强层在长度或宽度方向应裁一样的经纬数，避免切断筋。

试件在试验前在（23±2）℃和相对湿度（50±5）%的条件下至少放置20h。

（4）试验步骤。对于方法B，厚度是用10.2.1中2款的厚度测量方法测量试件的有效厚度。

将试件紧紧地夹在拉伸试验机的夹具中，注意试件长度方向的中线与试验机夹具中心在一条线上。为防止试件产生任何松弛，推荐加载不超过5N的力。

试验在（23±2）℃下进行，夹具移动的恒定速度为：方法A为（100±10）mm/min，方法B为（500±50）mm/min。

连续记录拉力和对应的夹具（或引伸计）间分开的距离，直至试件断裂。

注：在1%和2%应变时的正切模量，可以从应力应变曲线上推算，试验速度为（5±1）mm/min。

试件的破坏形式应记录。

对于有增强层的卷材，在应力应变图上有两个或更多的峰值，应记录两个最大峰值的拉力和延伸率及断裂延伸率。

（5）试验结果。

1）计算。

记录得到的拉力和距离的数据记录，以最大的拉力和对应的由夹具（或标记）间距离与起始距离的百分率计算延伸率。

去除任何在距夹具10mm以内断裂或在试验机夹具中滑移超过极限值的试件的试验结果，用备用件重测。

记录试件同一方向最大拉力、对应的延伸率和断裂延伸率的结果。

测量延伸率的方式，如夹具间距离或引伸计。

分别记录每个方向5个试件的值，计算算术平均值和标准偏差，方法A拉力的单位为N/50mm，方法B拉伸强度的单位为MPa（N/mm^2）。

拉伸强度MPa（N/mm^2）根据有效厚度计算。

方法A的结果精确至N/50mm，方法B的结果精确至0.1MPa（N/mm^2），延伸率精确至两位有效数字。

2）试验方法的精确度：试验方法的精确度没有规定。

10.2.3　不透水性试验

1. 试验原理

对于沥青、塑料、橡胶有关范畴的卷材，在标准中给出两种试验方法的试验步骤。

（1）方法A：试验适用于卷材低压力的使用场合，如屋面、基层、隔汽层。试件满足直到60kPa压力历时24h。

（2）方法B：试验适用于卷材高压力的使用场合，如特殊屋面、隧道、水池。试件采用有四个规定形状尺寸狭缝的圆盘保持规定水压24h，或采用7孔圆盘保持规定水压

30min，观测试件是否保持不渗水。

2．试验仪器

（1）方法 A：一个带法兰盘的金属圆柱体箱体，孔径为150mm，并连接到开放管子末端或容器，其间高差不低于1m，如图10－11所示。

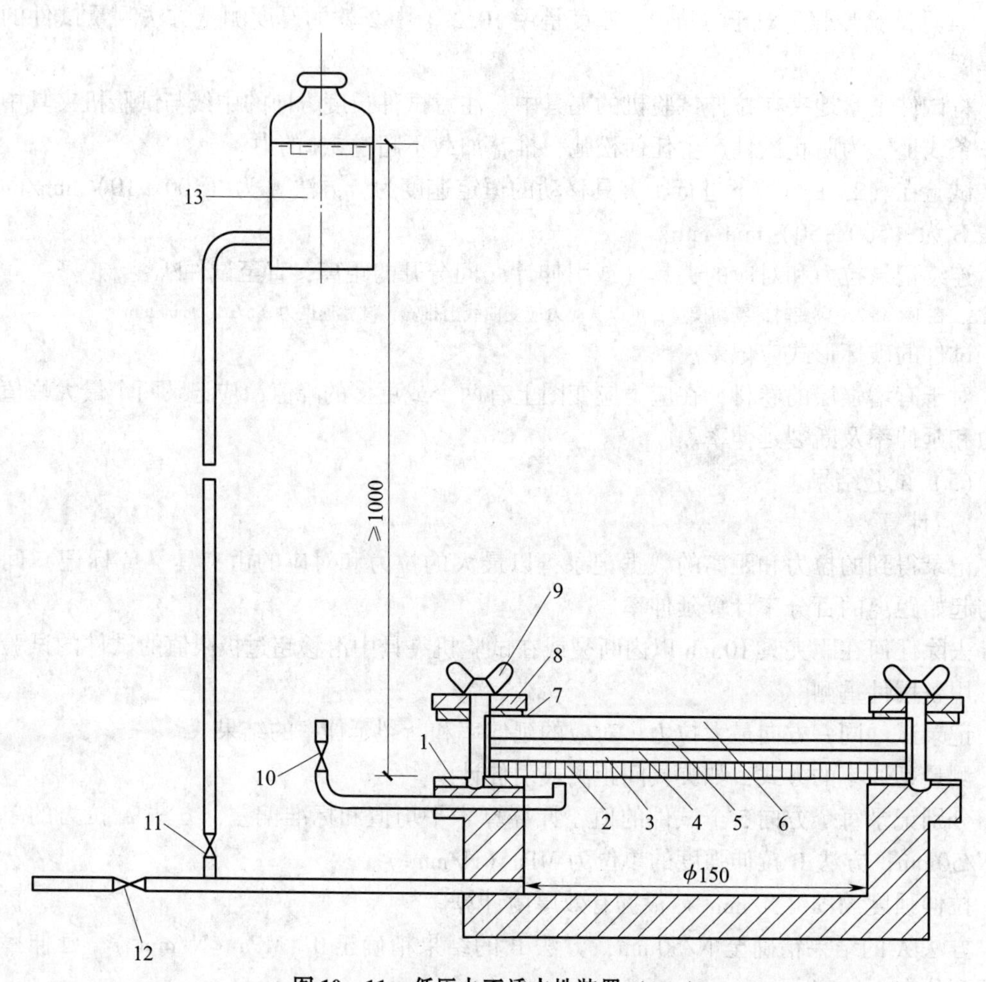

图10－11 低压力不透水性装置（mm）

1—下橡胶密封垫圈；2—试件的迎水面是通常暴露于大气/水的面；3—实验室用滤纸；4—湿气指示混合物，均匀地铺在滤纸上面，湿气透过试件能容易的探测到，指示剂由细白糖（冰糖）（99.5%）和亚甲基蓝染料（0.5%）组成的混合物，用0.074mm筛过滤并在干燥器中用氯化钙干燥；5—实验室用滤纸；6—圆的普通玻璃板（厚5mm，水压≤10kPa，厚8mm，水压≤60kPa）；7—上橡胶密封垫圈；8—金属夹环；9—带翼螺母；10—排气阀；11—进水阀；12—补水和排水阀；13—提供和控制水压到60kPa的装置

（2）方法 B：组成设备的装置见图10－12和图10－13，产生的压力作用于试件的一面。

试件用有四个狭缝的盘（或7孔圆盘）盖上。缝的形状尺寸符合图10－14的规定，孔的尺寸形状符合图10－15的规定。

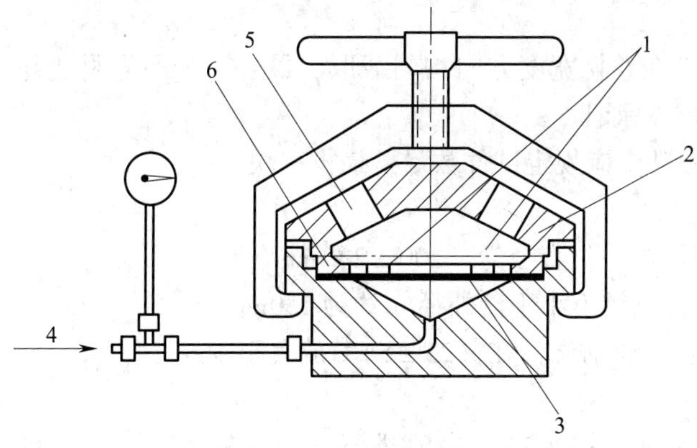

图 10-12 高压力不透水性用压力试验装置

1—狭缝；2—封盖；3—试件；
4—静压力；5—观测孔；6—开缝盘

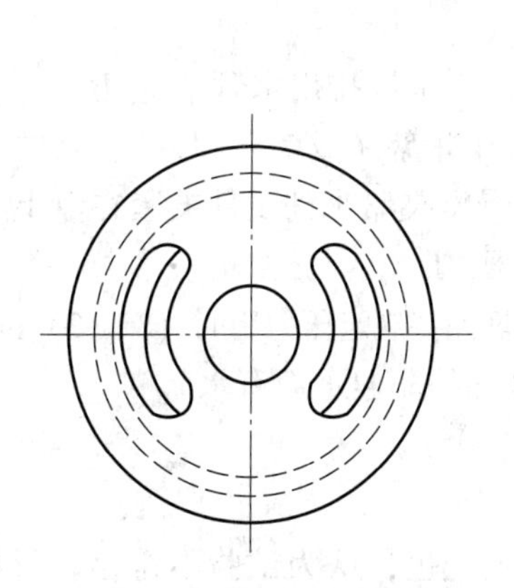

图 10-13 狭缝压力试验装置——封盖草图

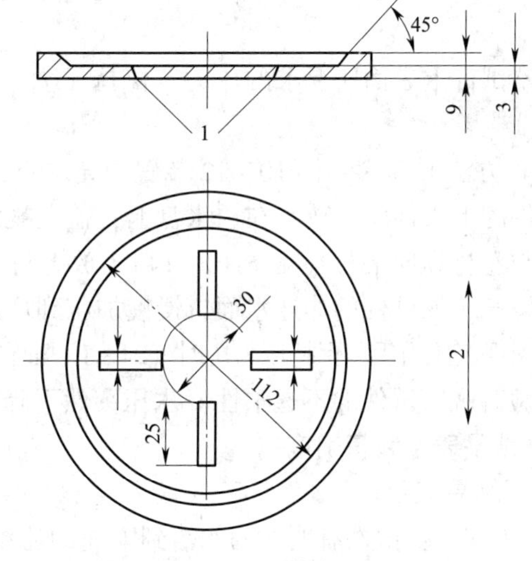

图 10-14 开缝盘（mm）

1—所有开缝盘的边都有约 0.5mm 半径弧度；
2—试件纵向方向

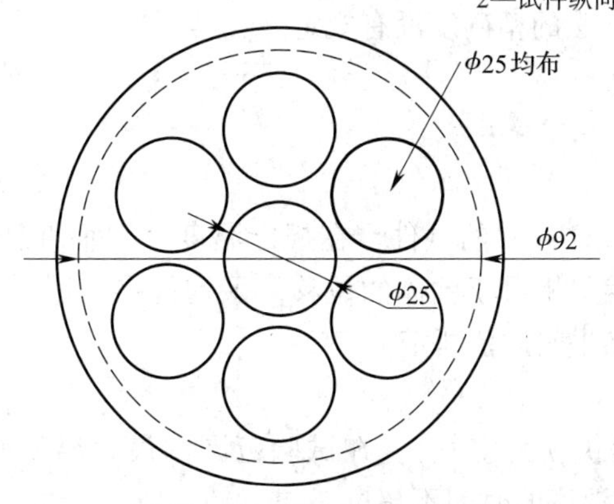

图 10-15 7 孔圆盘（mm）

3．试件制备

（1）制备：试件在卷材宽度方向均匀裁取，最外一个距卷材边缘100mm。试件的纵向与产品的纵向平行并标记。

在相关的产品标准中应规定试件数量，最少三块。

（2）试件尺寸。

1）方法A：圆形试件，直径为（200±2）mm。

2）方法B：试件直径不小于盘外径（约为130mm）。

（3）试验条件：试验前试件在（23±5）℃放置至少6h。

4．试验步骤

（1）试验条件：试验在（23±5）℃进行；产生争议时，在（23±2）℃、相对湿度（50±5）%进行。

（2）方法A步骤：放试件在设备上，旋紧翼形螺母固定夹环。见图10－11，打开阀（11）让水进入，同时打开阀（10）排出空气，直至水出来关闭阀（10），说明设备已水满。

调整试件上表面所要求的压力。保持压力（24±1）h。检查试件，观察上面滤纸有无变色。

（3）方法B步骤：图10－12装置中充水直到满出，彻底排出水管中空气。

试件的上表面朝下放置在透水盘上，盖上规定的开缝盘（或7孔圆盘），其中一个缝的方向与卷材纵向平行（见图10－14）。放上封盖，慢慢夹紧直到试件夹紧在盘上，用布或压缩空气干燥试件的非迎水面，慢慢加压到规定的压力。

达到规定压力后，保持压力历时（24±1）h［7孔盘保持规定压力历时（30±2）min］。

试验时观察试件的不透水性（水压突然下降或试件的非迎水面有水）。

5．结果表示和精确度

（1）结果表示。

1）方法A：试件有明显的水渗到上面的滤纸产生变色，认为试验不符合。所有试件通过认为卷材不透水。

2）方法B：所有试件在规定的时间不透水认为不透水性试验通过。

（2）精确度：试验方法的精确度没有规定。

10.2.4 耐热性试验

1．方法A

（1）试验原理：从试样裁取的试件，在规定温度分别垂直悬挂在烘箱中。在规定的时间后测量试件两面涂盖层相对于胎体的位移。平均位移超过2.0mm为不合格。耐热性极限是通过在两个温度结果间插值测定。

（2）仪器设备。

1）鼓风烘箱（不提供新鲜空气）：在试验范围内最大温度波动为±2℃。当门打开30s后，恢复温度到工作温度的时间不超过5min。

2）热电偶：连接到外面的电子温度计，在规定范围内能测量到±1℃。

3）悬挂装置（如夹子）至少 100mm 宽，能夹住试件的整个宽度在一条线，并被悬挂在试验区域，如图 10－16 所示。

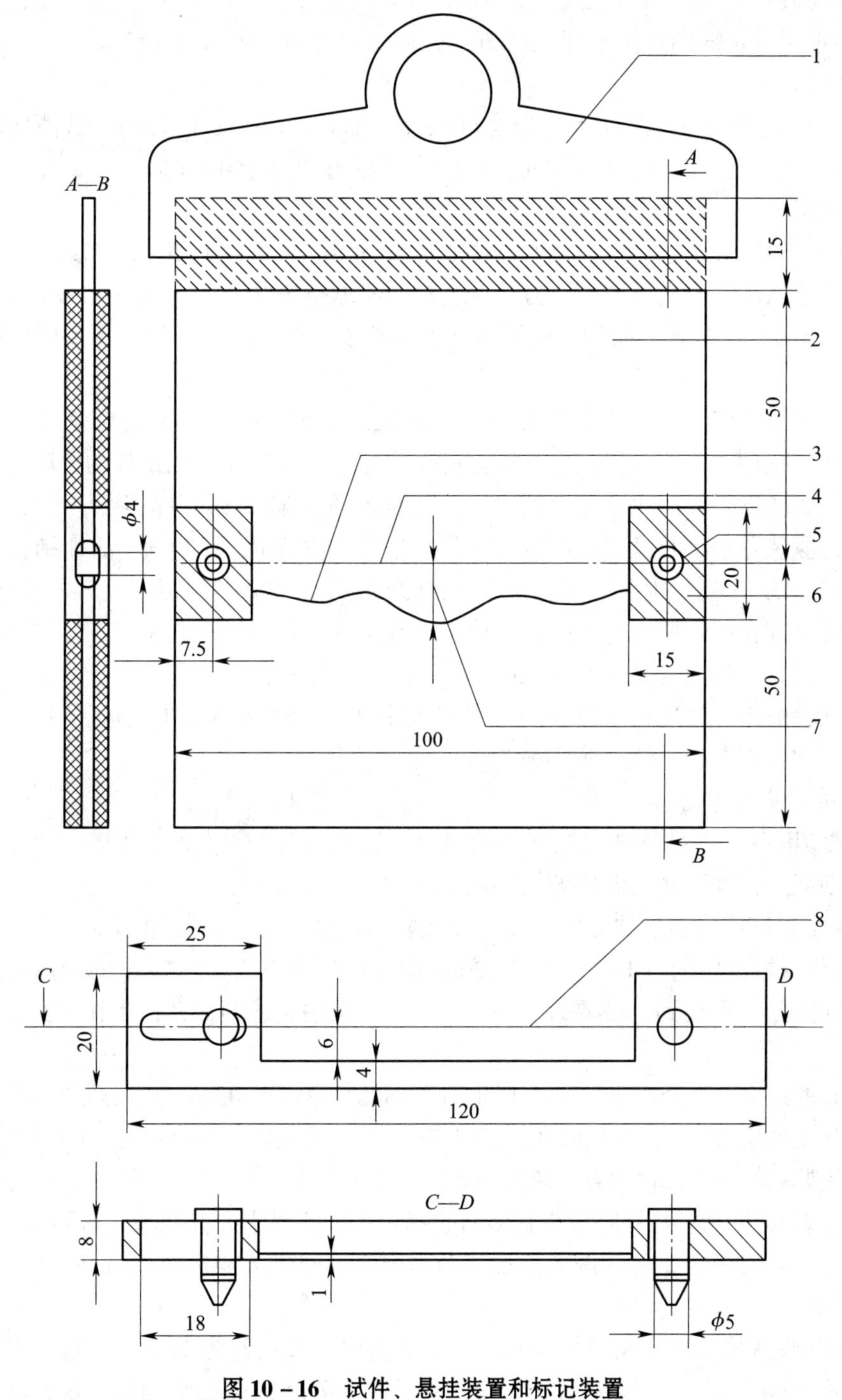

图 10－16 试件、悬挂装置和标记装置

1—悬挂装置；2—试件；3—标记线 1；4—标记线 2；
5—插销，ϕ4mm；6—去除涂盖层；7—滑动 ΔL（最大距离）；8—直边

4）光学测量装置（如读数放大镜）刻度至少为0.1mm。

5）金属圆插销的插入装置，内径约4mm。

6）画线装置：画直的标记线，如图10－16中1、2所示。

7）墨水记号：线的宽度不超过0.5mm，使用白色耐水墨水。

8）硅纸。

（3）试件制备：矩形试件尺寸为（115±1）mm×（100±1）mm。试件均匀地在试样宽度方向裁取，长边是卷材的纵向。试件应距卷材边缘150mm以上，试件从卷材的一边开始连续编号，卷材上表面和下表面应标记。

去除任何非持久保护层，适宜的方法是常温下用胶带粘在上面，冷却到接近假设的冷弯温度，然后从试件上撕去胶带，另一方法是用压缩空气吹［压力约0.5MPa（5bar），喷嘴直径约0.5mm］。假若上面的方法不能除去保护膜，用火焰烤，用最少的时间破坏膜而不损伤试件。

在试件纵向的横断面一边，上表面和下表面的大约15mm一条的涂盖层去除直至胎体，若卷材有超过一层的胎体，去除涂盖料直到另外一层胎体。在试件的中间区域的涂盖层也从上表面和下表面的两个接近处去除，直至胎体，如图10－16所示。为此，可采用热刮刀或类似装置，小心地去除涂盖层不损坏胎体。两个内径约4mm的插销在裸露区域穿过胎体，如图10－16所示。任何表面浮着的矿物料或表面材料通过轻轻敲打试件去除。然后标记装置放在试件两边插入插销定位于中心位置，在试件表面整个宽度方向沿着直边用记号笔垂直画一条线（宽度约0.5mm），操作时试件平放。

试件试验前至少放置在（23±2）℃的平面上历时2h，相互之间不要接触或粘住，必要时，将试件分别放在硅纸上防止粘结。

（4）试验步骤。

1）试验准备：烘箱预热到规定试验温度，温度通过与试件中心同一位置的热电偶。整个试验期间，试验区域的温度波动不超过±2℃。

2）规定温度下耐热性的测定：按《建筑防水卷材试验方法　第1部分：沥青和高分子防水卷材　抽样规则》GB/T 328.1—2007制备的一组三个试件露出的胎体处用悬挂装置夹住，涂盖层不要夹到。必要时，用如硅纸的不粘层包住两面，便于在试验结束时除去夹子。

制备好的试件垂直悬挂在烘箱的相同高度，间隔至少为30mm。此时烘箱的温度不能下降太多，开关烘箱门放入试件的时间不超过30s。放入试件后加热时间为（120±2）min。

加热周期一结束，试件和悬挂装置一起从烘箱中取出，相互间不要接触，在(23±2)℃自由悬挂冷却至少2h。然后除去悬挂装置，按（3）的要求，在试件两面画第二个标记，用光学测量装置在每个试件的两面测量两个标记底部间最大距离ΔL，精确到0.1mm，如图10－16所示。

3）耐热性极限测定：耐热性极限对应的涂盖层位移正好为2mm，通过对卷材上表面和下表面在间隔5℃的不同温度段的每个试件的初步处理试验的平均值测定，其温度段总是5℃的倍数（如100℃、105℃、110℃）。这样试验的目的是找到在其中的两个温度段T和（$T+5$）℃之间的位移尺寸$\Delta L=2$mm。

卷材的两个面按2）试验，每个温度段应采用新的试件试验。

按2）一组三个试件初步测定耐热性能的这样两个温度段已测定后，上表面和下表面都要测定两个温度 T 和（$T+5$）℃，在每个温度用一组新的试件。

在卷材涂盖层在两个温度段间完全流动将产生的情况下，$\Delta L=2$mm 时的精确耐热性不能测定，此时滑动不超过2.0mm 的最高温度 T 可作为耐热性极限。

（5）结果计算、表示。

1）平均值计算：计算卷材每个面三个试件的滑动值的平均值，精确到0.1mm。

2）耐热性：耐热性按（4）中2）的试验，在此温度卷材上表面和下表面的滑动平均值不超过2.0mm 认为合格。

3）耐热性极限：耐热性极限通过线性图或计算每个试件上表面和下表面的两个结果测定，每个面修约到1℃，如图10－17 所示。

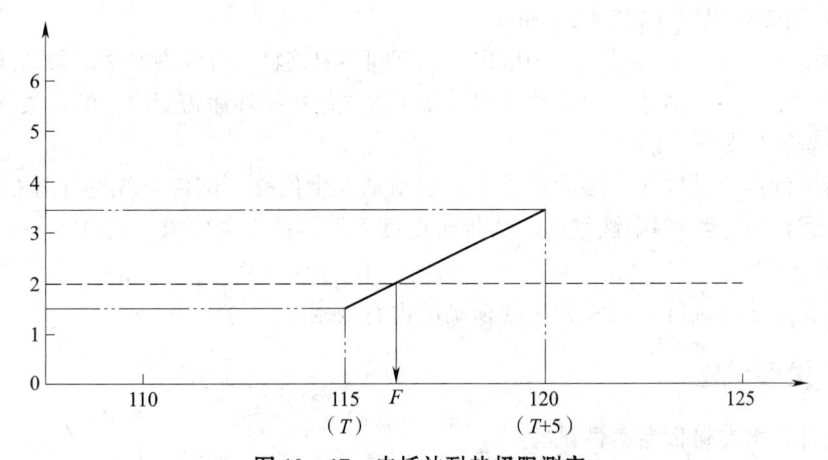

图10－17 内插法耐热极限测定

纵轴—滑动（mm）；横轴—试验温度（℃）；F—耐热性极限

2. 方法B

（1）试验原理：从试样裁取的试件，在规定温度分别垂直悬挂在烘箱中。在规定的时间后测量试件两面涂盖层相对于胎体的位移及流淌、滴落。

（2）试验仪器。

1）鼓风烘箱（不提供新鲜空气）：在试验范围内最大温度波动±2℃。当门打开30s后，恢复温度到工作温度的时间不超过5min。

2）热电偶：连接到外面的电子温度计，在规定范围内能测量到±1℃。

3）悬挂装置：洁净无锈的铁丝或回形针。

4）硅纸。

（3）抽样：抽样按《建筑防水卷材试验方法　第1部分：沥青和高分子防水卷材　抽样规则》GB/T 328.1—2007 进行。矩形试件尺寸为（100±1）mm×（50±1）mm；试件均匀地在试样宽度方向裁取，长边是卷材的纵向。试件应距卷材边缘150mm 以上，试件从卷材的一边开始连续编号，卷材上表面和下表面应标记。

（4）试件制备：去除任何非持久保护层，适宜的方法是常温下用胶带粘在上面，冷却到接近假设的冷弯温度，然后从试件上撕去胶带；另一方法是用压缩空气吹［压力约0.5MPa（5bar），喷嘴直径约0.5mm］。假若上面的方法不能除去保护膜，用火焰烤，用最少的时间破坏膜而不损伤试件。

试件试验前至少在（23±2）℃平放2h，相互之间不要接触或粘住；有必要时，将试件分别放在硅纸上防止粘结。

（5）试验步骤。

1）试验准备：烘箱预热到规定试验温度，温度通过与试件中心同一位置的热电偶控制。整个试验期间，试验区域的温度波动不超过±2℃。

2）规定温度下耐热性的测定：制备一组三个试件，分别在距试件短边一端10mm处的中心打一小孔，用细铁丝或回形针穿过，垂直悬挂试件在规定温度烘箱的相同高度，间隔至少30mm。此时烘箱的温度不能下降太多，开关烘箱门放入试件的时间不超过30s。放入试件后加热时间为（120±2）min。

加热周期一结束，试件从烘箱中取出，相互间不要接触，目测观察并记录试件表面的涂盖层有无滑动、流淌、滴落、集中性气泡（集中性气泡指破坏涂盖层原形的密集气泡）。

（6）试验结果。

1）结果计算：试件任一端涂盖层不应与胎基发生位移，试件下端的涂盖层不应超过胎基，无流淌、滴落、集中性气泡，为规定温度下耐热性符合要求。而且，一组三个试件都应符合要求。

2）试验方法精确度：试验方法的精确度没有规定。

10.2.5 柔度试验

1. 沥青防水卷材低温柔性试验

（1）试验原理：从试样裁取的试件，从其上表面和下表面缠绕浸在冷冻液中的弯曲装置弯曲180°。弯曲后，检查试件涂盖层存在的裂纹。

（2）试验仪器：试验装置的操作的示意和方法见图10－18。该装置由两个直径为（20±0.1）mm不旋转的圆筒和一个直径为（30±0.1）mm的圆筒或半圆筒弯曲轴组成（可以根据产品规定采用其他直径的弯曲轴，如20mm、50mm），该轴在两个圆筒中间，能向上移动。两个圆筒间的距离可以调节，即圆筒和弯曲轴间的距离能调节为卷材的厚度。

整个装置浸入能控制温度在＋20℃～－40℃、精度为0.5℃温度条件的冷冻液中。冷冻液为任一混合物：

1）丙烯乙二醇/水溶液（体积比1∶1）低至－25℃。

2）低于－20℃的乙醇/水混合物（体积比2∶1）。

用一支测量精度0.5℃的半导体温度计检查试验温度，放入试验液体中与试件在同一水平面。

试件在试验液体中应平放且完全浸入，用可移动的装置支撑，该支撑装置应至少能放一组五个试件。

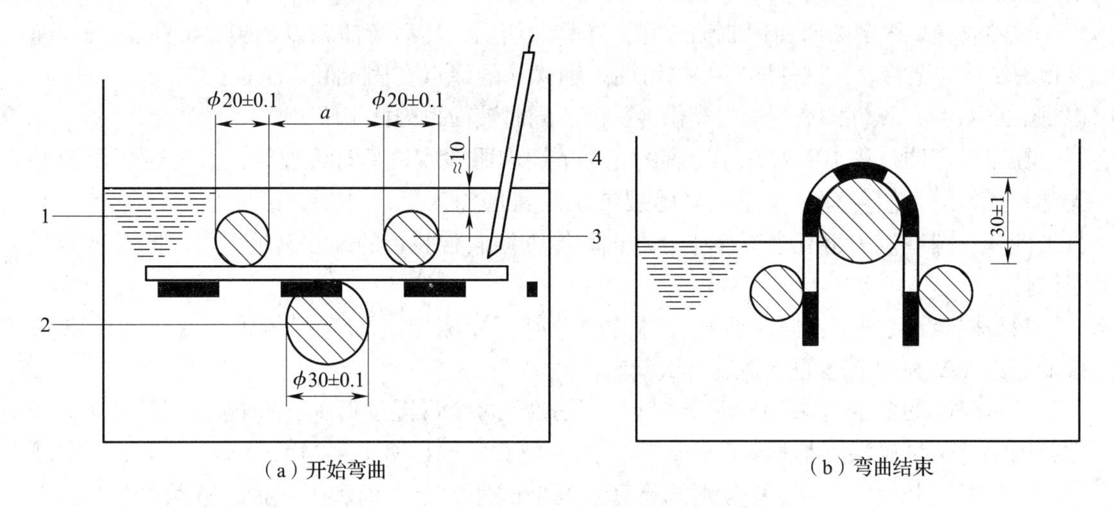

（a）开始弯曲

（b）弯曲结束

图 10－18 试验装置原理和弯曲过程（mm）

1—冷冻液；2—弯曲轴；3—固定圆筒；4—半导体温度计（热敏探头）

试验时，弯曲轴从下面顶着试件以 360mm/min 的速度升起，这样试件能弯曲 180°。电动控制系统能保证每个试验过程的移动速度保持在（360±40）mm/min。试件上的裂缝通过目测检查，在试验过程中不应有任何人为的影响。为了准确评价，试件移动路径是在试验结束时，试件应露出冷冻液，移动部分通过限位开关限定位置。

（3）试件制备：用于试验的矩形试件尺寸为（150±1）mm×（25±1）mm，试件从试样宽度方向上均匀的裁取，长边在卷材的纵向，试件裁取时应距卷材边缘不少于 150mm，试件应从卷材的一边开始做连续的记号，同时标记卷材的上表面和下表面。

去除表面的任何保护膜，适宜的方法是常温下用胶带粘在上面，冷却到接近假设的冷弯温度，然后从试件上撕去胶带。另一方法是用压缩空气吹［压力约 0.5MPa（5bar），喷嘴直径约 0.5mm］。假若上述的方法不能除去保护膜，可用火焰烤，用最少的时间破坏膜而不损伤试件。

试件试验前应在（23±2）℃的平板上放置至少 4h，并且相互之间不能接触，也不能粘在板上。可以用硅纸垫，表面的松散颗粒可用手轻轻敲打除去。

（4）步骤。

1）仪器准备：在开始试验前，两个圆筒间的距离（见图 10－18）应按试件厚度调节，即弯曲轴直径＋2mm＋两倍试件的厚度。然后装置放入已冷却的液体中，并且圆筒的上端在冷冻液面下约 10mm，弯曲轴在下面的位置。

弯曲轴直径根据产品不同可以为 20mm、30mm、50mm。

2）试件条件：冷冻液达到规定的试验温度，误差不超过 0.5℃，试件放于支撑装置上，且在固定圆筒的下端，保证冷冻液完全浸没试件。试件放入冷冻液达到规定温度后，开始保持在该温度 1h±5min。半导体温度计的位置靠近试件，检查冷冻液温度，然后对试件进行低温柔性试验和冷弯温度测定。

3）低温柔性试验：两组各 5 个试件，全部试件按试件条件在规定温度处理后，一组是上表面试验，另一组下表面试验，试验按下述进行。

试件放置在固定圆筒和弯曲轴之间，试验面朝上，然后弯曲轴以(360±40) mm/min速度顶着试件向上移动，试件同时绕轴弯曲。轴移动的终点在固定圆筒上面（30±1）mm处(见图10－18)。试件的表面明显露出冷冻液，同时液面也因此下降。

在完成弯曲过程10s内，在适宜的光源下用肉眼检查试件有无裂纹，必要时，用辅助光学装置帮助。假若有一条或更多的裂纹从涂盖层深入到胎体层，或完全贯穿无增强卷材，即存在裂缝。一组五个试件应分别试验检查。假若装置的尺寸满足，可以同时试验几组试件。

4）冷弯温度测定：假若沥青卷材的冷弯温度要测定（如人工老化后变化的结果），按低温柔性试验和下述的步骤进行试验。

冷弯温度的范围（未知）最初测定，从期望的冷弯温度开始，每隔6℃试验每个试件，因此每个试验温度都是6℃的倍数（如－12℃、－18℃、－24℃等）。从开始导致破坏的最低温度开始，每隔2℃分别试验每组五个试件的上表面和下表面，连续的每次2℃的改变温度，直到每组5个试件分别试验后至少有4个无裂缝，这个温度记录为试件的冷弯温度。

（5）试验结果。

1）规定温度的柔度结果：根据低温柔性试验，一个试验面5个试件在规定温度至少4个无裂缝为通过。上表面和下表面的试验结果要分别记录。

2）冷弯温度测定的结果：测定冷弯温度时，要求按冷弯温度测定试验得到的温度应5个试件中至少4个通过，这冷弯温度是该卷材试验面的，上表面和下表面的结果应分别记录（卷材的上表面和下表面可能有不同的冷弯温度）。

3）试验方法的精确度：精确度由相关实验室按《测量方法与结果的准确度（正确度与精密度）第2部分：确定标准测量方法重复性与再现性的基本方法》GB/T 6379.2—2004规定进行测定，采用增强卷材和聚合物改性涂料。

①重复性：

重复性的标准偏差：$\sigma_r = 1.2$℃。

置信水平（95%）值：$q_r = 2.3$℃。

重复性极限（两个不同结果）：$r = 3$℃。

②再现性：

再现性的标准偏差：$\sigma_R = 2.2$℃。

置信水平（95%）值：$q_R = 4.4$℃。

再现性极限（两个不同结果）：$R = 6$℃。

2．高分子防水卷材低温弯折性试验

（1）试验原理：试验的原理是放置已弯曲的试件在合适的弯折装置上，将弯曲试件在规定的低温温度放置1h。在1s内压下弯曲装置，保持在该位置1s。取出试件在室温下，用6倍放大镜检查弯折区域。

（2）仪器设备。

1）弯折板：金属弯折装置有可调节的平行平板，图10－19是装置示例。

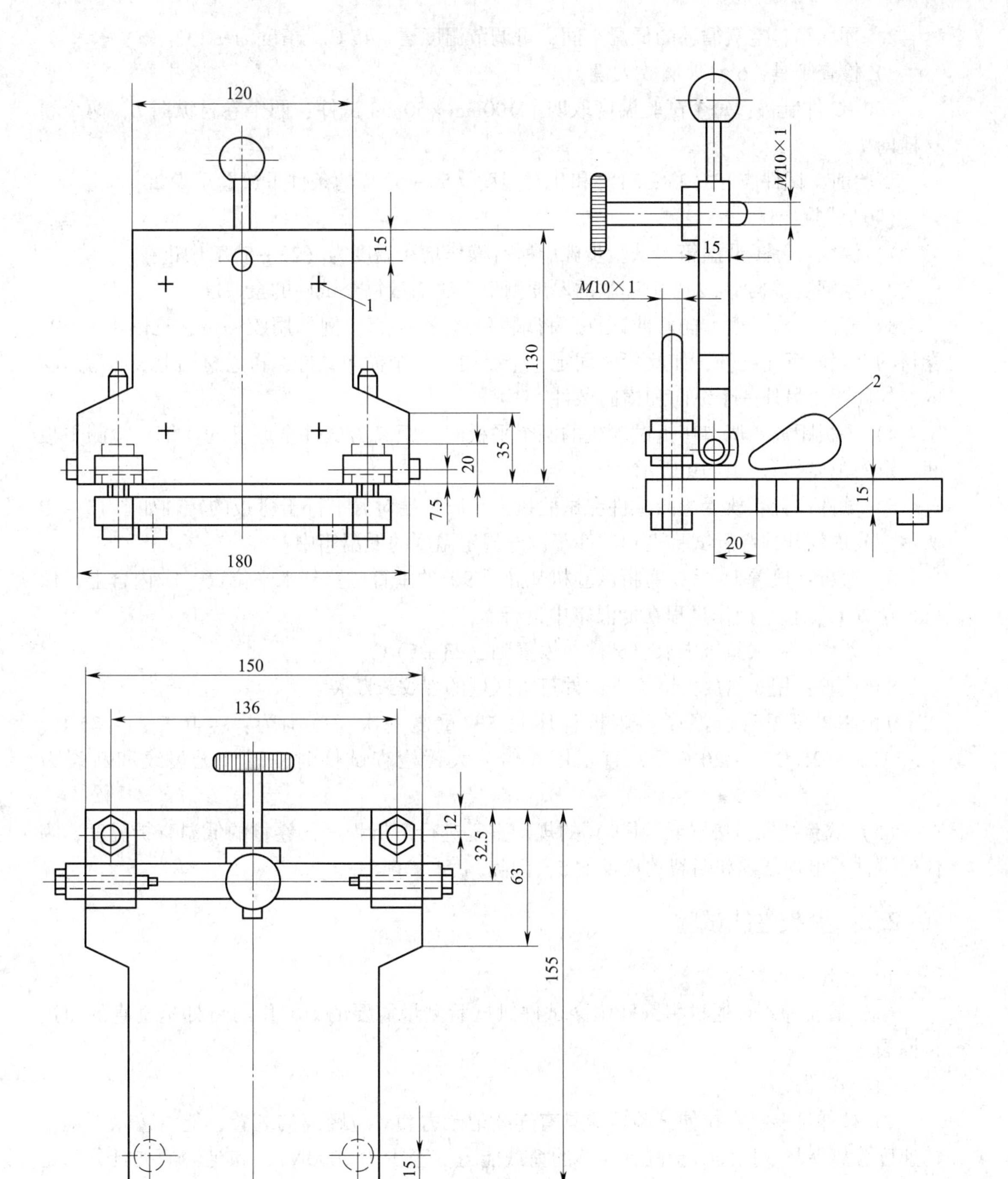

图 10-19 弯折装置示意图

1—测量点；2—试件

2）环境箱：空气循环的低温空间，可调节温度至 -45℃，精度为 ±2℃。

3）检查工具：6 倍玻璃放大镜。

（3）试件制备：每个试验温度取四个 100mm × 50mm 试件，两个卷材纵向 L，两个卷材横向 T。

试验前，试件应在（23 ±2）℃和相对湿度（50 ±5）% 的条件下放置至少 20h。

（4）试验步骤。

1）温度：除了低温箱，试验步骤中所有操作均在温度为（23 ±5）℃中进行。

2）厚度：根据 10.2.1 中 2 款的厚度测量方法测量每个试件的全厚度。

3）弯曲：沿长度方向弯曲试件，将端部固定在一起，例如用胶粘带，见图 10 - 19。卷材的上表面弯曲朝外，如此弯曲固定一个纵向、一个横向试件；再卷材的上表面弯曲朝内，如此弯曲另外一个纵向和横向试件。

4）平板距离：调节弯折试验机的两个平板间的距离为试件全厚度的 3 倍。检测平板间 4 点的距离如图 10 - 19 所示。

5）试件位置：放置弯曲试件在试验机上，胶带端对着平行于弯板的转轴如图 10 - 19 所示。放置翻开的弯折试验机和试件于调好规定温度的低温箱中。

6）弯折：放置 1h 后，弯折试验机从超过 90°的垂直位置到水平位置，1s 内合上，保持该位置 1s，整个操作过程在低温箱中进行。

7）条件：从试验机中取出试件，恢复到（23 ±5）℃。

8）检查：用 6 倍放大镜检查试件弯折区域的裂纹或断裂。

9）临界低温弯折温度：弯折程序每 5℃重复一次，范围为：-40℃、-35℃、-30℃、-25℃、-20℃等，直至用 6 倍放大镜检查试件时，试件无裂纹和断裂为止。

（5）试验结果：按（4）中 9）的规定重复进行弯折程序，卷材的低温弯折温度，为任何试件不出现裂纹和断裂的最低的 5℃间隔。

10.2.6 撕裂性能试验

1. 沥青防水卷材

（1）试验原理：通过用钉杆刺穿试件以试验测量需要的力，用与钉杆呈垂直的力进行撕裂。

（2）仪器设备。

1）拉伸试验机：拉伸试验机应具有连续记录力和对应距离的装置，能够按以下规定的速度分离夹具。拉伸试验机有足够的荷载能力（至少为 2000N），和足够的夹具分离距离，夹具拉伸速度为（100 ±10）mm/min，夹持宽度不少于 100mm。

拉伸试验机的夹具能随着试件拉力的增加而保持或增加夹具的夹持力，夹具能夹住试件使其在夹具中的滑移不超过 2mm。为防止从夹具中的滑移超过 2mm，允许用冷却的夹具。这种夹持方法不应在夹具内外产生过早的破坏。

力测量系统可满足《拉力、压力和万能试验机》JJG 139—2014 至少 2 级（即 ±2%）。

2）U 形装置：U 型装置一端通过连接件连在拉伸试验机夹具上，另一端有两个臂以支撑试件。臂上有钉杆穿过的孔，其位置能允许按相关要求进行试验（见图 10－20）。

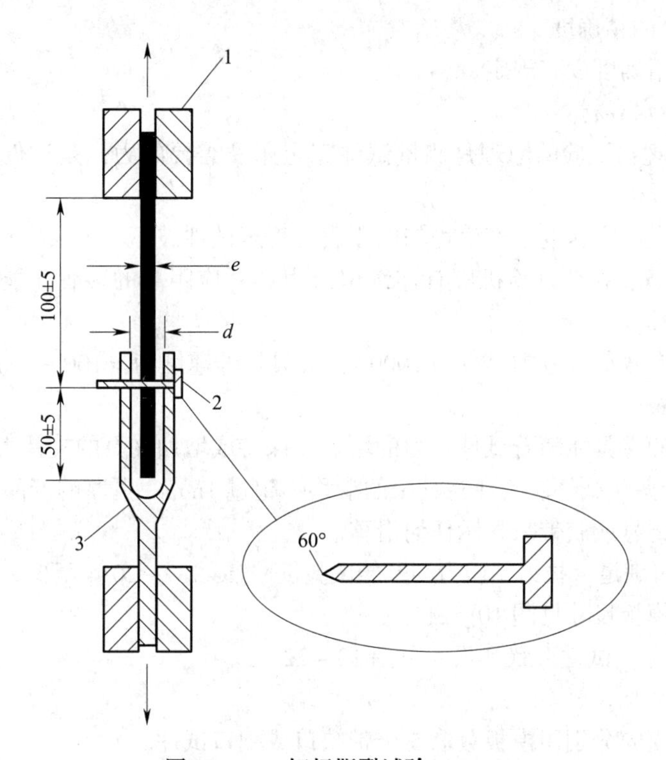

图 10－20 钉杆撕裂试验（mm）

1—夹具；2—钉杆（ϕ2.5±0.1）；3—U 型头；e—样品厚度；d—U 型头间隙（$e+1 \leqslant d \leqslant e+2$）

（3）试件制备：试件需距卷材边缘 100mm 以上在试样上任意裁取，用模板或裁刀裁取，要求的长方形试件宽为（100±1）mm，长至少为 200mm。试件长度方向是试验方向，试件从试样的纵向或横向裁取。

对卷材用于机械固定的增强边，应取增强部位试验。

每个选定的方向试验 5 个试件，任何表面的非持久层应去除。

试验前，试件应在（23±2）℃和相对湿度 30%～70% 的条件下放置至少 20h。

（4）试验步骤：试件放入打开的 U 型头的两臂中，用一直径为（2.5±0.1）mm 的尖钉穿过 U 型头的孔位置，同时钉杆位置在试件的中心线上，距 U 型头中的试件一端（50±5）mm（见图 10－20）。

钉杆距上夹具的距离是（100±5）mm。

把该装置试件一端的夹具和另一端的 U 型头放入拉伸试验机，开动试验机使穿过材料面的钉杆直到材料的末端。试验装置的示意图见图 10－20。

试验在（23±2）℃中进行，拉伸速度为（100±10）mm/min。

穿过试件钉杆的撕裂力应连续记录。

（5）试验结果。

1）计算。

连续记录的力，试件撕裂性能（钉杆法）是记录试验的最大力。

每个试件分别列出拉力值，计算平均值，精确到5N，记录试验方向。

2）试验方法的精确度。

试验方法的精确度没有规定。

2．高分子防水卷材

（1）试验原理：试验的原理是测量试件完全撕裂需要的力，是试件已有缺口或割口的延续。

拉伸试验机在恒定速度下产生均匀的撕裂力直至试件破坏，记录达到的最高点的力。

（2）仪器设备：拉伸试验机应有连续记录力和对应距离的装置，能够按以下规定的速度匀速分离夹具。

拉伸试验机有效荷载范围至少为2000N，夹具拉伸速度为（100±10）mm/min，夹持宽度不少于50mm。

拉伸试验机的夹具能随着试件拉力的增加而保持或增加夹具的夹持力。对于厚度不超过3mm的产品能夹住试件使其在夹具中的滑移不超过1mm，更厚的产品不超过2mm。试件在夹具处用一记号或胶带来显示任何滑移。

力测量系统可满足《拉力、压力和万能试验机》JJG 139—2014至少2级（即±2%）。

裁取试件的模板尺寸见图10－21。

（3）试件制备：试件形状和尺寸见图10－22。

α角的精度为1°。

卷材纵向和横向分别用模板裁取5个带缺口或割口试件。

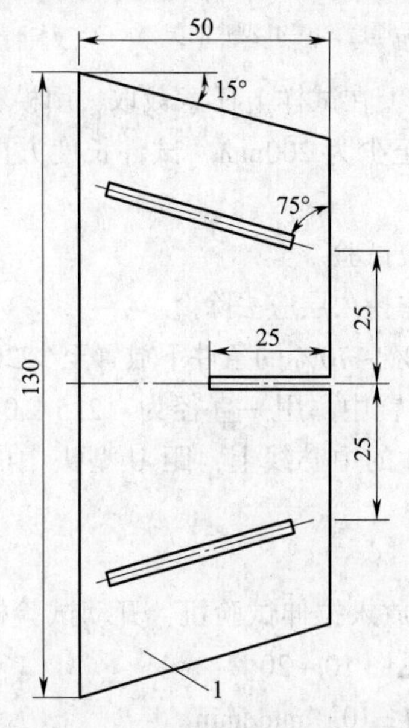

图10－21 裁取试件模板（mm）

1—试件厚度（2~3mm）

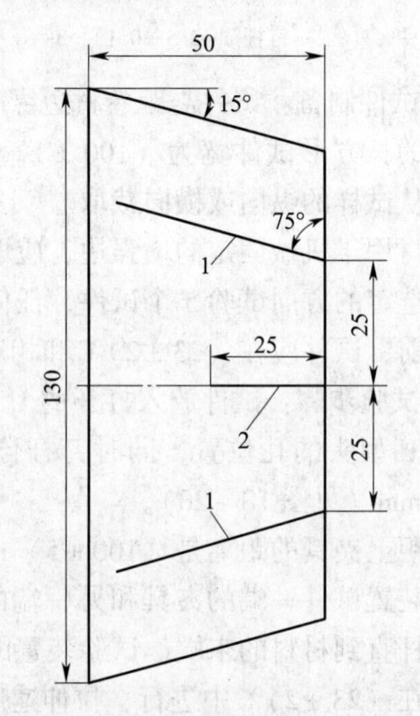

图10－22 试件形状和尺寸（mm）

1—夹持线；2—缺口或割口

在每个试件上的夹持线位置作好记号。

试验前，试件应在（23 ±2）℃和相对湿度（50 ±5）% 的条件下放置至少 20h。

（4）试验步骤：试件应紧紧地夹在拉伸试验机的夹具中，注意使夹持线沿着夹具的边缘（见图 10－23）。试件试验温度为（23 ±2）℃，拉伸速度为（100 ±10）mm/min。记录每个试件的最大拉力。

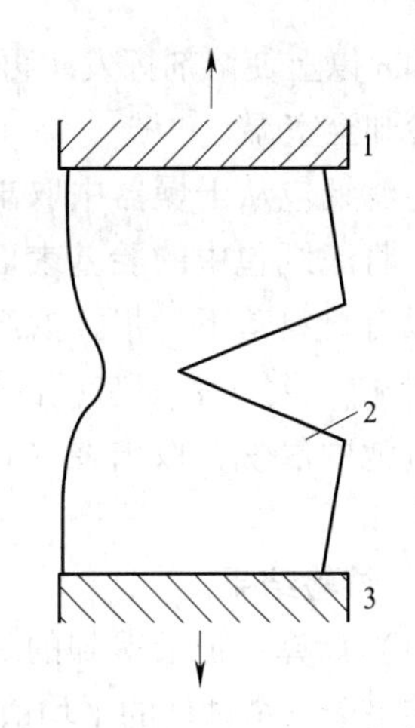

图 10－23 试件在夹具中的位置

1—上夹具；2—试件；3—下夹具

（5）试验结果。

1）计算。

每个试件的最大拉力用 N 表示。

舍去试件从拉伸试验机夹具中滑移超过规定值的结果，用备用件重新试验。

计算每个方向的拉力算术平均值（F_L和 F_T），用 N 表示，结果精确到 1N。

2）试验方法的精确度：试验方法的精确度没有规定。

10.2.7 （可溶物含量）浸涂材料含量测定

1. 试验原理

试件在选定的溶剂中萃取直至完全后，取出让溶剂挥发，然后烘干得到可溶物含量，将烘干后的剩余部分通过规定的筛子的为填充料质量，筛余的为隔离材料质量，清除胎基上的粉末后得到胎基质量。

2. 试验仪器

（1）分析天平：称量范围大于 100g，精度为 0.001g。

（2）萃取器：500mL 索氏萃取器。

（3）鼓风烘箱：温度波动度为 ±2℃。

（4）试样筛：筛孔为 315μm 或其他规定孔径的筛网。

（5）溶剂：三氯乙烯（化学纯）或其他合适溶剂。

（6）滤纸：直径不小于 150mm。

3. 试件制备

对于整个试验应准备 3 个试件。

试件在试样上距边缘 100mm 以上任意裁取，用模板帮助，或用裁刀；正方形试件尺寸为（100 ±1）mm ×（100 ±1）mm。

试件在试验前在（23 ±2）℃和相对湿度 30 ~70% 的条件下放置至少 20h。

4. 试验步骤

每个试件先进行称量 M_0，对于表面隔离材料为粉状的沥青防水卷材，试件先用软毛刷刷除表面的隔离材料，然后称量试件 M_1。将试件用干燥好的滤纸包好，用线扎好，称量其质量 M_2。将包扎好的试件放入萃取器中，溶剂量为烧瓶容量的 1/2 ~2/3，进行加热萃取，萃取至回流的溶剂第一次变成浅色为止。小心取出滤纸包，不要破裂，在空气中放置30min以上使溶剂挥发。再放入（105±2)℃的鼓风烘箱中干燥2h，然后取出放入干燥器中冷却至室温。

将滤纸包从干燥器中取出称量M_3，然后将滤纸包在试样筛上打开，下面放一容器接着，将滤纸包中的胎基表面的粉末都刷除下来，称量胎基M_4。敲打震动试样筛直至其中没有材料落下，扔掉滤纸和扎线，称量留在筛网上的材料质量M_5，称量筛下的材料质量M_6。对于表面疏松的胎基（如聚酯毡、玻纤毡等），将称量后的胎基M_4放入超声清洗池中清洗，取出在（105±2)℃下烘干1h，然后放入干燥器中冷却至室温，称量其质量M_7。

5．试验结果

(1）计算：记录得到的每个试件的称量值，然后按以下要求计算每个试件的结果，最终结果取三个试件的平均值。

1）可溶物含量。可溶物含量按式（10-2）计算：

$$A = (M_2 - M_3) \times 100 \tag{10-2}$$

式中：A——可溶物含量（g/m^2）。

2）浸涂材料含量。表面隔离材料非粉状的产品浸涂材料含量按式（10-3）计算，表面隔离材料为粉状的产品浸涂材料含量按式（10-4）计算：

$$B = (M_0 - M_5) \times 100 - E \tag{10-3}$$

$$B = M_1 \times 100 - E \tag{10-4}$$

式中：B——浸涂材料含量（g/m^2）；

E——胎基单位面积质量（g/m^2）。

3）表面隔离材料单位面积质量及胎基单位面积质量。表面隔离材料为粉状的产品表面隔离材料单位面积质量按式（10-5）计算，其他产品的表面隔离材料单位面积质量按式（10-6）计算：

$$C = (M_0 - M_1) \times 100 \tag{10-5}$$

$$C = M_5 \times 100 \tag{10-6}$$

式中：C——表面隔离材料单位面积质量（g/m^2）。

4）填充料含量。胎基表面疏松的产品填充料含量按式（10-7）计算，其他按式（10-8）计算：

$$D = (M_6 + M_4 - M_7) \times 100 \tag{10-7}$$

$$D = M_6 \times 100 \tag{10-8}$$

式中：D——填充料含量（g/m^2）。

5）胎基单位面积质量。胎基表面疏松的产品胎基单位面积质量按式（10-9）计算，其他按式（10-10）计算：

$$E = M_7 \times 100 \tag{10-9}$$

$$E = M_4 \times 100 \tag{10-10}$$

式中：E——胎基单位面积质量（g/m^2）。

(2）试验方法的精确度。试验方法的精确度没有规定。

10.2.8 吸水性试验

1. 试验原理

吸水性是将沥青和高分子防水卷材浸入水中规定的时间，测定质量的增加。

2. 仪器设备

（1）分析天平：精度为0.001g，称量范围不小于100g。

（2）毛刷。

（3）容器：用于浸泡试件。

（4）试件架：用于放置试件，避免相互之间表面接触，可用金属丝制成。

3. 试件制备

试件尺寸为100mm×100mm，共3块试件，从卷材表面均匀分布裁取。试验前，试件在（23±2）℃、相对湿度（50±10）%条件下放置24h。

4. 试验步骤

取3块试件，用毛刷将试件表面的隔离材料刷除干净，然后进行称量W_1，将试件浸入（23±2）℃的水中，试件放在试件架上相互隔开，避免表面相互接触，水面高出试件上端20~30mm。若试件上浮，可用合适的重物压下，但不应对试件带来损伤和变形。浸泡4h后取出试件用纸巾吸干表面的水分，至试件表面没有水渍为度，立即称量试件质量W_2。

为避免浸水后试件中水分蒸发，试件从水中取出至称量完毕的时间不应超过2min。

5. 试验结果

防水卷材吸水率按式（10-11）计算：

$$H = (W_2 - W_1) / W_1 \times 100 \qquad (10-11)$$

式中：H——吸水率（%）；

W_1——浸水前试件质量（g）；

W_2——浸水后试件质量（g）。

防水卷材吸水率取三块试件的算术平均值表示，计算精确到0.1%。

10.3 防水涂料试验

10.3.1 涂膜制备

1. 试验器具

（1）涂膜模框：如图10-24所示。

（2）电热鼓风烘箱：控温精度为±2℃。

2. 试验步骤

（1）试验前模框、工具、涂料应在标准试验条件下放置24h以上。

（2）称取所需的试验样品量，保证最终涂膜厚度为（1.5±0.2）mm。

单组分防水涂料应将其混合均匀作为试件，多组分防水涂料应按生产厂规定的配比精

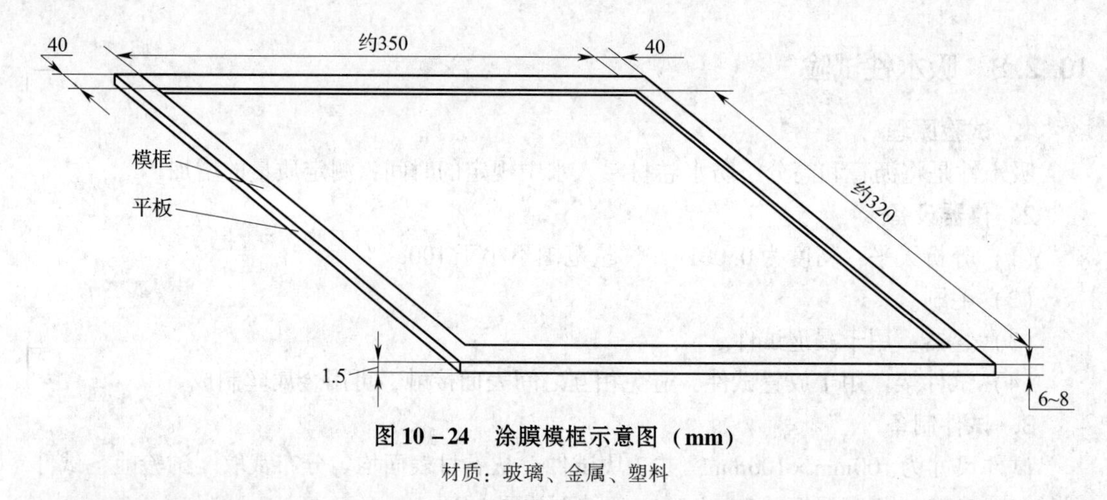

图 10－24 涂膜模框示意图（mm）

材质：玻璃、金属、塑料

确称量后，将其混合均匀作为试件。必要时，可以按生产厂家指定的量添加稀释剂，当稀释剂的添加量有规定范围时，可取其中间值。将产品混合后充分搅拌 5min，在不混入气泡的情况下倒入模框中。模框不得翘曲且表面平滑；为便于脱模，涂覆前可用脱模剂处理。样品按生产厂的要求一次或多次涂覆（最多三次，每次间隔不超过 24h），最后一次将表面刮平，然后按表 10－4 进行养护。

表 10－4 涂膜制备的养护条件

分类		脱模前的养护条件	脱模后的养护条件
水性	沥青类	标准条件 120h	(40±2)℃48h 后，标准条件 4h
	高分子类	标准条件 96h	(40±2)℃48h 后，标准条件 4h
溶剂型、反应型		标准条件 96h	标准条件 72h

应按要求及时脱模，脱模后将涂膜翻面养护。脱模过程中应避免损伤涂膜。为便于脱模可在低温下进行，但脱模温度不能低于低温柔性的温度。

（3）检查涂膜外观。从表面光滑平整、无明显气泡的涂膜上按表 10－5 规定裁取试件。

表 10－5 防水涂料涂膜试件形状（尺寸）及数量

项目	试件形状（尺寸）（mm）	数量（个）
拉伸性能	符合《硫化橡胶或热塑性橡胶 拉伸应力应变性能的测定》GB/T 528—2009 规定的哑铃Ⅰ型	5
撕裂强度	符合《硫化橡胶或热塑性橡胶撕裂强度的测定（裤形、直角形和新月形试样）》GB/T 529—2008 中 5.1.2 规定的无割口直角形	5
低温弯折性、低温柔性	100×25	3
不透水性	150×150	3
加热伸缩率	300×30	3

续表 10－5

项目		试件形状（尺寸）（mm）	数量（个）
定伸时老化	热处理	符合《硫化橡胶或热塑性橡胶　拉伸应力应变性能的测定》GB/T 528—2009 规定的哑铃Ⅰ型	3
	人工气候老化		3
热处理	拉伸性能	120×25，处理后取出再裁取符合《硫化橡胶或热塑性橡胶　拉伸应力应变性能的测定》GB/T 528—2009 规定的哑铃Ⅰ型	6
	低温弯折性、低温柔性	100×25	3
碱处理	拉伸性能	120×25，处理后取出再裁取符合《硫化橡胶或热塑性橡胶　拉伸应力应变性能的测定》GB/T 528—2009 规定的哑铃Ⅰ型	6
	低温弯折性、低温柔性	100×25	3
酸处理	拉伸性能	120×25，处理后取出再裁取符合《硫化橡胶或热塑性橡胶　拉伸应力应变性能的测定》GB/T 528—2009 规定的哑铃Ⅰ型	6
	低温弯折性、低温柔性	100×25	3
紫外线处理	拉伸性能	120×25，处理后取出再裁取符合《硫化橡胶或热塑性橡胶　拉伸应力应变性能的测定》GB/T 528—2009 规定的哑铃Ⅰ型	6
	低温弯折性、低温柔性	100×25	3
人工气候老化	拉伸性能	120×25，处理后取出再裁取符合《硫化橡胶或热塑性橡胶　拉伸应力应变性能的测定》GB/T 528—2009 规定的哑铃Ⅰ型	6
	低温弯折性、低温柔性	100×25	3

10.3.2 固体含量测定

1. 试验仪器

（1）天平：感量为 0.001g。

（2）电热鼓风烘箱：控温精度为 ±2℃。

（3）干燥器：内放变色硅胶或无水氯化钙。

（4）培养皿：直径为60～75mm。

2. 试验步骤

将样品（对于固体含量试验不能添加稀释剂）搅匀后，取（6±1）g的样品倒入已干燥称量的培养皿m_0中并铺平底部，立即称量m_1，再放入加热到表10－6规定温度的烘箱中，恒温3h，取出放入干燥器中，在标准试验条件下冷却2h，然后称量m_2。对于反应型涂料，应在称量m_1后在标准试验条件下放置24h，再放入烘箱。

表10－6 涂料加热温度

涂料种类	水性	溶剂型、反应型
加热温度（℃）	105±2	120±2

3. 结果计算

固体含量按下式计算：

$$X = \frac{m_2 - m_0}{m_1 - m_0} \times 100 \qquad (10-12)$$

式中：X——固体含量（质量分数）（%）；

m_0——培养皿质量（g）；

m_1——干燥前试样和培养皿质量（g）；

m_2——干燥后试样和培养皿质量（g）。

试验结果取两次平行试验的平均值，结果计算精确到1%。

10.3.3 耐热性试验

1. 试验仪器

（1）电热鼓风烘箱：控温精度为±2℃。

（2）铝板：厚度不小于2mm，面积大于100mm×50mm，中间上部有一小孔，便于悬挂。

2. 试验步骤

将样品搅匀后，将样品按生产厂的要求分2～3次涂覆（每次间隔不超过24h）在已清洁干净的铝板上，涂覆面积为100mm×50mm，总厚度为1.5mm，最后一次将表面刮平，按表10－4条件进行养护，不需要脱模。然后将铝板垂直悬挂在已调节到规定温度的电热鼓风干燥箱内，试件与干燥箱壁间的距离不小于50mm，试件的中心宜与温度计的探头在同一位置，在规定温度下放置5h后取出，观察表面现象。共试验3个试件。

3. 试验结果

试验后所有试件都不应产生流淌、滑动、滴落，试件表面无密集气泡。

10.3.4 拉伸性能试验

1. 试验仪器

（1）拉伸试验机：测量值在量程的15～85%之间，示值精度不低于1%，伸长范围大于500mm。

（2）电热鼓风干燥箱：控温精度为±2℃。

（3）冲片机及符合《硫化橡胶或热塑性橡胶 拉伸应力应变性能的测定》GB/T 528—2009要求的哑铃Ⅰ型裁刀。

（4）紫外线箱：500W直管汞灯，灯管与箱底平行，与试件表面的距离为47～50cm。

（5）厚度计：接触面直径为6mm，单位面积压力为0.02MPa，分度值为0.01mm。

（6）氙弧灯老化试验箱：符合《建筑防水材料老化试验方法》GB/T 18244—2000要求的氙弧灯老化试验箱。

2. 试验步骤

（1）无处理拉伸性能：将涂膜按表10－5要求，裁取符合《硫化橡胶或热塑性橡胶 拉伸应力应变性能的测定》GB/T 528—2009要求的哑铃Ⅰ型试件，并画好间距为25mm的平行标线，用厚度计测量试件标线中间和两端三点的厚度，取其算术平均值作为试件厚度。调整拉伸试验机夹具间距约70mm，将试件夹在试验机上，保持试件长度方向的中线与试验机夹具中心在一条线上，按表10－7的拉伸速度进行拉伸至断裂，记录试件断裂时的最大荷载P，断裂时标线间距离L_1，精确到0.1mm；测试五个试件，若有试件断裂在标线外，应舍弃并用备用件补测。

表10－7 试件拉伸速度

产品类型	拉伸速度（mm/min）
高延伸率涂料	500
低延伸率涂料	200

（2）热处理拉伸性能：将涂膜按表10－5要求裁取六个（120×25）mm矩形试件平放在隔离材料上，水平放入已达到规定温度的电热鼓风烘箱中；加热温度沥青类涂料为（70±2）℃，其他涂料为（80±2）℃。试件与箱壁间距不得少于50mm，试件宜与温度计的探头在同一水平位置，在规定温度的电热鼓风烘箱中恒温（168±1）h后取出，然后在标准试验条件下放置4h，裁取符合《硫化橡胶或热塑性橡胶 拉伸应力应变性能的测定》GB/T 528—2009要求的哑铃Ⅰ型试件，按“无处理拉伸性能”进行拉伸试验。

（3）碱处理拉伸性能：在（23±2）℃时，在0.1%化学纯氢氧化钠（NaOH）溶液中，加入Ca（OH）$_2$试剂，并达到过饱和状态。

在600mL该溶液中放入按表10－5裁取的六个（120×25）mm矩形试件，液面应高出试件表面10mm以上，连续浸泡（168±1）h取出，充分用水冲洗，擦干，在标准试验条件下放置4h，裁取符合《硫化橡胶或热塑性橡胶 拉伸应力应变性能的测定》GB/T 528—2009要求的哑铃Ⅰ型试件，按“无处理拉伸性能”进行拉伸试验。

（4）酸处理拉伸性能：在（23±2）℃时，在600mL的2%化学纯硫酸（H_2SO_4）溶液中，放入表10－5裁取的六个（120×25）mm矩形试件，液面应高出试件表面10mm以上，连续浸泡（168±1）h取出，充分用水冲洗，擦干，在标准试验条件下放置4h，裁取符合《硫化橡胶或热塑性橡胶 拉伸应力应变性能的测定》GB/T 528—2009 要求的哑铃Ⅰ型试件，按“无处理拉伸性能”进行拉伸试验。

对于水性涂料，浸泡取出擦干后，再在（60±2）℃的电热鼓风烘箱中放置 6h±15min，取出在标准试验条件下放置（18±2）h，裁取符合《硫化橡胶或热塑性橡胶 拉伸应力应变性能的测定》GB/T 528—2009 要求的哑铃Ⅰ型试件，按“无处理拉伸性能”进行拉伸试验。

（5）紫外线处理拉伸性能：按表 10－5 裁取的六个（120×25）mm 矩形试件，将试件平放在釉面砖上，为了防粘，可在釉面砖表面撒滑石粉。将试件放入紫外线箱中，距试件表面 50mm 左右的空间温度为（45±2）℃，恒温照射 240h。取出在标准试验条件下放置 4h，裁取符合《硫化橡胶或热塑性橡胶 拉伸应力应变性能的测定》GB/T 528—2009 要求的哑铃Ⅰ型试件，按“无处理拉伸性能”进行拉伸试验。

（6）人工气候老化材料拉伸性能：按表 10－5 裁取的六个（120×25）mm 矩形试件放入符合《建筑防水材料老化试验方法》GB/T 18244—2000 要求的氙弧灯老化试验箱中，试验累计辐照能量为 $1500MJ^2/m^2$（约 720h）后取出，擦干，在标准试验条件下放置 4h，裁取符合《硫化橡胶或热塑性橡胶 拉伸应力应变性能的测定》GB/T 528—2009 要求的哑铃Ⅰ型试件，按“无处理拉伸性能”进行拉伸试验。

对于水性涂料，取出擦干后，再在（60±2）℃的电热鼓风烘箱中放置 6h±15min，取出在标准试验条件下放置（18±2）h，裁取符合《硫化橡胶或热塑性橡胶 拉伸应力应变性能的测定》GB/T 528—2009 要求的哑铃Ⅰ型试件，按“无处理拉伸性能”进行拉伸试验。

3. 试验结果

（1）拉伸强度：试件的拉伸强度按下式计算：

$$T_L = P/(B \times D) \tag{10-13}$$

式中：T_L——拉伸强度（MPa）；

P——最大拉力（N）；

B——试件中间部位宽度（mm）；

D——试件厚度（mm）。

取五个试件的算术平均值作为试验结果，结果精确到 0.01MPa。

（2）断裂伸长率：试件的断裂伸长率按下式计算：

$$E = (L_1 - L_0)/L_0 \times 100 \tag{10-14}$$

式中：E——断裂伸长率（%）；

L_0——试件起始标线间距离 25mm；

L_1——试件断裂时标线间距离（mm）。

取五个试件的算术平均值作为试验结果，结果精确到 1%。

（3）保持率：拉伸性能保持率按下式计算：

$$R_t = (T_1/T) \times 100 \tag{10-15}$$

式中：R_t——样品处理后拉伸性能保持率（%）；

T——样品处理前平均拉伸强度；

T_1——样品处理后平均拉伸强度。

结果精确到 1% 。

10.3.5 不透水性试验

1．试验仪器

（1）不透水仪：同 10.2.3 所用仪器。

（2）金属网：孔径为 0.2mm。

2．试验步骤

按表 10－5 裁取的三个约（150×150）mm 平面试件，在标准试验条件下放置 2h，试验在（23±5）℃进行，将装置中充水直到满出，彻底排出装置中空气。

将试件放置在透水盘上，再在试件上加一相同尺寸的金属网，盖上 7 孔圆盘，慢慢夹紧直到试件夹紧在盘上，用布或压缩空气干燥试件的非迎水面，慢慢加压到规定的压力。

达到规定压力后，保持压力（30±2）min。试验时观察试件的透水情况（水压突然下降或试件的非迎水面有水）。

3．试验结果

所有试件在规定时间应无透水现象。

参考文献

[1] 全国水泥标准化委员会. GB/T 208—2014 水泥密度测定方法 [S]. 北京: 中国标准出版社, 2014.

[2] 全国轻质与装饰装修建筑材料标准化技术委员会. GB/T 328.1～27—2007 建筑防水卷材试验方法 [S]. 北京: 中国标准出版社, 2007.

[3] 全国水泥标准化委员会. GB/T 1346—2011 水泥标准稠度用水量、凝结时间、安定性检验方法 [S]. 北京: 中国标准出版社, 2012.

[4] 全国墙体屋面及道路用建筑材料标准化技术委员会. GB/T 2542—2012 砌墙砖试验方法 [S]. 北京: 中国标准出版社, 2013.

[5] 全国墙体屋面及道路用建筑材料标准化技术委员会. GB/T 4111—2013 混凝土砌块和砖试验方法 [S]. 北京: 中国标准出版社, 2014.

[6] 全国石油产品和润滑剂标准化技术委员会石油沥青分技术委员会. GB/T 4507—2014 沥青软化点测定法 环球法 [S]. 北京: 中国标准出版社, 2014.

[7] 全国石油产品和润滑剂标准化技术委员会石油沥青分技术委员会. GB/T 4508—2010 沥青延度测定法 [S]. 北京: 中国标准出版社, 2011.

[8] 全国石油产品和润滑剂标准化技术委员会石油沥青分技术委员会. GB/T 4509—2010 沥青针入度测定法 [S]. 北京: 中国标准出版社, 2011.

[9] 全国钢标准化技术委员会. GB/T 5223—2014 预应力混凝土用钢丝 [S]. 北京: 中国标准出版社, 2015.

[10] 全国钢标准化技术委员会. GB/T 5224—2014 预应力混凝土用钢绞线 [S]. 北京: 中国标准出版社, 2015.

[11] 全国钢标准化技术委员会. GB 13014—2013 钢筋混凝土用余热处理钢筋 [S]. 北京: 中国标准出版社, 2014.

[12] 全国轻质与装饰装修建筑材料标准化技术委员会. GB/T 16777—2008 建筑防水涂料试验方法 [S]. 北京: 中国标准出版社, 2009.

[13] 中华人民共和国住房和城乡建设部. GB 50119—2013 混凝土外加剂应用技术规范 [S]. 北京: 中国建筑工业出版社, 2014.

[14] 陕西省建筑科学研究院. JGJ/T 27—2014 钢筋焊接接头试验方法标准 [S]. 北京: 中国建筑工业出版社, 2014.

[15] 中华人民共和国住房和城乡建设部. JGJ 55—2011 普通混凝土配合比设计规程 [S]. 北京: 中国建筑工业出版社, 2011.

[16] 中华人民共和国住房和城乡建设部. JGJ/T 70—2009 建筑砂浆基本性能试验方法标准 [S]. 北京：中国建筑工业出版社，2009.

[17] 中华人民共和国住房和城乡建设部. JGJ/T 98—2010 砌筑砂浆配合比设计规程 [S]. 北京：中国建筑工业出版社，2011.

[18] 中华人民共和国住房和城乡建设部. JGJ 107—2010 钢筋机械连接技术规程 [S]. 北京：中国建筑工业出版社，2010.